图解建筑课堂

图解建筑环境

［日］今村仁美　田中美都　著
［日］辻原万规彦　审
雷祖康　高文靖　吴珊珊　译
雷祖康　校

中国建筑工业出版社

著作权合同登记图字：01-2013-8551号

图书在版编目（CIP）数据

图解建筑环境 /（日）今村仁美，（日）田中美都著；雷祖康，高文靖，吴珊珊译；雷祖康校. —北京：中国建筑工业出版社，2021.8

（图解建筑课堂）

ISBN 978-7-112-26317-2

Ⅰ.①图… Ⅱ.①今… ②田… ③雷… ④高… ⑤吴… Ⅲ.①建筑学－环境科学－图解 Ⅳ.①TU-023

中国版本图书馆CIP数据核字（2021）第136399号

随着绿色建筑、健康建筑的发展，建筑物理环境的技术要求越来越高，日文原版书以大学课程笔记为基础，穿插绘图，对建筑物理环境的相关知识进行了直观的表述，深受读者的欢迎。主要内容有5章，包括光环境、热环境、空气环境、声环境、地球环境。

本书可作为从事建筑环境设计的工程技术人员以及高等院校相关专业师生参考。

责任编辑：杨 允 刘文昕
责任校对：李美娜

图解建筑课堂
图解建筑环境
［日］今村仁美 田中美都 著
［日］辻原万规彦 审
雷祖康 高文靖 吴珊珊 译
雷祖康 校
*
中国建筑工业出版社出版、发行（北京海淀三里河路9号）
各地新华书店、建筑书店经销
北京建筑工业印刷厂制版
北京中科印刷有限公司印刷
*
开本：787毫米×1092毫米 1/16 印张：9 字数：220千字
2021年9月第一版 2021年9月第一次印刷
定价：69.00元
ISBN 978-7-112-26317-2
（36412）

前　言

在建造建筑时，必须保证结构构造的安全。但是除结构构造外，建筑还需要为在其中进行生活、工作和购物等活动的人们提供舒适的环境。此外，在具有冷暖温差环境的日本，结露会造成建筑内部构造材料的腐朽，因此建筑需要不与外部环境接触、有内部环境的构造。

然而，至今仍少见以图解方式解释建筑物理环境的书籍，为了能让读者掌握不好理解的现实问题，本书以主编辻原万规彦在大学授课时的教案，并配以作者的插图而成为本书的正式文本。

由于本书内容配有插图，可让人产生直观的印象，因而可让读者加深理解与思考。

然而，在没有扎实的理解掌握基础知识的条件下，想继续深入理解相关知识时，对于许多人来说，会产生些许难度。因此本书以基础知识的说明作为首要目的，这样做可以快速入门。

本书的内容适用日本建筑师考试，可作为建筑师考试的基础知识解读材料，也可作为建筑师知识拓展的绝佳参考书。

透过本书，希望读者能加深对建筑物理环境学科的关心。今后，也诚挚地希望能建设越来越多环境和人和谐共存的建筑物。

作者代表　今村仁美

※关于本书的文字

- 双色文字：主要表示关键内容。
- 加黑点的文字：主要用作补充说明。
- 【法】是表示建筑标准法,【令】是表示建筑标准法实施条文。

目 录

第1章　光环境

1 照明

1 视觉

1-1 眼睛的构造

人的眼睛与照相机具有类似的构造，能够捕捉光线。
当光线通过时，可获得各式各样的信息

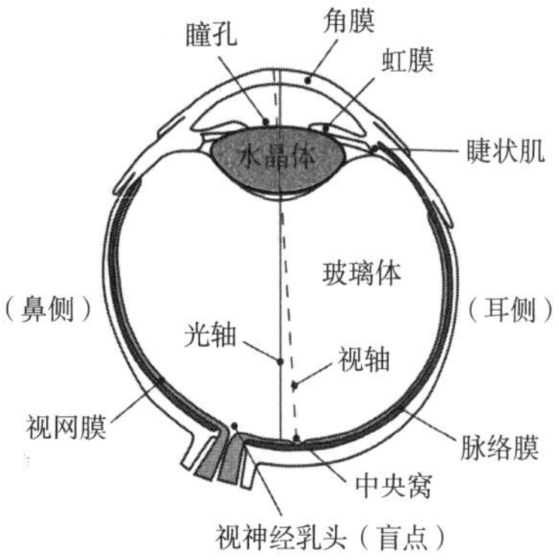

眼睛老化时的视觉变化：

- 双眼的对焦能力降低（＝老花眼）；
- 水晶体的透光能力逐渐变差，并且看到的东西会呈现黄色；
- 容易感到眩光（感到刺眼，参照P21）

⇩

需要考虑到让高龄者能够安全的生活！

1-2 明视

明视：能够看得清楚的现象

影响明视的5个条件：

明亮度　对比度　色彩　大小　时间（动态）

※只有四个条件的状况除外

时间（动态）
为了能阅读动态的文字，须要一定的时间来辨识

1-3 光适应

眼睛对于明亮程度的变化有一定的适应能力

- 适应明亮的场合：明适应
- 适应黑暗的场合：暗适应

明适应所需要的时间

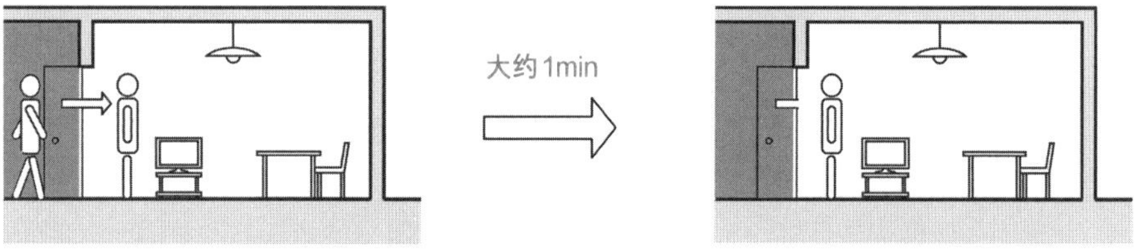

从黑暗的场所进入到明亮的场所时，
强光太过刺眼，几乎什么都看不见

似乎能够看得清楚

暗适应所需要的时间　※由于眼睛的老化，暗适应所需要的时间会更长

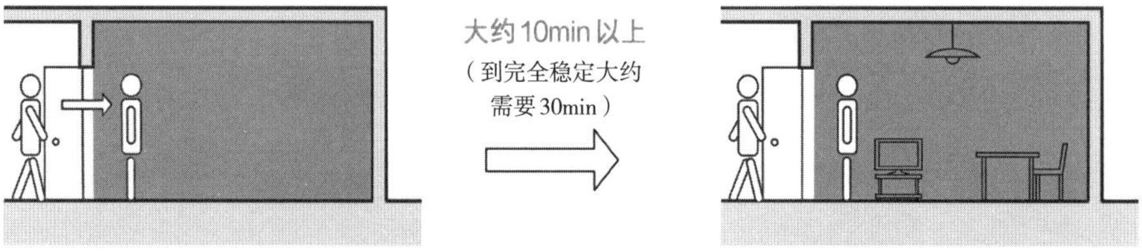

从明亮的场所进入到黑暗的场所时，
一片黑暗，什么都看不见

在黑暗中似乎能够看得清楚

1-4 可见光

可见光：人们所能够看到的电磁波

电磁波可分为紫外线、红外线、X射线等多种，这些均为眼睛无法看到的，但在可见光中能见到（识别）色彩

单位：nm（纳米）
n（nano）表示10^{-9} ⟹ nm＝10^{-9}m

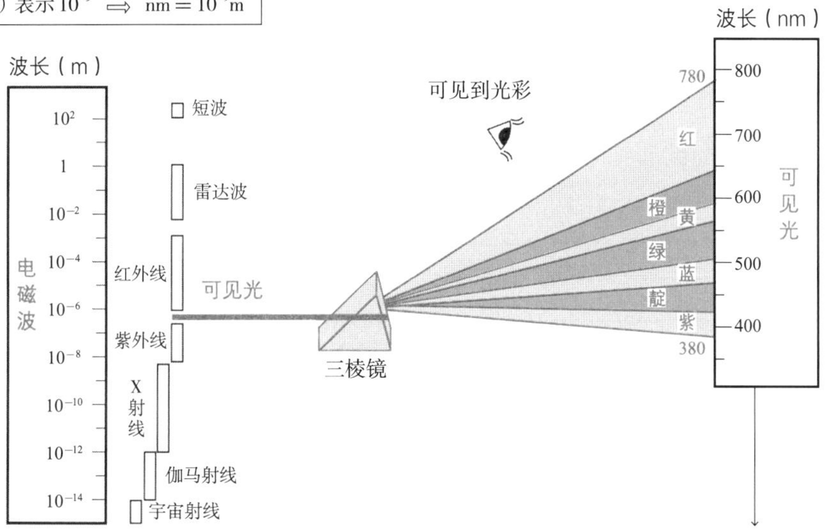

人们眼睛所能够感受到的光线，为波长380～780nm的电磁波，其中波长555nm的电磁波感觉最为明亮

人们的眼睛对于明亮程度的感觉根据波长的差异而被称为“视感度”

波长：从波峰（谷）到下一个波峰（谷）的长度

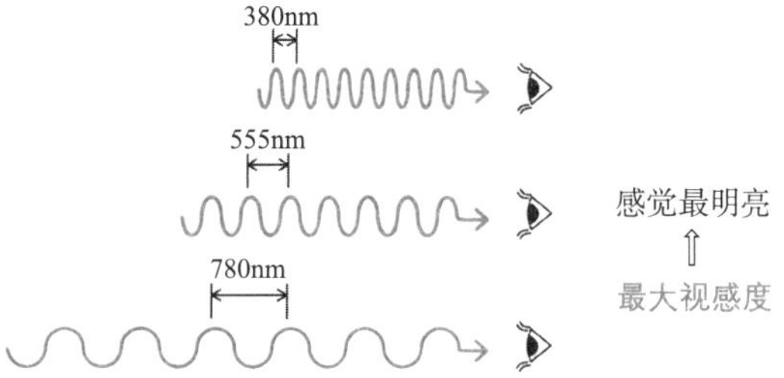

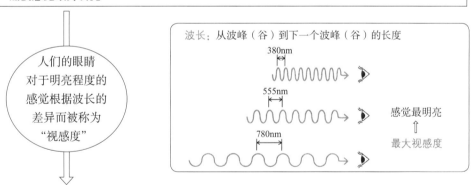

比视感度：
“各波长视感度”与“最大视感度”的比值

$$比视感度＝\frac{各波长视感度}{最大视感度}$$

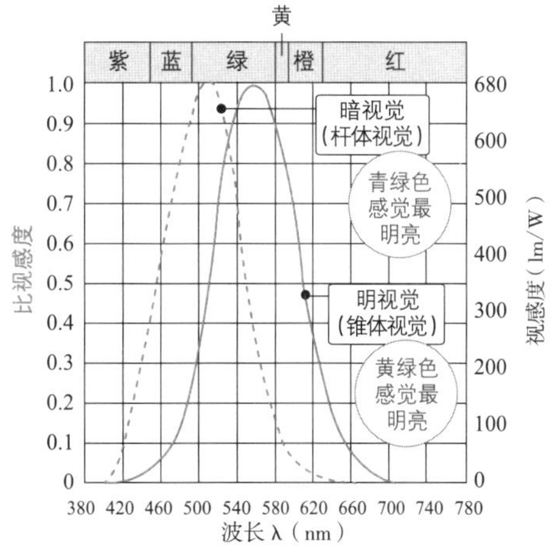

※此为普尔金耶现象（参照P32）

2 照度与亮度

2-1 光通量与发光强度

光通量：单位时间内从光源处投射出的光能量 ⇦ 即右图中箭头的数量

单位：lm（流明）

然而，光通量由比视感度（参照前页）来进行补充，是基于人所感觉的量

发光强度：从光源处投射至某个方向的光能量（光通量）密度
光的强弱 ⇧ 即右图中箭头的密度

单位：cd（坎德拉） $cd = \frac{lm}{sr}$

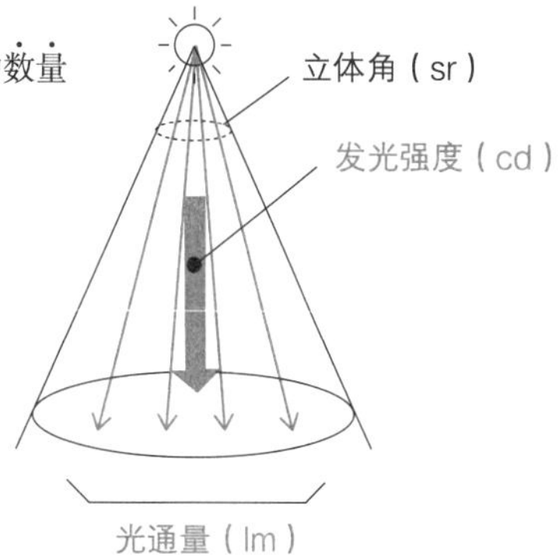

2-2 照度

照度：光线投在入射面上的明亮程度

⇩

单位面积入射的光通量（参照前项）

$$照度（lx勒克斯）= \frac{光通量（lm）}{面积（m^2）}$$

- 照度标准：参照P11
- 水平面照度：参照P13

一起来确认下与亮度（参照下一页）的区别吧

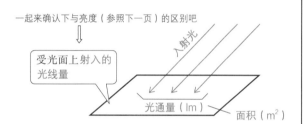

受光面上射入的光线量

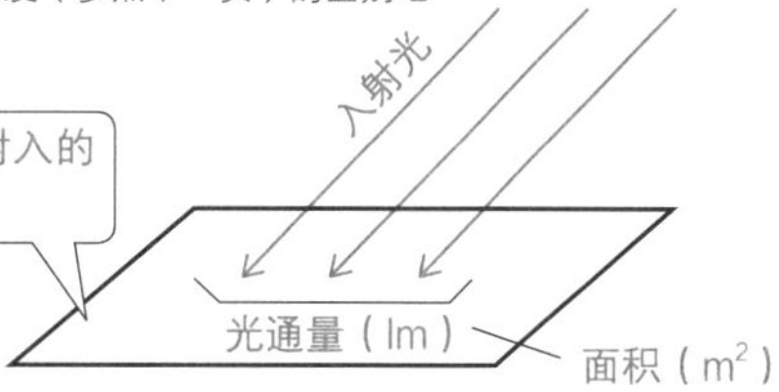

总之，计算式为$\frac{光通量}{面积}$，单位为（lm/m^2）。
但是，照度使用（lx）来代替（lm/m^2）

2-3 光通量发散度

光通量发散度：光线发散面的明亮程度

光通量发散度有两种

反射光通量发散度

从反射面投射的单位面积光通量

$$反射光通量发散度（lm/m^2）= \frac{光通量（lm）}{面积（m^2）}$$

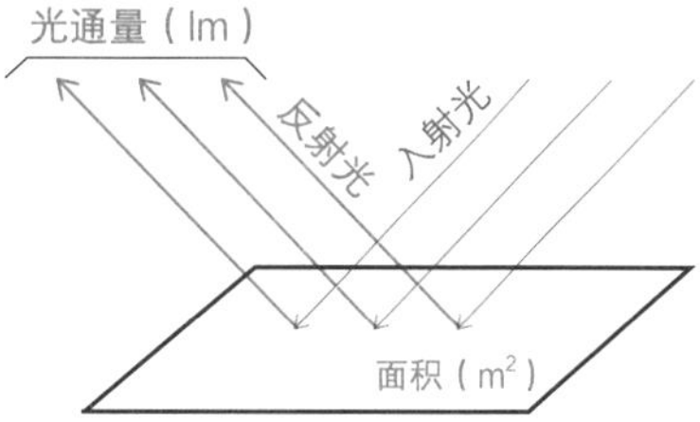

反射光通量发散度

透射光通量发散度

从透射面透过的单位面积光通量

$$透射光通量发散度（lm/m^2）= \frac{光通量（lm）}{面积（m^2）}$$

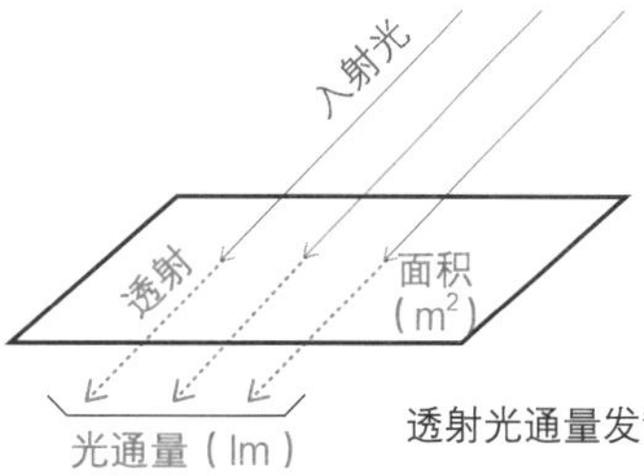

透射光通量发散度

2-4 亮度

亮度：表示从某方向所见观察面的明亮程度，
与人眼所见明亮程度的感觉有直接关系

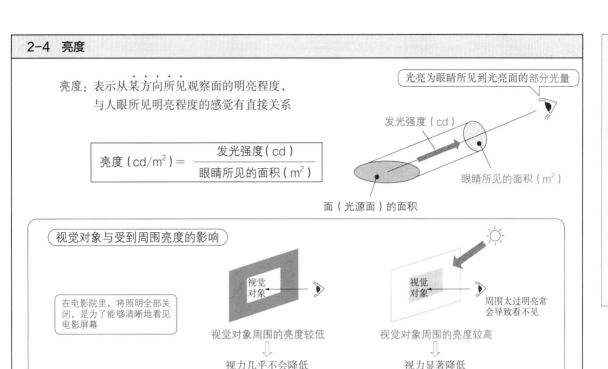

$$亮度（cd/m^2）= \frac{发光强度（cd）}{眼睛所见的面积（m^2）}$$

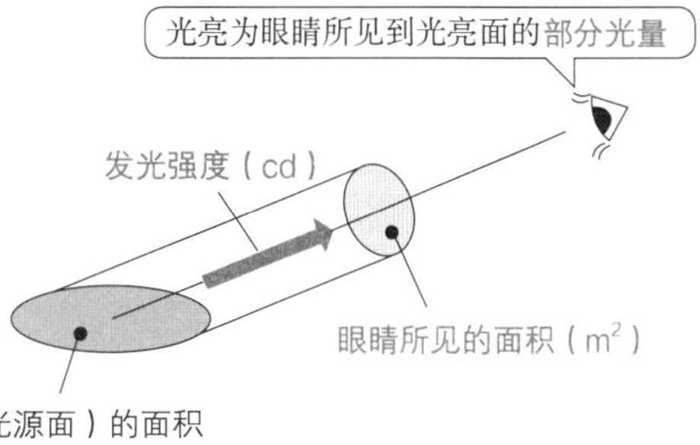

视觉对象与受到周围亮度的影响

在电影院里，将照明全部关闭，是为了能够清晰地看见电影屏幕

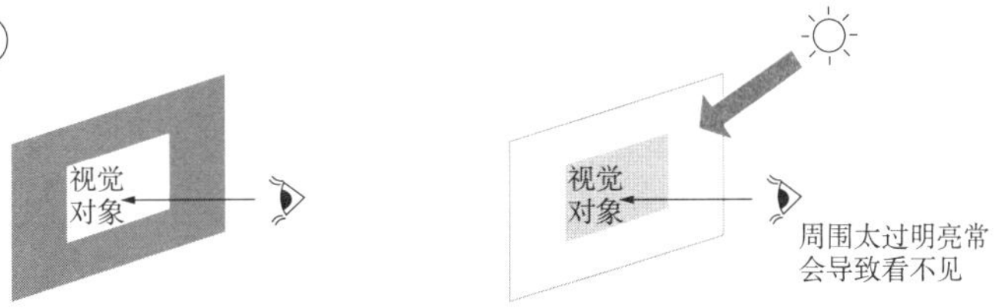

视觉对象周围的亮度较低 ⇩ 视力几乎不会降低

视觉对象周围的亮度较高 ⇩ 视力显著降低

立体角

* 参照前页 2-1

在半径（L）球的球面上部分面积（A）所对应的锥面空间角度

$$立体角（\omega）（sr）= \frac{A}{L^2}$$

单位为（sr）（球面度）

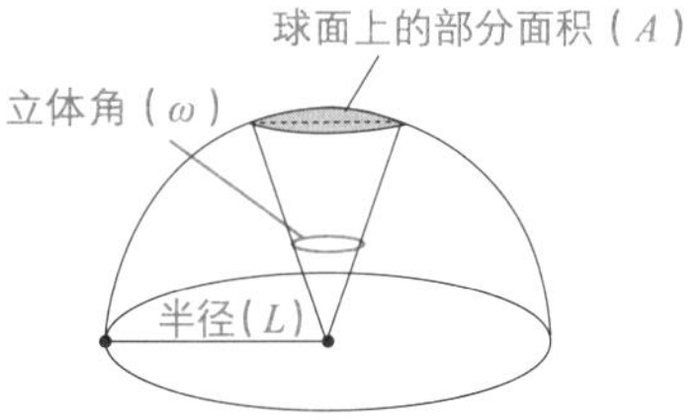

照度标准

在日本，根据日本工业规格（JIS规格）来决定照度标准（参照下页）

◎ 目视作业面

照度主要以作业进行的平面（目视作业面）高度作为标准

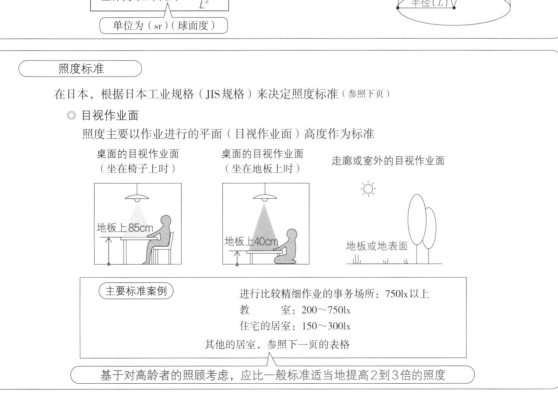

桌面的目视作业面（坐在椅子上时）　　桌面的目视作业面（坐在地板上时）　　走廊或室外的目视作业面

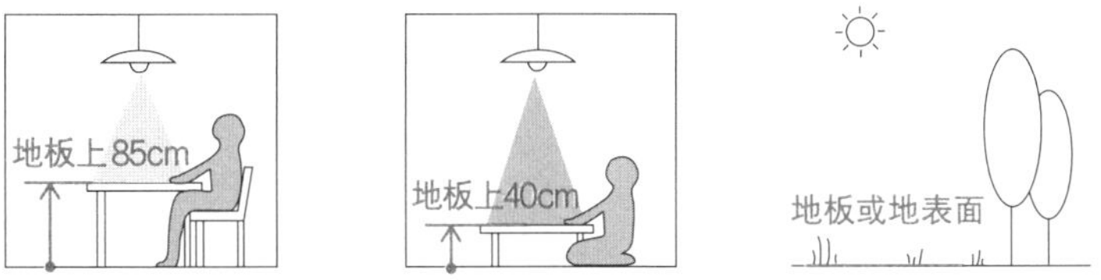

主要标准案例

进行比较精细作业的事务场所：750lx以上
教　　室：200～750lx
住宅的居室：150～300lx
其他的居室，参照下一页的表格

基于对高龄者的照顾考虑，应比一般标准适当地提高2到3倍的照度

与使用目的对应的照度标准

▭（灰色）表示为“场所”　▭（白色）表示为“作业”

照度标准（lx）：3000、2000、1500、1000、750、500、300、200、150、100、75、50、30、20、10、5、2、1

事务场所
- 1500～750 lx（场所）：办公室、营业室、设计室、制图室、正门大厅（白天）
  - 进行精细目视作业的场所，或受到日光影响感觉室外明亮、室内黑暗的办公室
- 2000～750 lx（作业）：设计*、制图*、打字*、计算*、计算机打卡*
- 750～300 lx（场所）：办公室、职员室、会议室、印刷室、电话交换室、计算机室、控制室、诊察室、电气、机械室等的配电盘与仪表盘*、传达室*
- 500～200 lx（场所）：会议室、接待室、洽谈室、食堂、厨房、娱乐室、门卫室、正门大厅（夜间）、电梯间
- 300～150 lx（场所）：书库、金库、电气室、讲堂、机械室、电梯、杂作业室
- 200～100 lx（场所）：澡堂、锅炉室、浴室、厕所、走廊、楼梯、洗手间
- 150～75 lx（场所）：喝茶室、休息室、值班室、更衣室、仓库、门厅（停车处）
- 75～30 lx（场所）：室内消防楼梯

工作场所
- 3000～1500 lx（场所）：控制室等的仪表盘与控制盘*
- 3000～1500 lx（作业）：精密仪器、电子零件的制造、印刷厂等特别精细的目视作业
- 1500～750 lx（场所）：设计室、制图室
- 1500～750 lx（作业）：纤维厂的筛选作业、检查，印刷厂的排字、校正，化工厂的分析等精细的目视作业
- 750～300 lx（场所）：控制室
- 750～300 lx（作业）：一般制造工程等的普通目视作业
- 300～150 lx（场所）：电气室、空调机械室
- 300～150 lx（作业）：一般粗糙的目视作业
- 150～75 lx（场所）：出入口、走廊、通道、楼梯、洗手间、厕所、进行作业的仓库
- 150～75 lx（作业）：非常粗糙的目视作业
- 75～30 lx（场所）：室内消防楼梯、仓库、室外动力设备
- 75～20 lx（作业）：货物存放、卸货、移动货物等作业*
- 30～10 lx（场所）：室外（通道、监控区域）

学校
室内
- 1500～300 lx（场所）：制图教室、被服教室、计算机机房
- 1500～500 lx（作业）：精密制图*、精密实验*、缝纫机缝纫*、计算机打卡*、图书阅览*、精密工作*、美术工艺制作*、板书*、用天平等类似的计量*
- 750～200 lx（场所）：教室、实验室、实习工场、研究室、图书阅览室、书库、办公室、教职员室、会议室、保健室、食堂、厨房、配餐室、多媒体教室、印刷室、门卫室、室内运动场
- 300～75 lx（场所）：讲堂、集会所、休息室、衣帽间、升降口、走廊、楼梯、洗手间、厕所、值班室、过渡走廊
- 75～30 lx（场所）：仓库、车库、消防楼梯

室外
- 150～30 lx（场所）：篮球场、芭蕾房、网球场、壁球间*、游泳池
- 75～30 lx（场所）：徒手体操场、器械体操场、竞技场
  - 足球、橄榄球、手球、壁球
- 10～2 lx（场所）：场内通道（夜间使用）

住宅·集合住宅
- 2000～1000 lx（作业）：手工艺*、裁缝*、电动缝纫*
- 1000～500 lx（作业）：学习*、读书*（书房、儿童房、学习室的场合）
- 750～300 lx（作业）：读书*、化妆*
- 500～200 lx（作业）：餐桌*、烹饪台*、料理台*、洗脸*
- 300～150 lx（作业）：团聚*、娱乐*、桌子*、沙发*、洗涤*
  - 这里所指的“整体”为整个居室的明亮情况
- 150～75 lx（场所）：（整体）儿童房、学习室、家务室、作业室、浴室、更衣室、门厅（内侧）
- 100～50 lx（场所）：（整体）书房、食堂、厨房、厕所
- 75～30 lx（场所）：（整体）起居室、接待室（洋式居室）、客厅、走廊、楼梯
- 50～20 lx（场所）：（整体）储藏室、置物室
- 30～10 lx（场所）：（整体）卧室
- 10～5 lx（场所）：通道［门、门厅（外侧）、庭院］
- 2～1 lx：深夜防盗

（JIS Z 9110–1979 中的一部分）

- 上表的照度为主要目视作业面（在没有指定特殊目视作业面的情况下，为前页的“目视作业面”）的水平面照度。
- *的作业状况，可根据局部照明（参照P20）得到照度。但是，整体照度（参照P20）期望达到局部照度的十分之一以上。
  - 周围过暗，会引起眼睛疲劳等障碍

2-5 针对点光源进行直接照度计算

$$\text{点光源的直接照度（水平面照度）}=\frac{\text{发光强度}}{(\text{从点光源到照射面的距离})^2}$$

⇩

$$E=\frac{i}{r^2}$$

E：照度〔lx〕（=〔lm/m^2〕），参照P10）
i：发光强度〔cd〕（=〔lm/sr〕），参照P10）
r：从光源到照射面的距离〔m〕

⇩ 入射角为θ！

$$E=\frac{i}{r^2}\cdot\cos\theta$$

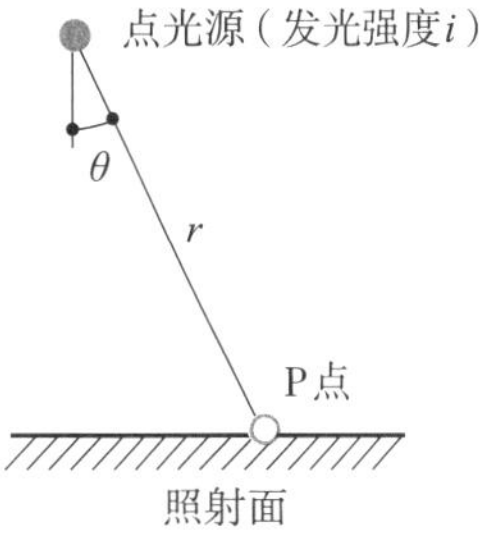

※在有两个点光源的场合，为两者之和
（参照下面的问题3）

问题

右图中有两个能产生亮光的点光源甲与乙，须分别求出照射在地板上A点与B点的水平面照度。

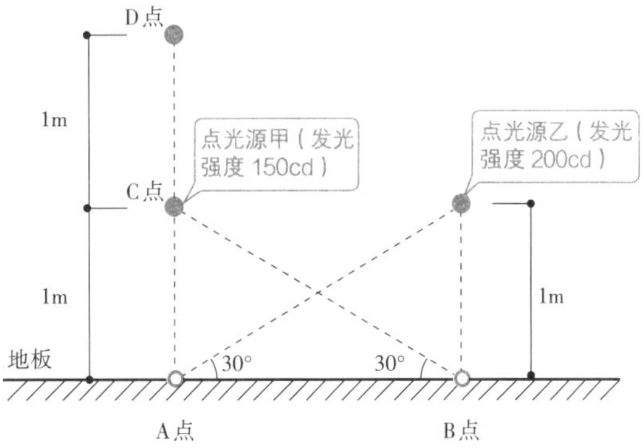

问题1 在仅有点光源乙点亮的情况下，B点的水平面照度是多少？

$$\text{水平面照度}=\frac{\text{发光强度}}{(\text{从点光源到照射面的距离})^2}=\frac{200}{1^2}=200$$

因此，水平面照度是 200lx

问题2 在仅有点光源乙点亮的情况下，A点的水平面照度是多少？

$$\text{水平面照度}=\frac{200}{1^2}\cdot\cos30°=100$$

因此，水平面照度是 100lx

问题3 在点光源甲与乙都点亮的情况下，A点的水平面照度是多少？

$$\text{水平面照度}=\frac{150}{1^2}+\frac{200}{1^2}\cdot\cos30°=250$$

点光源甲所对应的A点水平面照度
点光源乙所对应的A点水平面照度

因此，水平面照度是 250lx

问题4 只有点光源甲点亮，且点光源甲的位置为从C点向D点移动的状况，A点的水平面照度是移动前照度的几倍？

$$\text{在C点时的水平面照度}=\frac{200}{1^2}=200 \qquad \text{在D点时的水平面照度}=\frac{200}{2^2}=50$$

因此，从C点向D点移动时，A点的水平面照度为移动前的 1/4倍

⇧

如果照射面到点光源的距离变成2倍，照度就变成原来的1/4（与距离的平方成反比）

3 昼光

昼光：到达地表的太阳光

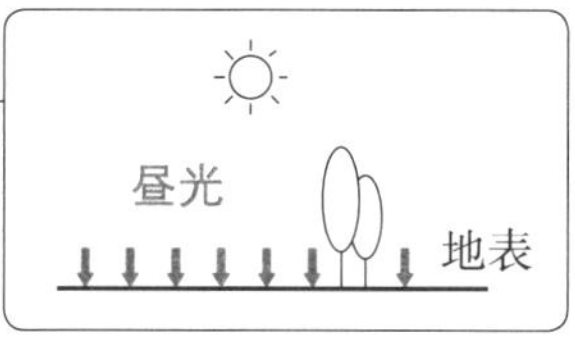

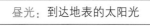

昼光可分为两种，直射光与天空散射光（参照P76）

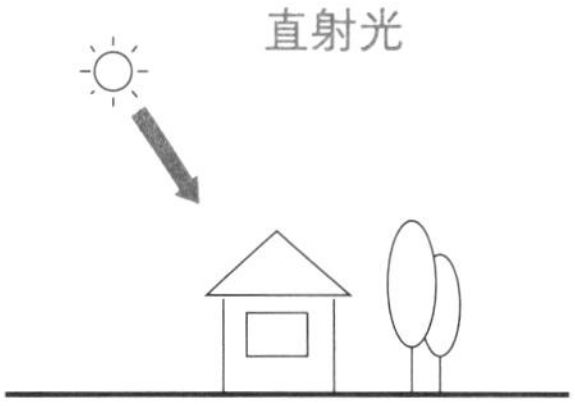

直射光扩散到地面

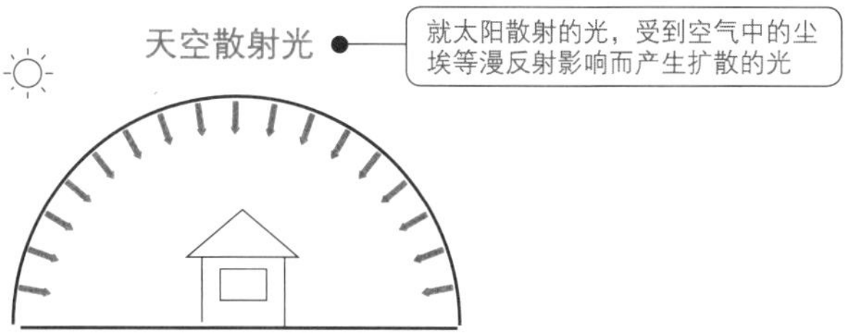

天空的亮光扩散到地面

白天，北向房间的室内会产生明暗变化状况，就是因为有天空散射光

昼光率（参照下一节）和采光面积（参照P16）等，须采用天空散射光来进行计算

⇧

因为直射光时时刻刻都在变化

3-1 昼光率

昼光率：表示室内某点充分获得昼光（仅指天空散射光）的指标

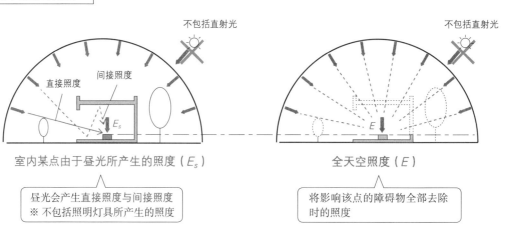

① 昼光率的计算方法

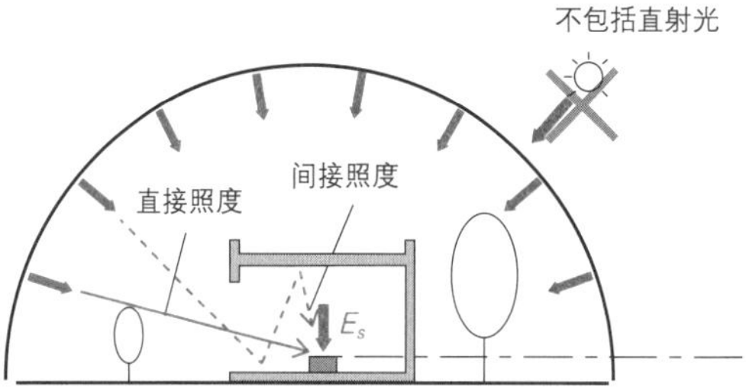

室内某点由于昼光所产生的照度（E_s）

昼光会产生直接照度与间接照度
※ 不包括照明灯具所产生的照度

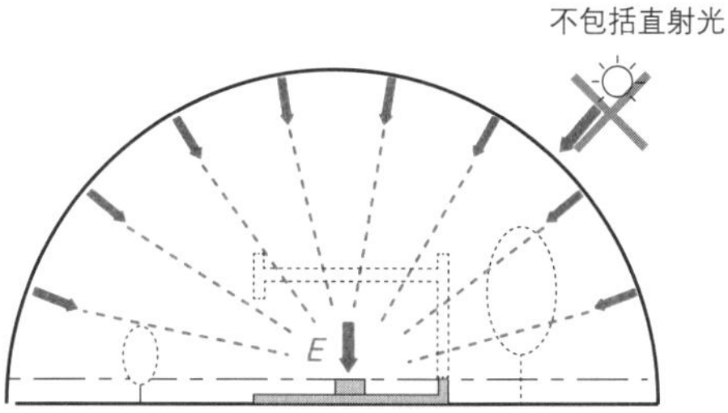

全天空照度（E）

将影响该点的障碍物全部去除时的照度

$$昼光率(\%)=\frac{室内某点由于昼光所产生的照度(E_s)(lx)}{全天空照度(E)(lx)}\times 100$$

② 标准昼光率

标准昼光率：与目视作业和居室种类相对应的昼光率标准

⇧

普通白天所要求的标准为15000lx

设计所采用的全天空照度

天空状态	全天空照度（lx）
特别明亮的白天（半阴天、多云的晴天）	50000
明亮的白天	30000
普通的白天	15000
阴天	5000
特别阴的白天（雷雨、降雪中）	2000
晴朗的天空	10000

等级	标准昼光率（%）	目视作业、行为类型（例）	居室种类	照度（lx）※全天空照度为15000lx时
1	5	长时间精密的目视作业（精密制图、精密作业）	设计、制图室（天窗、会产生顶侧光的场合）	750
2	3	精密的目视作业（一般的制图、打字）	正式竞技用的体育馆 工厂的控制室	450
3	2	长时间的普通目视作业（读书、诊察）	一般办公室 医疗室 车站、机场的中央大厅	300
4	1.5	普通目视作业（板书、会议）	一般教室、学校、体育馆 医院检查室	225
5	1	短时间的普通目视作业且为轻度的目视作业（短时间读书）	展示绘画的美术馆（所展示的绘画面） 医院的候诊室 住宅的起居室、厨房（居室的地板中央）	150
6	0.75	短时间的轻度目视作业（更换绷带）	医院的病房 办公室的走廊、楼梯	110
7	0.5	极短时间的轻度目视作业（会客、休息、包装）	住宅的接待室、门厅、厕所（居室的地板中央）、仓库	75
8	0.3	短时间出入时的长向空间（通常为步行）	住宅的走廊、楼梯（居室的地板中央）、病房的走廊	45
9	0.2	停电时的紧急使用	体育馆的观众席、美术馆、收藏库	30

影响昼光率的要素

◎ 开口部的大小、形状与位置

例）开口部的大小

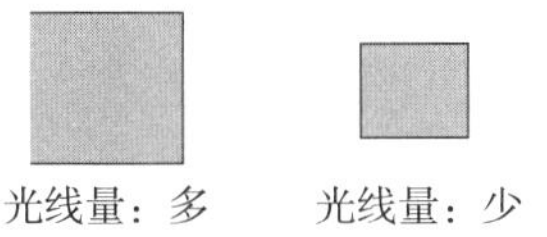

开口部越小，昼光率会越低。但是，根据量测位置的不同会有所差异（参照下一页）

◎ 玻璃面的状态

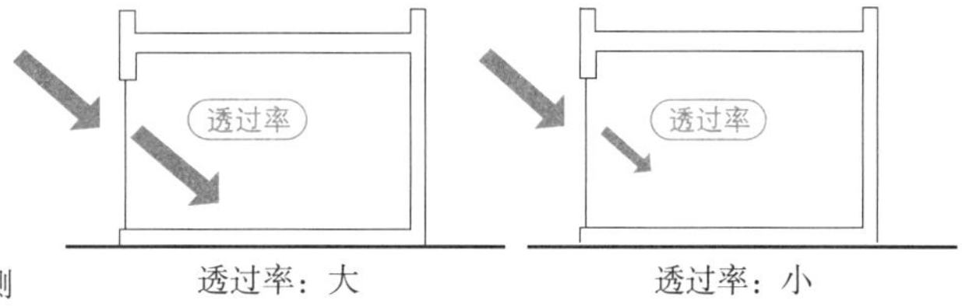

玻璃对昼光的透过率越低，则昼光率就会越低

◎ 室内表面装修

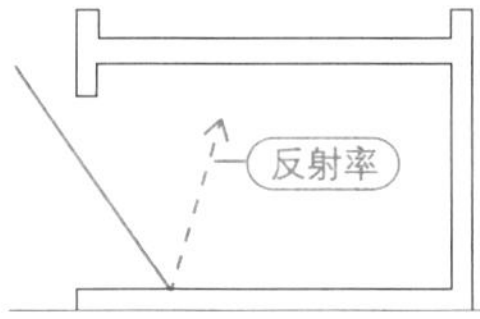

室内表面装修的反射率越低，则昼光率越低

◎ 测定点离窗户的距离

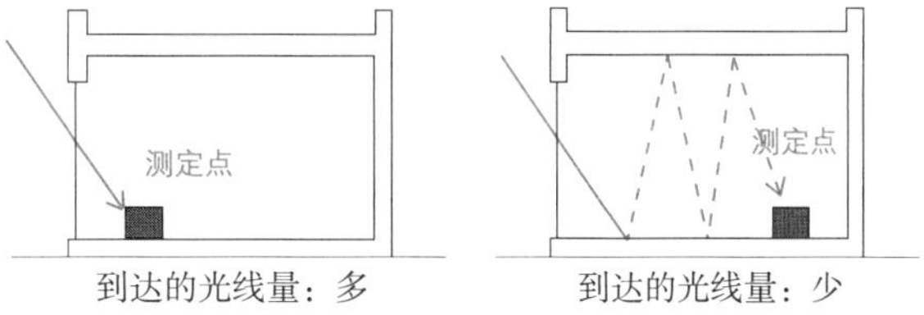

离窗户的距离越远，则昼光率越低

建筑标准法的采光规定

【法28条第1项】【令19条第2项、3项】

建筑标准法规定，为让人们能够健康地生活，须按规范设置与居室（参照下面）地面面积相对应一定比例以上的采光开口部（窗）。

需要采光的居室种类与所对应的开口比例

居室种类		比例
住宅（包括集合住宅的住户）的居室		1/7 以上
（1）	幼儿园、小学、中学、高中、中专的教室	1/5 以上
（2）	托儿所的保育室	
（3）	医院、诊所的病房	1/7 以上
（4）	宿舍的寝室、寄宿的卧室	
（5）	• 儿童福利设施的卧室（限定为入住的成员使用） • 儿童福利设施（托儿所除外）的居室，对于入住者、使用者的保育、训练，提供作为日常生活使用的必要空间	
（6）	（1）所述学校以外的学校教室	1/10 以上
（7）	与医院、诊所、儿童福利设施等居室的入院患者或入住者等进行谈话、娱乐等使用的空间	

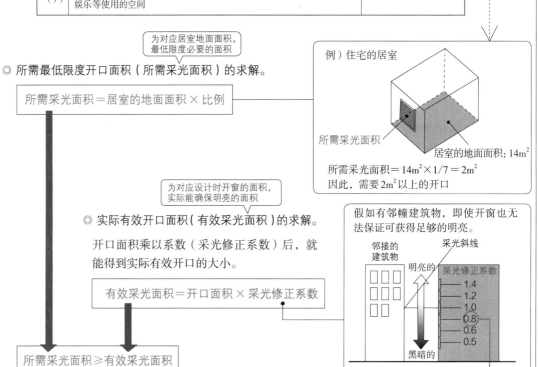

为对应居室地面面积，最低限度必要的面积

◎ 所需最低限度开口面积（所需采光面积）的求解。

所需采光面积＝居室的地面面积×比例

例）住宅的居室

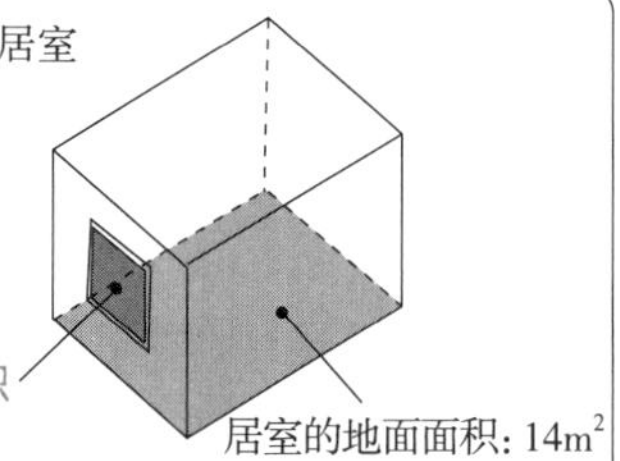

所需采光面积＝$14m^2 \times 1/7 = 2m^2$

因此，需要$2m^2$以上的开口

为对应设计时开窗的面积，实际能确保明亮的面积

◎ 实际有效开口面积（有效采光面积）的求解。

开口面积乘以系数（采光修正系数）后，就能得到实际有效开口的大小。

有效采光面积＝开口面积×采光修正系数

假如有邻幢建筑物，即使开窗也无法保证可获得足够的明亮。

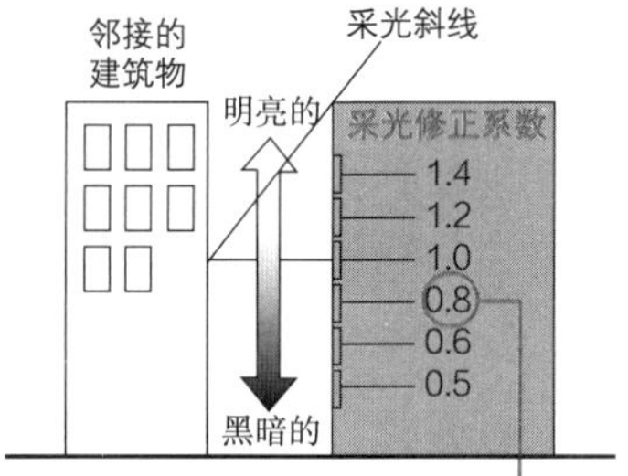

※ 采光修正系数的计算方法，参照【令20条第2项】

所需采光面积≥有效采光面积

如此，则能作为确保明亮的判断。

建筑标准法的居室定义

不仅是特定人持续使用的房间，且特定房间被不特定的人、持续使用的情况，也包含在“持续性使用”（居室）的范围。

例）住宅的居室：起居室、接待室、卧室、书房、餐厅等

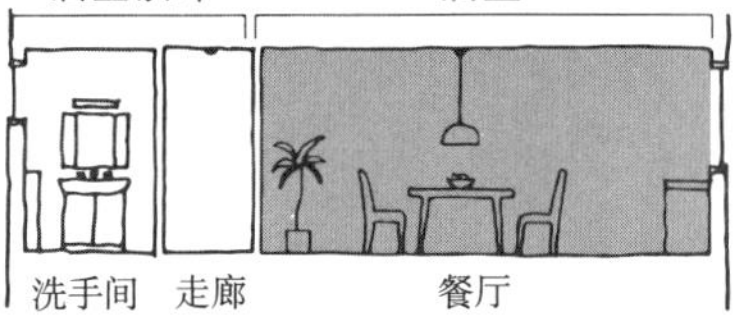

4 人工照明

使室内明亮的照明，有昼光照明和人工照明。
将两者组合起来或任选其一，均能进行有效的照明规划。

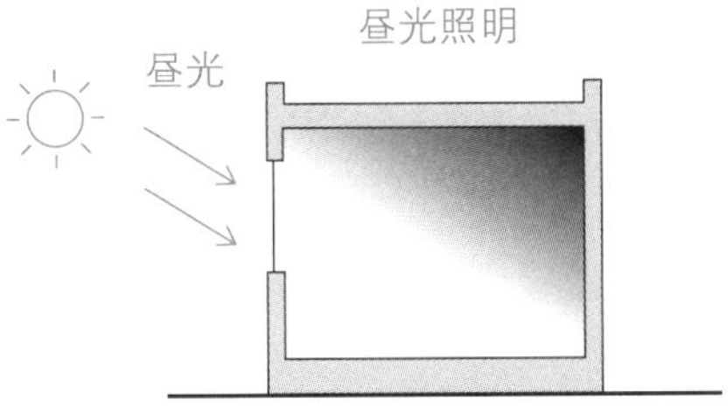

由于利用昼光，室内更加明亮

（参照P14～16）

利用昼光进行照明规划时应注意：
- 明亮状况的变化会很大；
- 过亮的照射，会产生眩光；
- 会产生空调负荷增加的情况。

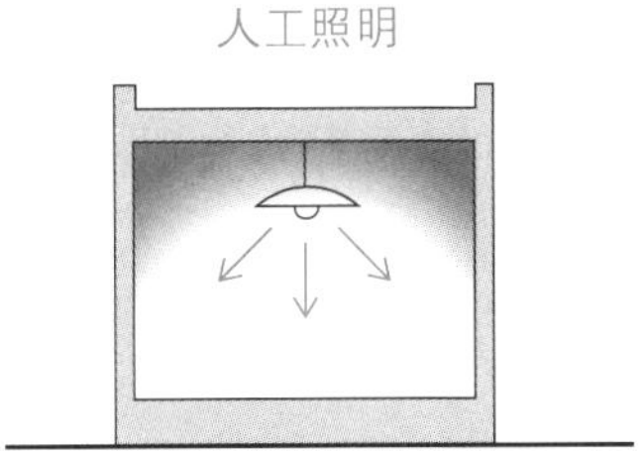

由于使用照明灯具，室内更加明亮

4-1 人工光源的种类与色温

色温：用来表示各式各样光源的光色（光源本身的颜色）

单位：K（开尔文）

光色

随着色温的变高，光色也会产生变化。

色温：低——→高
光色：红→黄→白→蓝

显色

照明光对颜色显示所产生的影响

被自然光照射时，离被观察物越近则显色性越好。

⇩

显色评价系数（R_a）

表示在白天自然光下所见颜色的差异系数

0 ←——○——→ 100（90）

90以上的，说明显色性良好！

显色与光源的种类相关！

在服装店所买的衣服，与穿到屋外时的衣服颜色感觉不一样就是这道理

色温（K）	光源的种类	光色
↑ 高		偏蓝的颜色（凉爽感）
5300		
	荧光灯 荧光水银灯 金属卤化物水银灯	白色
3300		
↓ 低	卤钨灯 白炽灯 高压钠灯	偏红的颜色（温暖感）

4-2 主要光源的性质

① 白炽灯

利用玻璃球内钨丝（抵抗线）发热产生亮光

- 光源效率：低（12～14 lm/W）
- 寿　　命：短（1000～2000h）
- 色　　温：低（2850K）
- 显 色 性：良好

光源效率：每消耗单位电力所产生的光通量，也称为发光效率

色温低 → 偏红色的光色（温暖感）

- 由于色温低、显色性良好，因此被用在各种用途上；
- 由于白炽灯的表面温度较高，因而会使室内温度上升；
- 为了使电力消耗降低，有终止制造白炽灯的趋势。

白炽灯的电力消耗约是荧光灯的5倍

② 卤钨灯

白炽灯内共同充填封装氩气等气体与卤素物质

- 与白炽灯相比，光源效率有所提高；
- 与白炽灯相比，寿命约为其2倍；
- 体积小。

由于亮度高，因此被用作舞台聚光灯

③ 荧光灯

- 光源效率：良好（60～90 lm/W）；（约为白炽灯的3倍）
- 寿　　命：长（6000～12000h）；
- 色　　温：能作调整；
- 显 色 性：较佳。

色温（参照前页表格）

灯泡色（3000K）	偏红的白色
乳白色（3500K）	↑
白　色（4200K）	白色 ↓
昼光色（6500K）	偏蓝的白色

- 与白炽灯相比，表面温度较低；
- 作为白炽灯的替代，有灯泡型荧光灯。

④ HID灯

为高效率、高输出功率的高亮度放电灯，有右边所列的种类。

- 光源效率：良好
- 寿　　命：长
- 显 色 性：也有较低的情况

启动或再启动，需要几分钟到10分钟以上的时间。

荧光水银灯

用在礼堂、工厂、体育馆等。

金属卤化物水银灯

用于室外照明、大规模的商业设施的室内照明。
※ 显色性相对较好。

高压钠灯

用于道路照明、工厂等。
※ 橙色的光色

⑤ 发光二极管（LED）

拥有与白炽灯同样的光源效率，寿命明显增长。

用作信号灯及灯光装饰等，今后希望能更加扩大它的利用范围。

发光二极管（LED），随着今后的技术发展，数值会有产生变化的可能性

		白炽灯	卤钨灯	荧光灯	HID 灯			发光二极管（LED）
					荧光水银灯	金属卤化物水银灯	高压钠灯	
发光原理		辐射温度		荧光发光（低压放电）	荧光发光（高压放电）			半导体
消耗电力（W）		10 ～ 150	20 ～ 500	4 ～ 220	40 ～ 2000	70 ～ 2000	50 ～ 940	2 ～ 9
全光通量（lm）		705 ～ 840	900 ～ 1600	485 ～ 9200	22000	10500 ～ 38000	23000 ～ 47500	30 ～ 60
光源效率（lm/W）		12 ～ 14	16 ～ 19	57 ～ 110	55	70 ～ 95	58 ～ 132	30 ～ 595
色温（K）		2850	3000 ～ 3050	2800 ～ 6700	4100	3800 ～ 4300	2100 ～ 2500	2800 ～ 5000
显色性（平均显色评价系数 R_a）		良好，多偏红色（100）	良好（100）	比较好（61 ～ 99）	不怎么好（44）	良好（高显色型非常好）（70 ～ 96）	不好（高显色型较佳）（25 ～ 85）	相对较好（70 ～ 80）
寿命（时间）		1000 ～ 2000	1500 ～ 2000	6000 ～ 12000	12000	6000 ～ 9000	9000 ～ 18000	数万小时
费用	设备费	便宜	相对较贵	相对便宜	稍贵	稍贵	稍贵	目前较贵（未来会廉价）
	维护费	相对较贵			相对便宜	相对便宜	便宜	便宜
用途（例）		住宅、商店、接待室、旅馆	店铺（聚光照明等）、照相馆	办公室、住宅、店铺、顶棚较低的工厂、街道	通道、街道、顶棚较高的工厂、聚光照明设施	聚光照明设施、店铺、顶棚较高的工厂	通道、街道、店铺聚光照明设施、顶棚较高的工厂	信号灯、大型电视、灯光装饰、住宅

※ 数值会根据厂家不同而有所差异

◎ 白炽灯

◎ 荧光灯

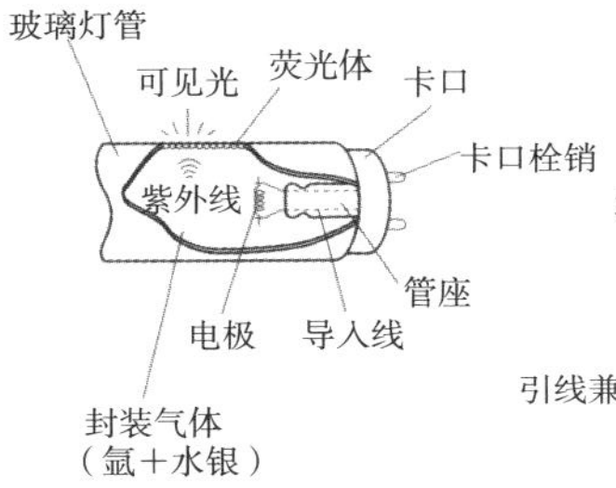

◎ 荧光水银灯

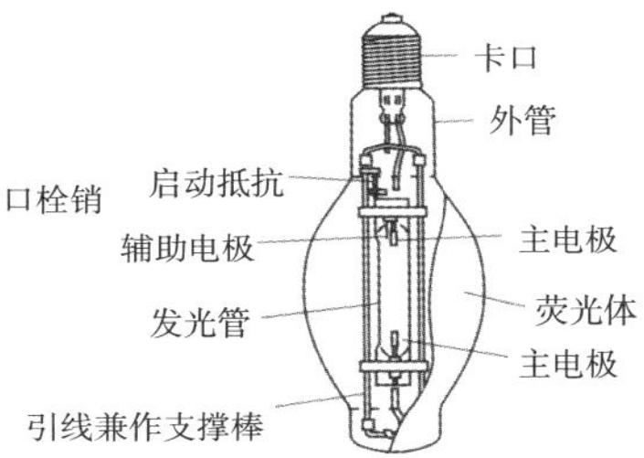

◎ 金属卤化物水银灯

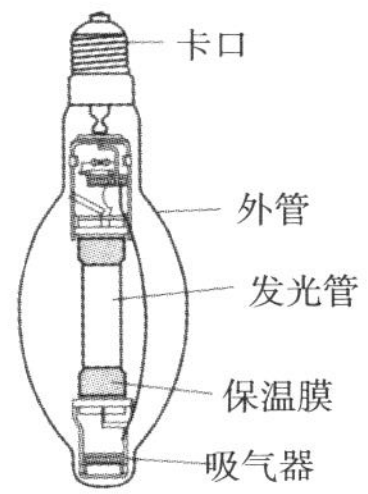

◎ 高压钠灯

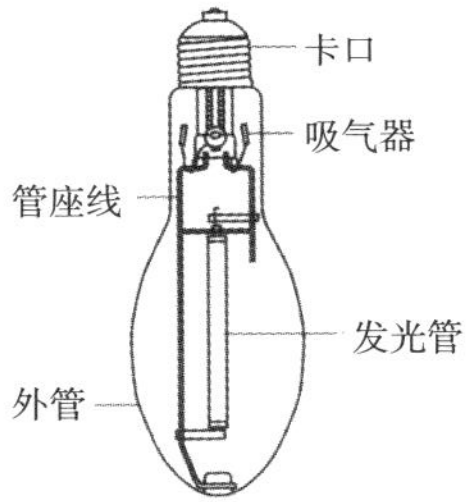

◎ 发光二极管（LED）

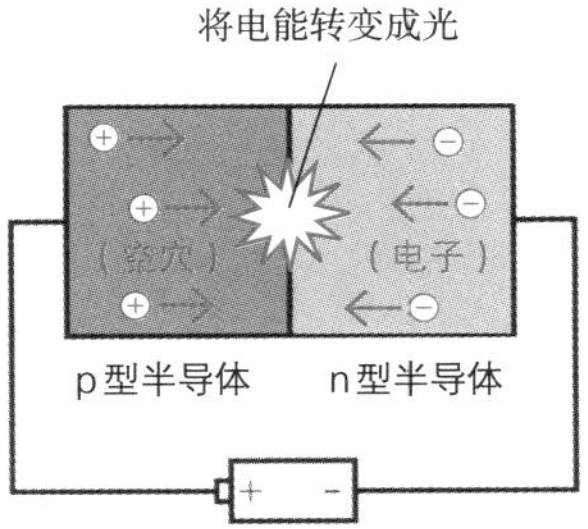

5 照明规划

5-1 整体照明与局部照明

设置照明灯具可使得空间整体获得明亮的方法称为“整体照明”，获得部分明亮的方法则称为“局部照明”。但无论如何，都应选择合适环境与成本的光源。

整体照明

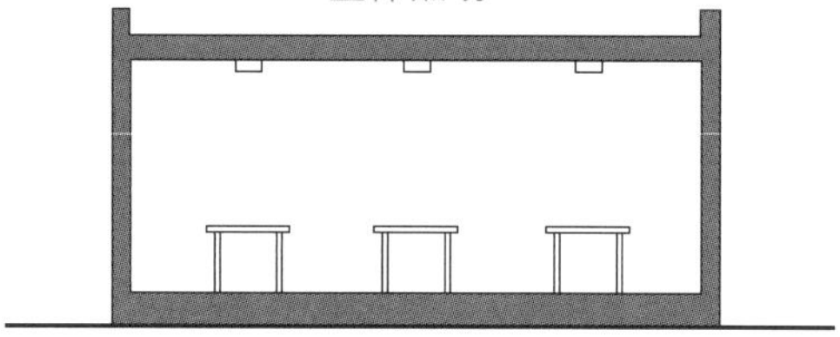

空间整体为同样的明亮，尽可能使照度维持均一。

⇩

连不必要的部分也照亮，是不经济的。

适用于办公室和商业设施等，人们可能进行各种活动的空间

局部照明

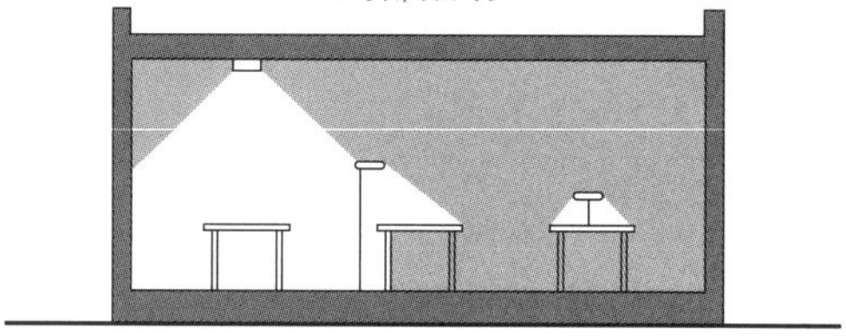

仅能使必要的部分明亮。

⇩

因为仅使必要部分明亮，而具有经济效果，但会造成空间内明暗差异过大，眼睛容易产生疲劳。

适用于图书室和集中作业等活动空间

※同时采用整体照明与局部照明时，须将整体照明的照度降低。

然而，整体照度须达到局部照度的1/10以上

因为周围过暗，眼睛容易产生疲劳

5-2 直接照明与间接照明

使用照明灯具，应根据空间的使用目的，塑造相应的明亮程度和空间氛围，分为“直接照明”与“间接照明”。

直接照明

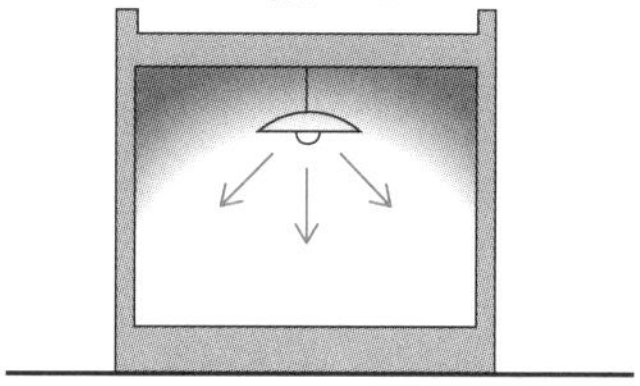

对于需要明亮的部分，采取直接光照射。

⇩

会造成亮部分与暗部分的差别很大。

物体的凹凸轮廓能清晰地显现，会有阴影。

适用于照亮餐桌和作业面

间接照明

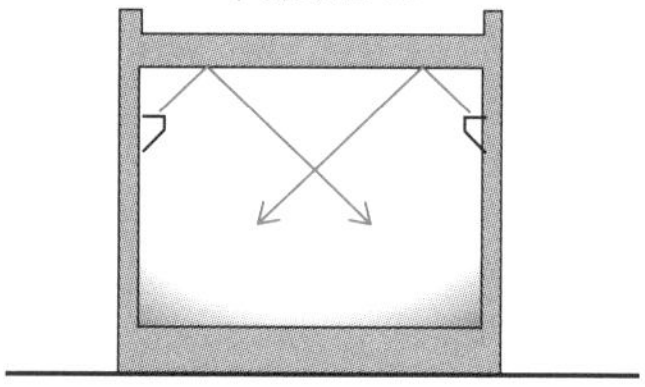

将光投射到墙面或顶棚上，这种反射方式可使得空间变得明亮。

⇩

产生整体具柔和光的空间。

然而，物体的阴影会模糊不清，难以产生凹凸感。

适用于客厅和宾馆的客房等，相较实用性，更重视室内效果的空间

5-3 眩光

眩光：由于视线内有高亮度的部分，导致过亮而难以看清，眼睛会感到疲劳并产生不适感。

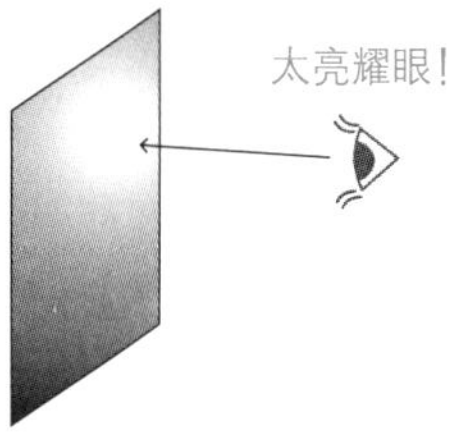

反射眩光

例）

若在电脑画面上以照明灯具打光，则会造成作业障碍。

※安装照明灯具时应注意，照明投光不要直接投射在电脑画面上。

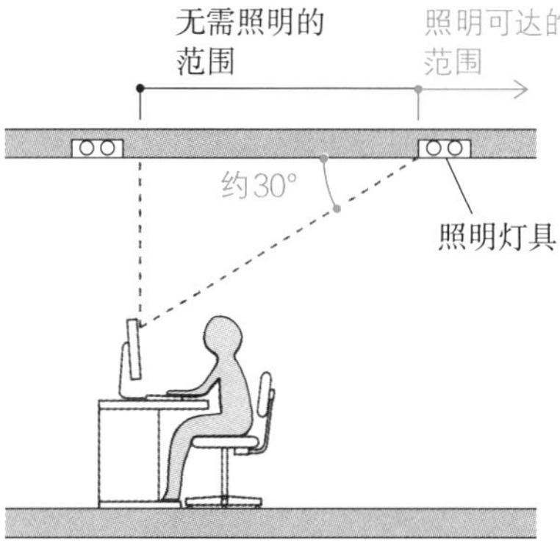

光膜反射

例）

黑板和书等由于反射而看不清的情况。

※采用预设扩散板及百叶板等的照明灯具，对防止眩光有效。

5-4 均齐度

要求教室和办公室等空间的室内整体为均一明亮的。

⬇

求室内照度的散射程度。⇨ “均齐度”

⬇

进行非散射照度的照明规划

- 利用昼光（参照下页）
- 仅有照明灯具的规划
- 利用昼光＋照明灯具进行调节

（后两项）使用照明灯具的场合，要设法让开关分开，使得每个区域都能点上灯

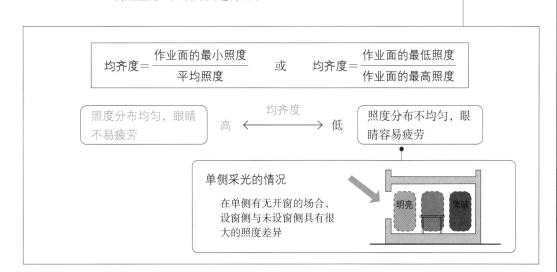

$$均齐度=\frac{作业面的最小照度}{平均照度}\quad 或 \quad 均齐度=\frac{作业面的最低照度}{作业面的最高照度}$$

照度分布均匀，眼睛不易疲劳 ← 高 — 均齐度 — 低 → 照度分布不均匀，眼睛容易疲劳

单侧采光的情况

在单侧有无开窗的场合，设窗侧与未设窗侧具有很大的照度差异

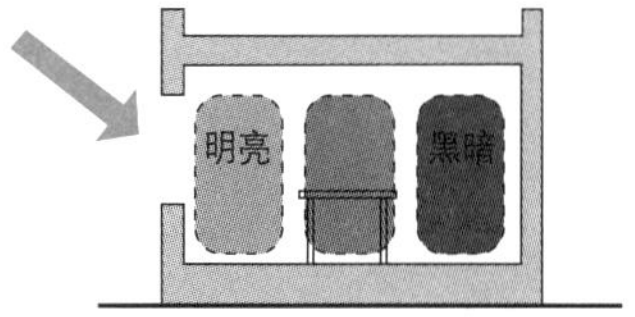

提高昼光照明均齐度的对策

为提高均齐度，如何将光线送到离窗户较远处是重要的。

◎ 开窗位置高时的效果

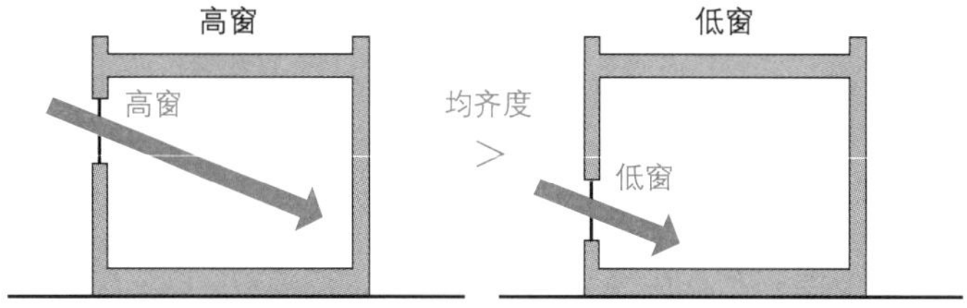

光线能到达房间深处　　光线无法到达房间深处

◎ 开窗形状较长时的效果

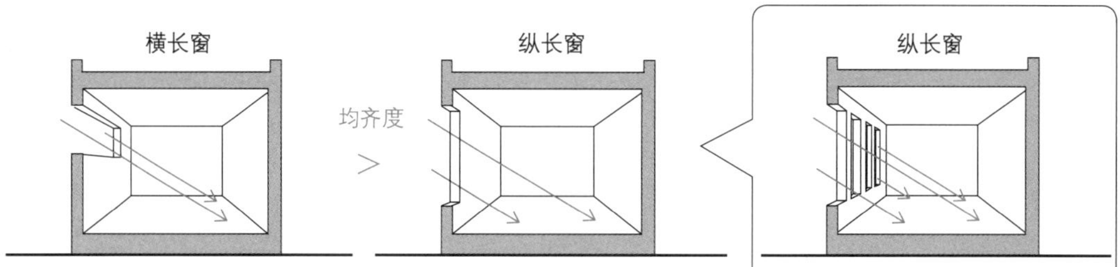

能够宽广范围的照亮　　只能照亮窗前部分　　然而，将窗并列设置则效果较好

◎ 与侧窗相比时天窗的效果

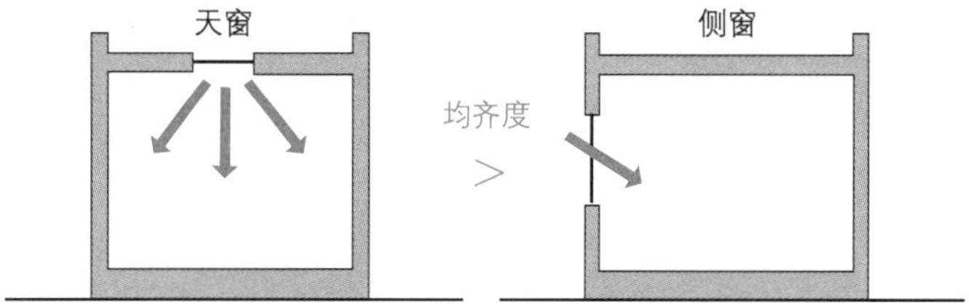

光线能够遍及房间全部　　光线为单方向

◎ 设置水平百叶窗

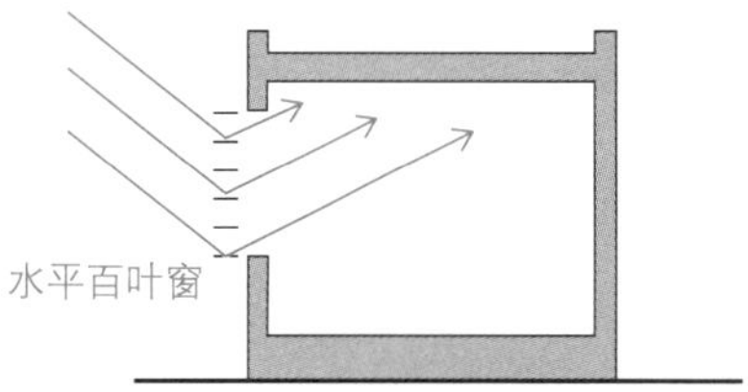

光线能到达房间深处

◎ 提高室内墙和顶棚的反射率

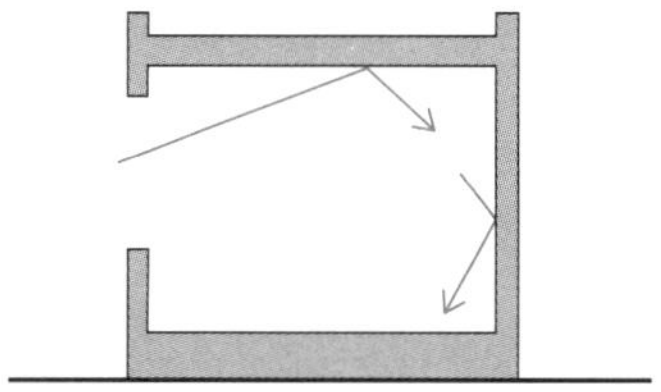

将墙和天花板的颜色设为明亮颜色（接近白色）能提高反射率

◎ 使用扩散性高的玻璃

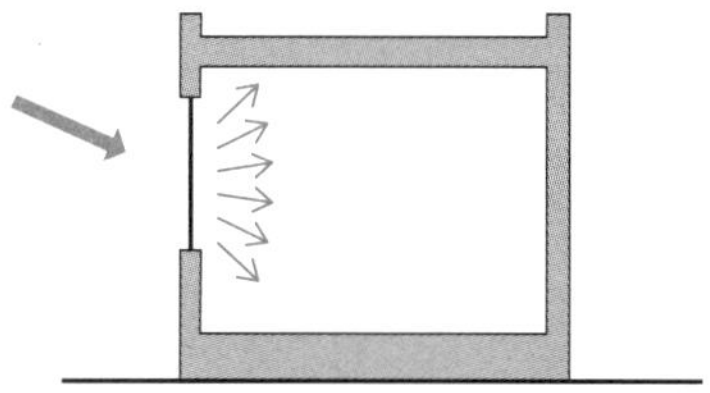

光线的扩散，为多个方向扩散

等

5-5 照明灯具与建筑化照明

① 照明灯具的种类

照明灯具应根据空间用途和所进行的作业，相应采用不同的设置。

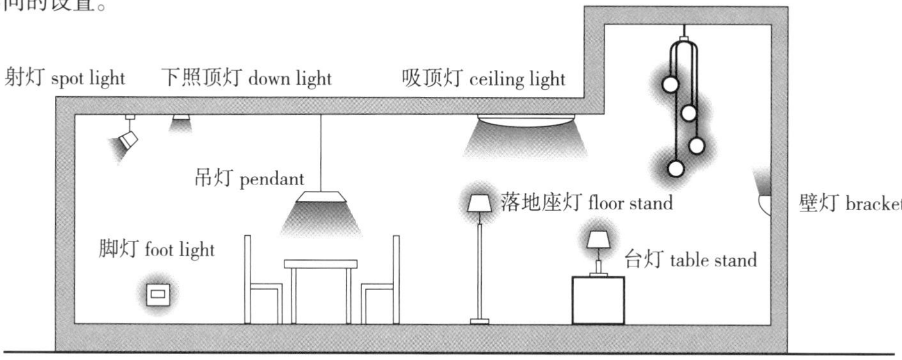

② 照明灯具的配光

照明灯具的配光：光源或照明灯具朝向各方向的发光强度的分布

分类名称		直接照明	半直接照明	全面扩散照明	半间接照明	间接照明
光通量（%）	向上	0 ~ 10	10 ~ 40	40 ~ 60	60 ~ 90	90 ~ 100
	向下	100 ~ 90	90 ~ 60	60 ~ 40	40 ~ 10	10 ~ 0
配光示例		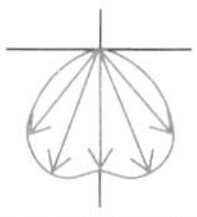	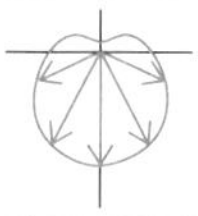	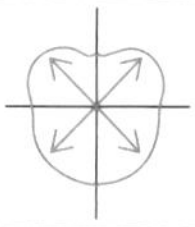		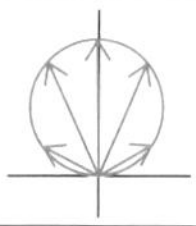
照明灯具示例		• 向下定向聚光灯 • 金属反射灯罩 • 无眩光型荧光灯具 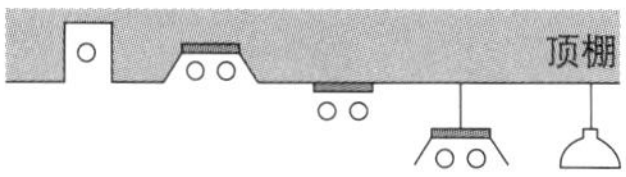	无灯罩荧光灯 	扩散球形灯 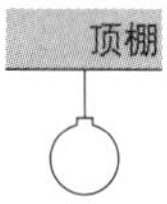	半透明反射灯罩 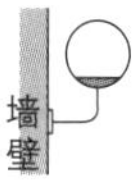	• 开孔金属反射灯罩 • 金属反射灯罩 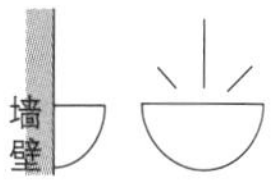

③ 建筑化照明

建筑化照明：顶棚和墙壁上的照明灯具通过组合，与建筑一体化。
照明的配置和形状成为空间设计的一部分，因此可展现出各种光照的可能。

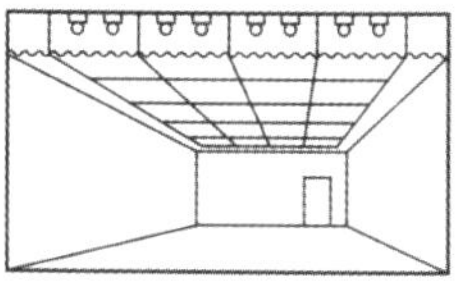
a. 光板顶棚照明

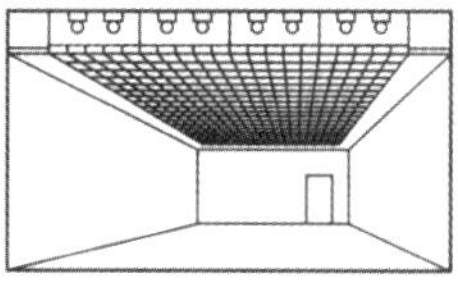
b. 百叶光栅顶棚照明

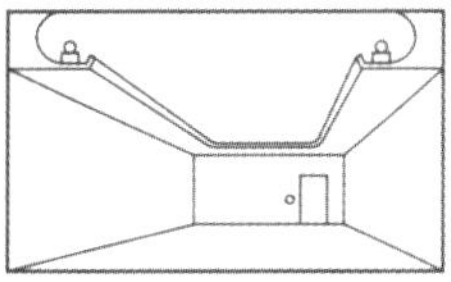
c. 凹面隐蔽反射照明

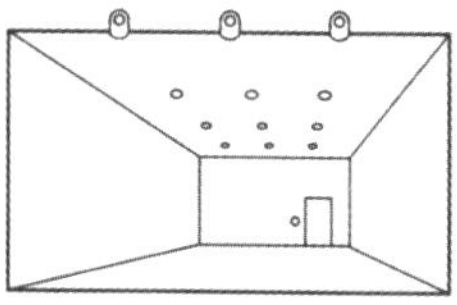
d. 下照顶灯照明

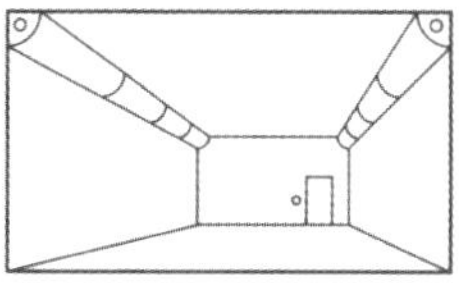
e. 缘角照明

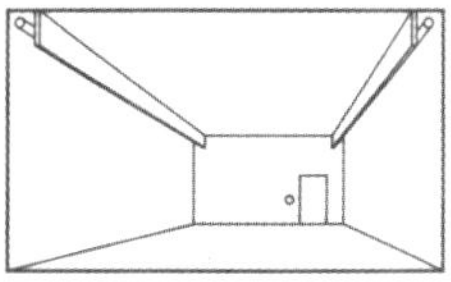
f. 上楣照明

5-6 光通量法

光通量法：用于求解电灯照明的灯管数和照明灯具台数的情况

照明灯具台数的求解方法

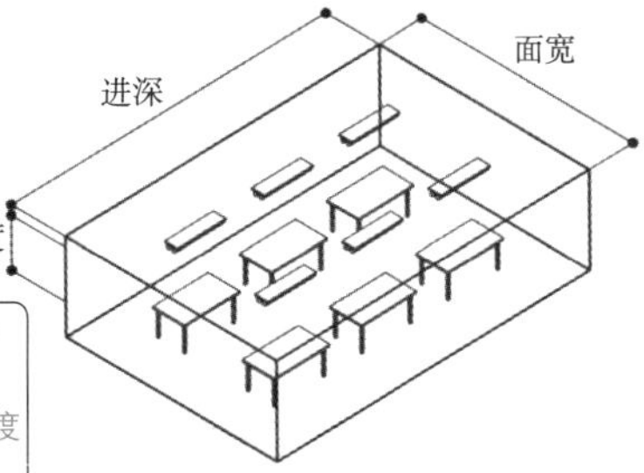

① 求室指数

$$室指数=\frac{面宽(m)\times 进深(m)}{[面宽(m)+进深(m)]\times 高度(m)}$$

从照明灯具到作业面的高度

查表可以算出照明率。

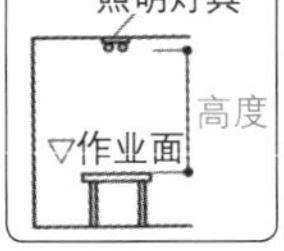

② 求灯管数量

$$灯管数=\frac{作业面面积(m^2)\times 作业面照度(lx)}{发散光光通量(lm)\times 照明率(\%)\times 维护率(\%)}$$

照明率：对应的灯管的发散光通量与入射到作业面光通量的比例。须考虑照明灯具的维护管理。

维护率（使用环境）

照明设施在使用一定时间后，作业面的平均照度与初期照度之比

由下列条件决定：
- 灯的种类
- 照明灯具的形状与构造
- 照明灯具的使用环境
- 更换灯管和清理灯管、照明灯具等维护管理的方法

⇩

"标准维护率" ※通过表格说明

例）使用荧光灯场合的维护率

	清洁良好	普通	污染不良
外露污染情况	0.72	0.7	0.66

③ 求照明灯具台数

$$照明灯具台数=\frac{总灯管数}{每台照明灯具所需的灯管数}$$

问题　在面宽10m、进深15m、照明灯具安装高度为2.8m的办公室，求能确保桌面照度为500lx的照明灯具台数？

桌面距离地板面为0.8m。

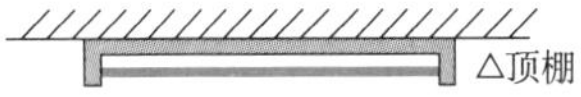

安装在顶棚的情况

每台照明灯具所需的灯管数为2管。

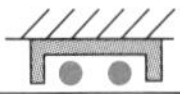

办公室的环境：
- 室内环境的反射率：顶棚70%，墙壁70%，地板10%
- 维护率：普通（0.7）

照明灯具：
- 散射光的光通量：4000 lm

反射率 顶棚	80%			70%			50%		30%	20%	0
墙壁	70%	50%	30%	70%	50%	30%	50%	30%	30%	10%	0
地板	10%			10%			10%		10%	10%	0
室指数	照明率										
0.60	.47	.36	.28	.45	.35	.28	.33	.27	.26	.21	.19
0.80	.55	.44	.37	.54	.43	.36	.41	.35	.33	.29	.26
1.00	.61	.50	.42	.58	.48	.41	46	.40	.38	.33	.31
1.25	.66	.56	.48	.64	.54	.47	.52	.45	.44	.39	.36
1.50	.70	.60	.53	.67	.59	.52	.56	.50	.48	.43	.40
2.00	.75	.67	.61	.73	.66	.59	.62	.57	.54	.50	.47
2.50	.79	.72	.65	.76	.70	.64	.66	.61	.59	.54	.51
3.00	.81	.75	.69	.79	.73	.68	.69	.65	.62	.58	.54
4.00	.85	.79	.75	.82	.77	.73	.74	.70	.67	.63	.59
5.00	.86	.82	.78	.84	.80	.76	.76	.73	.70	.66	.63

实际上，根据照明灯具不同，数值会有所差异。

◎ 求室指数

当有小数时，取近似值

$$室指数=\frac{10\times 15}{(10+15)\times(2.8-0.8)}=3.0$$ ⟹ 查阅上表 照明率＝0.79

照明灯具与桌面的距离

◎ 求灯管数

地板面积　桌面照度

$$灯管数=\frac{150\times 500}{4000\times 0.79\times 0.7}\approx 33.9（管）$$

光通量　照明率　维护率

◎ 求照明灯具的台数

$$照明灯具的台数=\frac{33.9}{2}=16.95$$

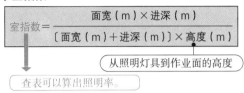

因此，照明灯具的台数为 17台

2 色彩

1 色彩的表示

1-1 色彩的种类

- 颜色
  - 光源色 — 光源所发出的光，使得人们能感觉的颜色
    光源本身颜色会有所差异（白炽灯为偏红色，荧光灯为偏蓝色，夕阳的火红光等）
  - 物体色
    - 表面色 — 当光线反射在物体面上时所呈现的颜色
      倘若特定颜色的反射较强，则眼睛就会认定这颜色为物体的颜色。
    - 穿透色 — 光线透过物体时所形成的颜色
      如同彩绘玻璃般，可透过光线而识别颜色。

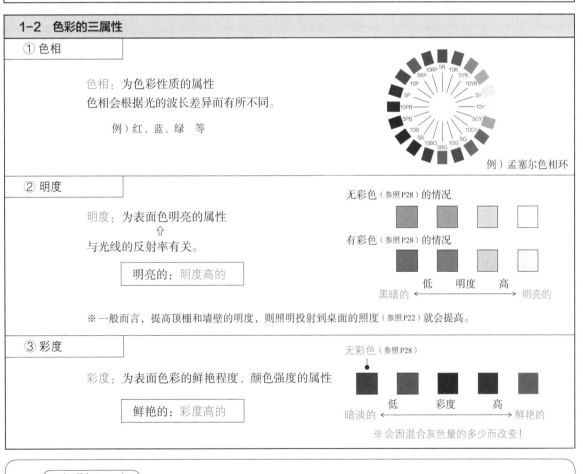

1-2 色彩的三属性

① 色相

色相：为色彩性质的属性

色相会根据光的波长差异而有所不同。

例）红、蓝、绿 等

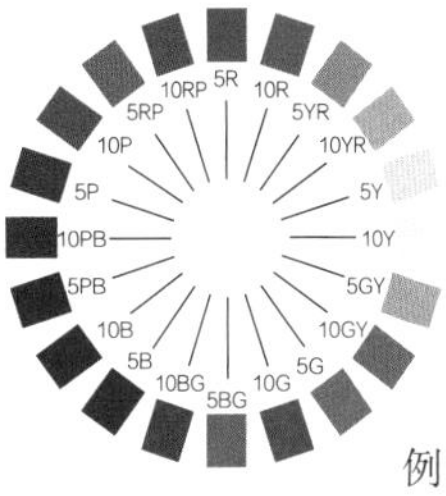

例）孟塞尔色相环

② 明度

明度：为表面色明亮的属性

⇧

与光线的反射率有关。

明亮的：明度高的

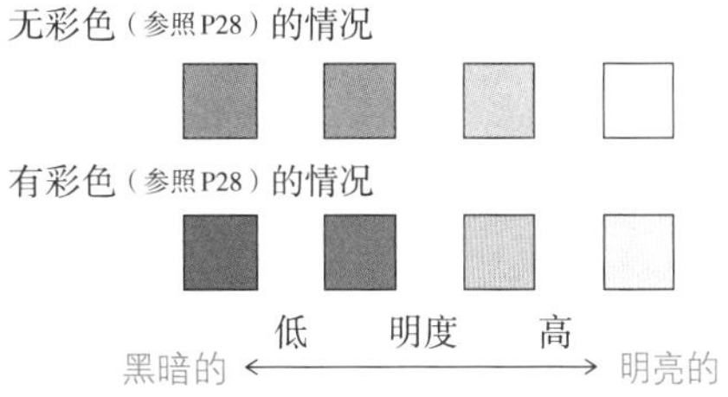

※一般而言，提高顶棚和墙壁的明度，则照明投射到桌面的照度（参照P22）就会提高。

③ 彩度

彩度：为表面色彩的鲜艳程度、颜色强度的属性

鲜艳的：彩度高的

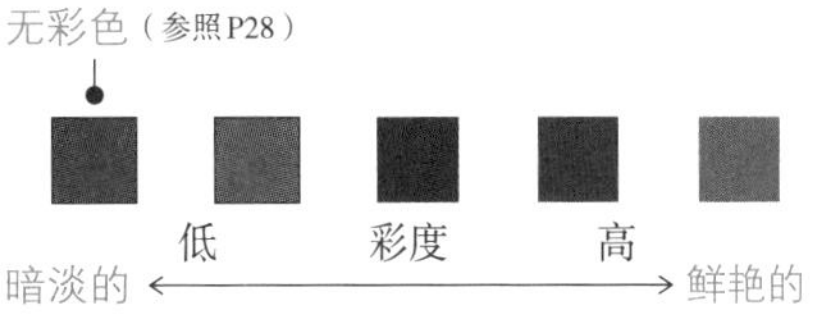

※会因混合灰色量的多少而改变！

色调（Tone）

色彩的明度与彩度混合的概念。像明暗、强弱、浓淡、深浅等近似色的调子差异。

将表示鲜艳感觉的修饰语“寒冷的”“浓郁的”“浅的”“暗淡的”等放在色名（色相）前面来修饰词语。

例）寒冷的蓝色、浓郁的绿色、暗淡的黄色等

1-3 色彩的混合

① 加法混色

例）电视机画面颜色

加法混色：将不同颜色的光重叠产生新色

每重叠上一层光，就越接近“白色”。

◎ 加法混色的三原色

- R：红
- G：绿
- B：蓝

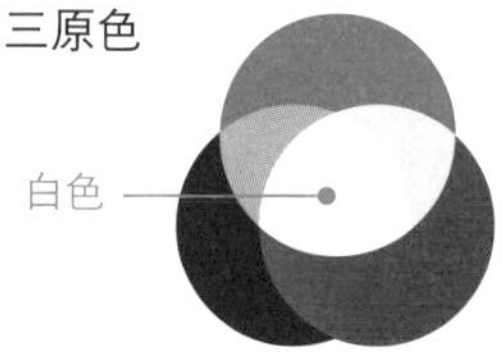

② 减法混色

例）绘画颜料混合时的颜色

减法混色：不同颜色混合时，遮住原本的光而产生的颜色
混色结果，使得明度降低。

将三原色均等混合时，着色在物体表面的颜色为“黑色”。

在打印机等所示的“CMKY”（K：黑色），是因为原本的黑色为由“CMY”混色后所产生，这样只能表示暗淡的暗色，为了展现鲜艳的黑色因此增加了“K”。

◎ 减法混色的三原色

- C：蓝绿
- M：紫红
- Y：黄色

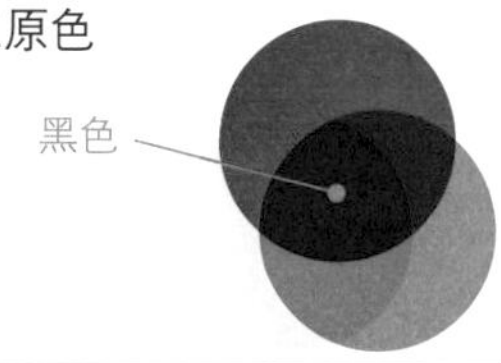

2 表色

表色：将色彩以数量的方式表示有“XYZ表色系”和“孟塞尔表色系”等

2-1 XYZ表色系

“XYZ表色系”：由国际照明委员会（CIE）所认定，为世界所采用最广泛的系统。

用于像工业制品要求严密色彩管理的情况。

色彩的再现

以“X（红色）”“Y（绿色）”“Z（蓝色）”3种光色作为基色，进行加法混色（参照前项）来再现颜色。

“Y（绿色）”：会使光色呈现明亮
“X（红色）”“Z（蓝色）”：无法使光色呈现明亮（就如所见的颜色）

可将“X”“Y”“Z”的色度坐标（x，y）值计算出来。

xy色度图

xy色度图：为除去明亮颜色的色彩定位表达图表

白色：在$x = 0.33$，$y = 0.33$附近

※越向外侧颜色越鲜艳。⇦ 彩度增加。

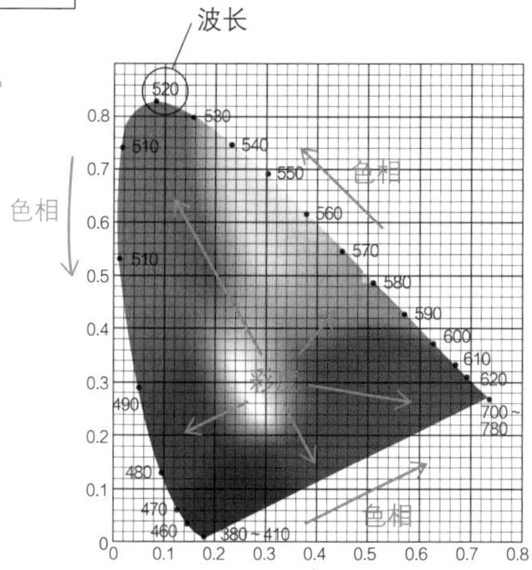

y轴数值增大 ⇨ 绿色增强
x轴数值增大 ⇨ 红色增强
接近原点 ⇨ 蓝色增强

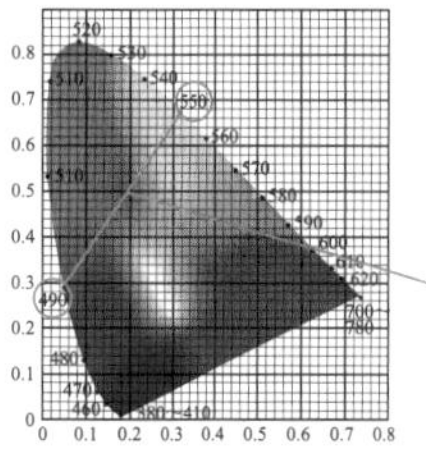

混色结果表示在xy色度图中两种颜色定位点的连接直线上。

将两侧的两种颜色进行混合，须按两色的混合比例混合成直线上所需的颜色。

2-2 孟塞尔表色系

孟塞尔表色系：根据美国画家孟塞尔所发表的表色系，是经过了科学论证、改良的。

※现在所使用的表色系在过去曾被称为“修正孟塞尔表色系”。

下列所述为色彩三属性：

- 色相：Munsell Hue
- 明度：Munsell Value
- 彩度：Munsell Chroma

> 在日本工业规格（JIS）中，以“孟塞尔表色系”为基础的色卡作为标准色卡。

① Munsell Hue（色相）

Munsell Hue表示为孟塞尔色相环。

在色相环圆周边设定5种基本色相与5种中间色相，共计10色

基本色相（5色）		中间色相（5色）
R（红）	+	YR（橙）
Y（黄）		GY（黄绿）
G（绿）		BG（蓝绿）
B（蓝）		PB（蓝紫）
P（紫）		RP（紫红）

将一种颜色更加细分（2等分、4等分等），就能够展现更细致的色相。

> 右列的字母为采用英文字的字首。
> R：Red
> Y：Yellow
> G：Green
> B：Blue
> P：Purple

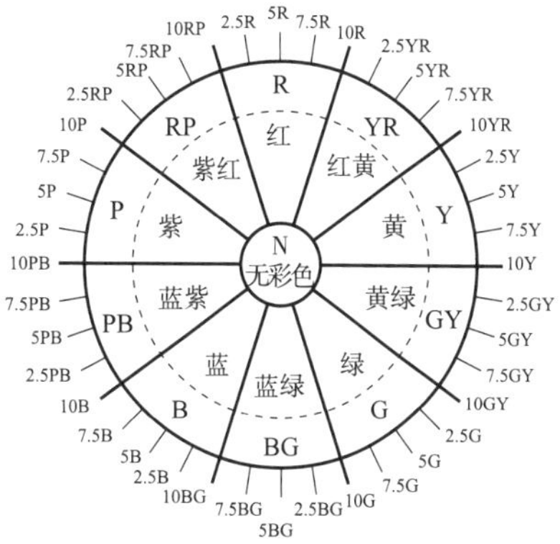

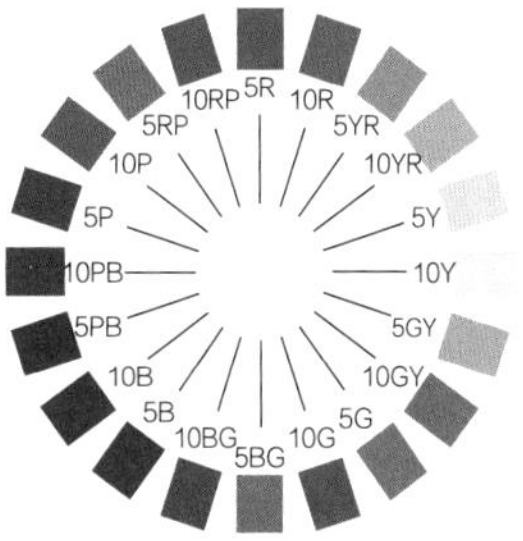

② Munsell Value（明度）

Munsell Value可表示成11个等级。

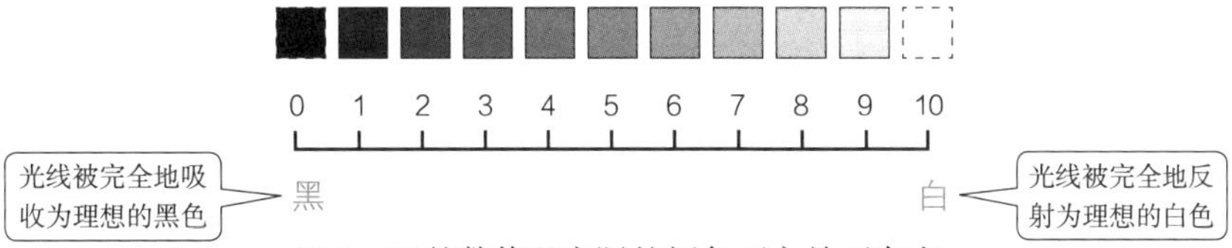

※0、10的数值以实际的颜色而言并不存在。

Munsell Value越大，颜色的反射率就越大，颜色也就越明亮。

③ Munsell Chroma（彩度）

Munsell Chroma是从0开始以不同的等级来表示。

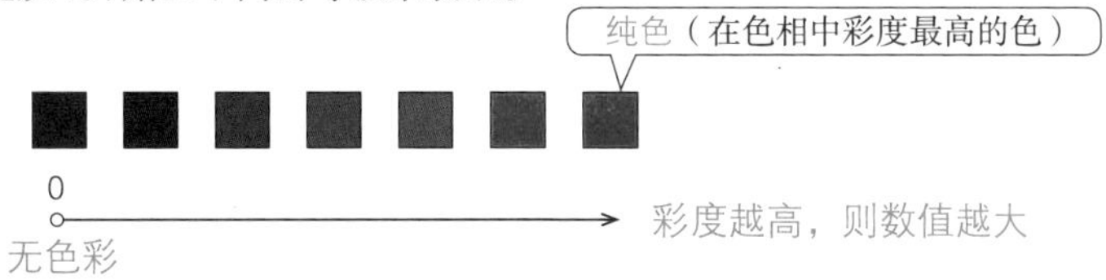

在各色相中，彩度最高的颜色被称为“纯色”。

※纯色的彩度值，会根据色相和明度的不同而有所差异。 ⇦ 孟塞尔色立体（参照下页）为不规则的形状也就是这个原因！

④ 孟塞尔色立体

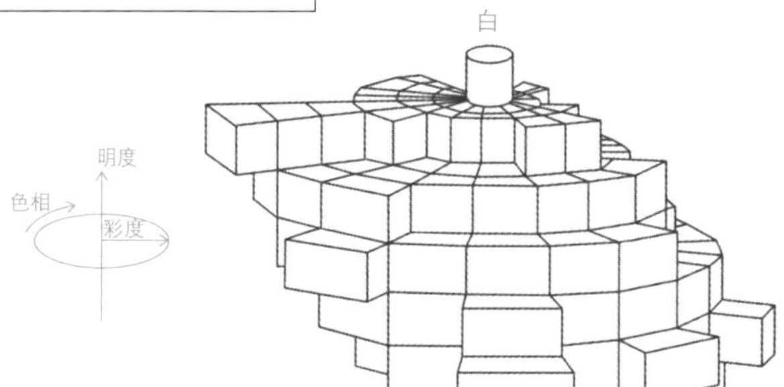

垂 直 轴：明度（Value）
同心圆上：彩度（Chroma）
同周圆上：色相（Hue）

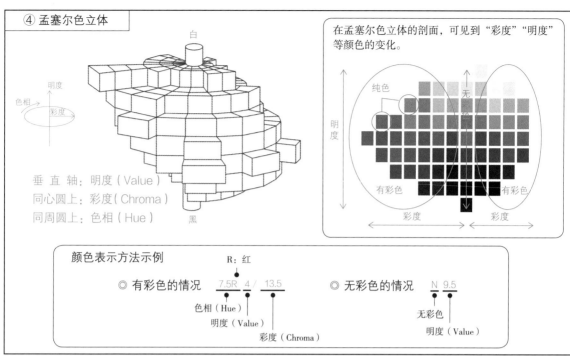

在孟塞尔色立体的剖面，可见到“彩度”“明度”等颜色的变化。

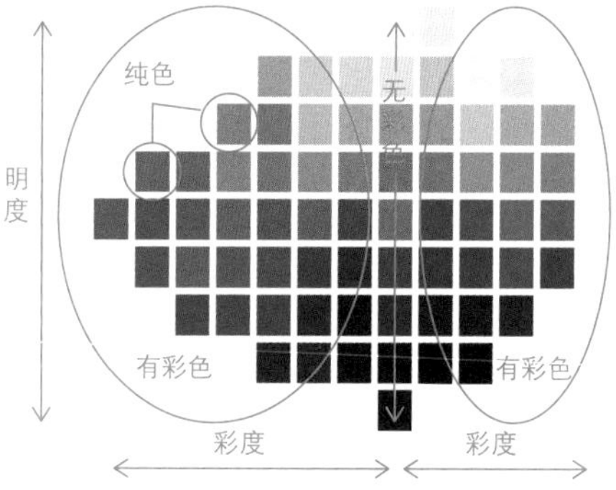

颜色表示方法示例

◎ 有彩色的情况　7.5R 4 / 13.5
R：红
色相（Hue）
明度（Value）
彩度（Chroma）

◎ 无彩色的情况　N 9.5
无彩色
明度（Value）

2-3 奥斯特瓦尔德表色系

定义了理想的白、黑、奥斯特瓦尔德纯色，可表达混合颜色的关系。

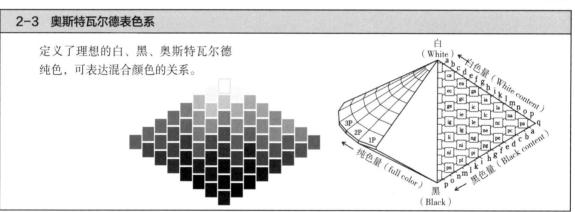

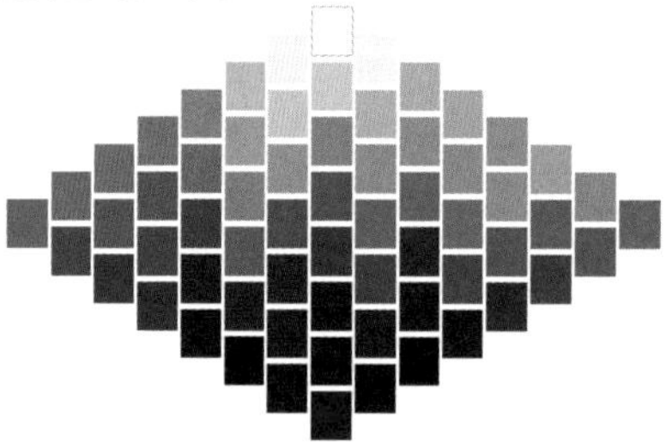

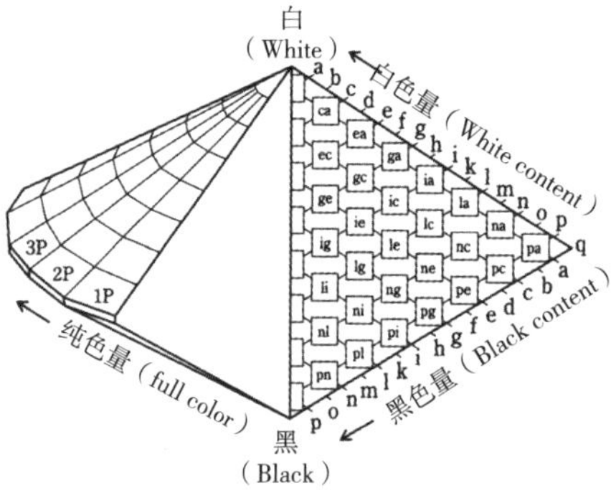

3 色彩的名称

有彩色与无彩色

有彩色：红、黄、蓝等，具有色相、明度、彩度三属性（参照P25）。
无彩色：白、黑、灰色。三属性中只有明度。

纯色

在各色相中，彩度最高、纯度最高的颜色。

补色

两种颜色可混合成灰色（无彩色）时，这两种颜色具有互为“补色”的关系。
孟塞尔色相环中，位于直径两端的两个颜色互为补色。
※ 补色间的配色为调和色（参照P32）。

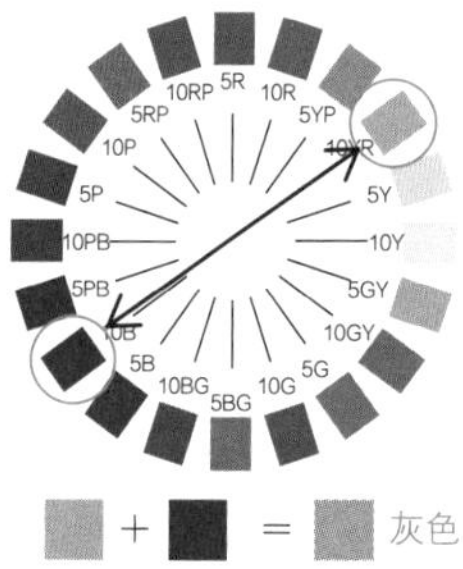

这两种色相互混合时会变成灰色！

4 色彩的效果

4-1 色彩的物理性感觉

① 暖色与冷色

暖色

能产生温暖感的颜色
紫红、红、橙、黄等为长波色相
暖色中彩度高的颜色，容易产生“兴奋感”。

冷色

能产生冷和凉快感的颜色
蓝绿、蓝、蓝紫等为短波色相
冷色中彩度低的颜色，容易产生“镇静感”。

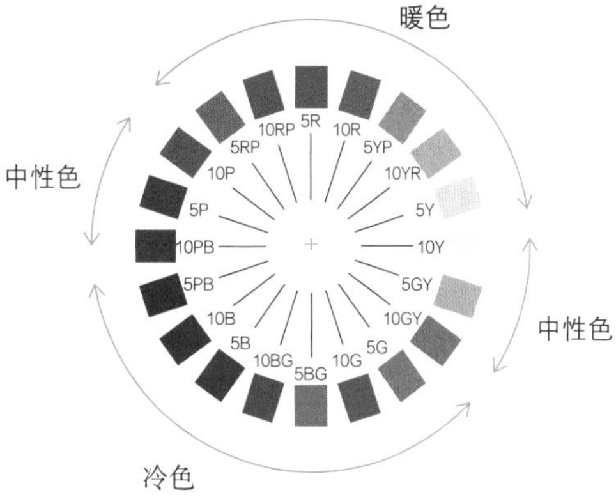

无彩色的情况
低明度色（黑）：感到温暖。
高明度色（白）：感到寒冷。

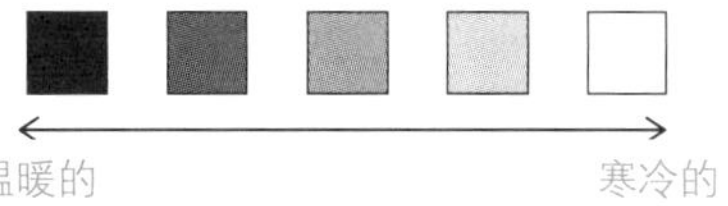

② 前进色与后退色

前进色

利用周围背景，使得所见物体突出的色
暖色、高明度的颜色，眼睛所见会感觉膨胀。

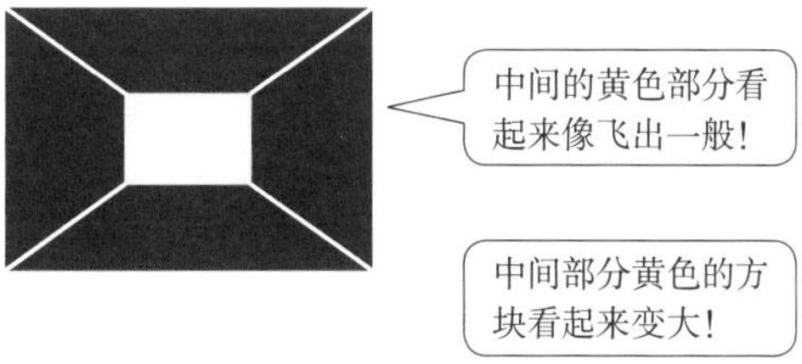

中间的黄色部分看起来像飞出一般！
中间部分黄色的方块看起来变大！

后退色

利用周围背景，使得所见物体后退的色
冷色、低明度的颜色，眼睛所见会感觉收缩。

中间的深蓝色部分看起来会后退！

③ 色彩的重量感

色彩的重量受明度的影响很大。

高明度：感觉轻。
低明度：感觉重。

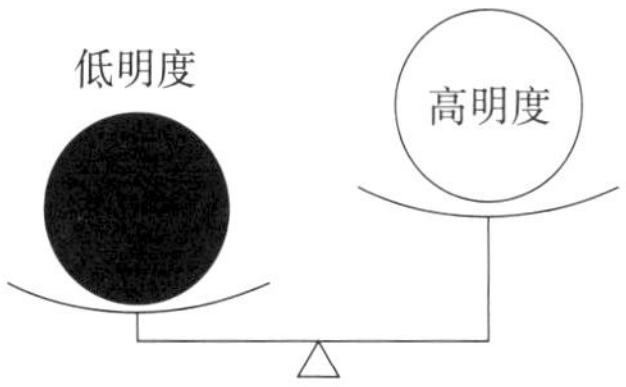

对比冷色系，使得暖色系感觉较轻。

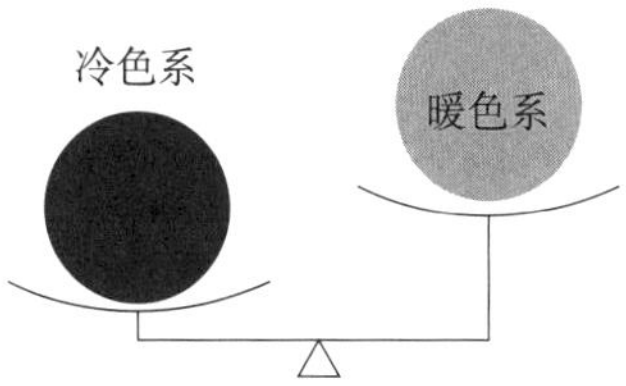

④ 颜色的面积效果

如果面积扩大，所能见到的明度、彩度效果就会变高。

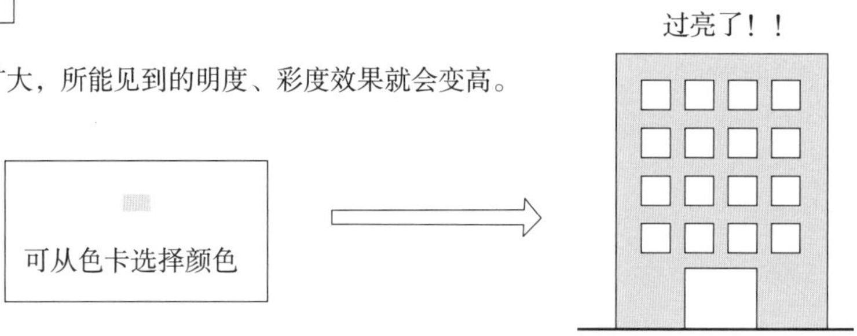

当墙壁颜色采用小规模色卡进行选择时，适当地思考所选择的“低明度”、“低彩度”颜色是必要的！

⑤ 安全色

使用在交通安全、劳动安全等的颜色

色名	标准色	表示事项	使用场所示例	背景色
红	7.5R4/5	1. 防火 2. 停止 3. 禁止 4. 高度危险	1. 消防栓 2. 紧急停止按钮 3. 隔离门（禁止进入） 4. 爆炸警告标识	白
橙	2.5YR6.5/14	1. 危险 2. 航空、船舶的安保设施	1. 露出齿轮的侧面 2. 滑道的记号	黑
黄	2.5Y8/14	注意	吊车、低张力、有害物质的小分装容器的使用场所	黑
绿	10G4/10	1. 安全 2. 避难 3. 卫生安全、救护安全 4. 进行	1. 表示紧急出口的标识 2. 急救箱 3. 前进信号旗	白
蓝	2.5PB3.5/10	1. 指示 2. 义务行为	除负责人以外不能随便操作的场所	白
紫红	2.5RP4/12	放射线防护	放射性同位素及其相关的废弃物处理室、储藏设施、管理区域里设置的栅栏	和黄色组合使用
白	N9.5	1. 通道 2. 整修	1. 通道的区划线、方向线、方向标识 2. 废品容器	
黑	N1	辅助使用	诱导标识的箭头符号、注意标识的条纹花样、危险标识的文字	

（根据 JIS Z9101）

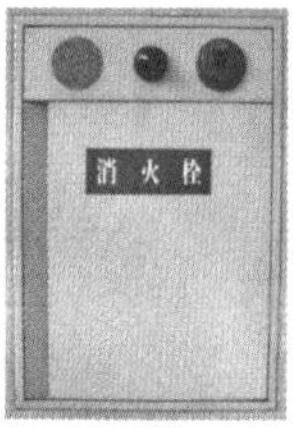

4-2 色彩的知觉性感觉

① 对比

对比：两种颜色相互影响作用所见到的强烈色彩差异现象

历时色对比

注视某颜色后紧接着看其他颜色时，所能看到的两色混杂在一起的色彩现象

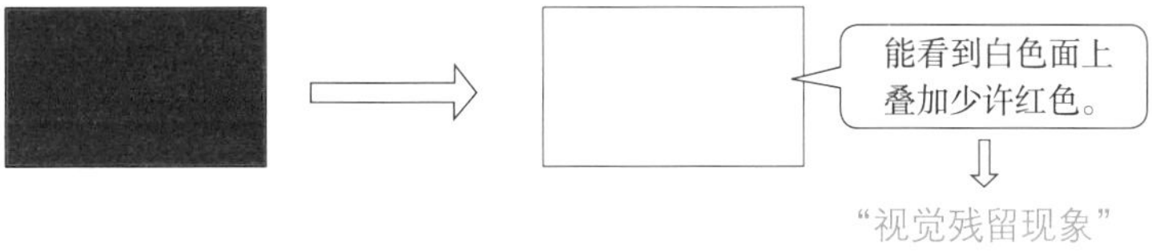

同时色对比

当两色同时注视时，由于两色相互影响，所能见到与原本颜色不同的色现象

※根据色彩的组合可分为“色相对比”、“彩度对比”与“明度对比”。

◎ 色相对比

受到周围颜色影响，色相产生少许变化的现象

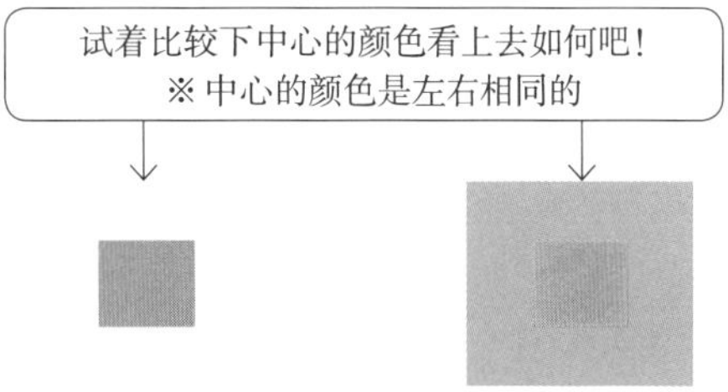

试着比较下中心的颜色看上去如何吧！
※中心的颜色是左右相同的

同样的橙色看上去是不同的。

◎ 彩度对比

受到周围颜色影响，鲜艳程度产生变化的现象

背景为暗淡（彩度低）的颜色：所见色为鲜艳的。
背景为鲜艳（彩度高）的颜色：所见色为暗淡的。

所见为鲜艳的蓝色。　所见为黯淡的蓝色。

◎ 明度对比

受到周围颜色影响，明亮程度产生变化的现象

比背景色亮的颜色：所见色为明亮的。
比背景色暗的颜色：所见色为暗沉的。

- 灰色看起来变明亮。
- 颜色的边界非常清晰。

- 灰色看起来变暗沉。
- 颜色的边界不清晰。

补色对比

※补色（参照P28）

将补色并置时所看到的两色彩度相互变高的现象

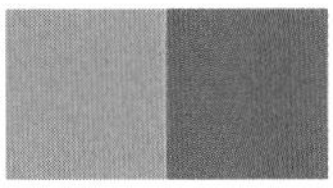

能感到这些颜色的彩度变高。

补色关系的两颜色示例

② 同化

同化：所见被围绕的颜色受到周围颜色影响的现象

※根据色彩的组合可分为“色相同化”、“彩度同化”与“明度同化”。

白色中会浮现红色。　白色中会浮现蓝色。

③ 普尔金耶（Purkinje）现象

普尔金耶现象：在明处所见为相同明度的“红”与“蓝”，到暗处时感到红色明度较低、蓝色明度较高的现象（参照P9）。

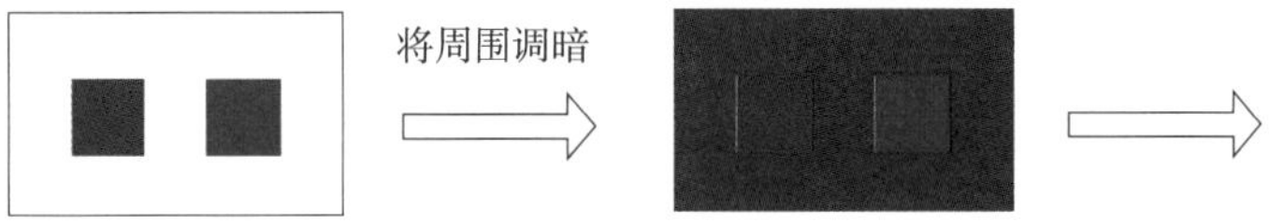

同样明度的两种颜色

所见红色变暗沉，蓝色明亮浮出。

道路标识的底色，为了在夜间能被清楚地辨识，而采用蓝色！

④ 视觉辨识性

视觉辨识性：能否清楚看见的特性

在文字的颜色和底色间，“明度”、“色相”与“彩度”的差异越大，视觉辨识性就越高。

※ 特别是明度的差异影响很大。

※ 基于对高龄者的考虑，提高指引标志等特殊视觉辨识性是必要的。

⑤ 警示性

警示性：为能否吸引目光的特性。高彩度颜色，一般警示性较高。

交通标志采用红色就是这个原因！

4-3 色彩的美学效果

色彩调和：将多个颜色进行组合，就能产生新的效果

很多人提出“色彩调和论”的观点，例如：色彩学者杰德就提出以下四个原理：

秩序性原理

从孟塞尔表色系等体系中，等间隔选择色相，按一定的法则组合构成色彩调和。

亲近性原理

以自然界色彩中所见的颜色连续性等，作为色彩的组合调和法则。

共通性原理

以共通性的色彩组合作为调和法则。

明了性原理

颜色间以适度差异的色彩组合作为调和法则。

习题	光环境（照明）	○或×
①	明视的四个条件是：距离、明亮程度、大小、移动状态（时间）。 提示！P8“明视”	
②	从明亮场所适应黑暗场所，会比从黑暗场所适应明亮场所需要更长的时间。 提示！P8“光适应”	
③	照度是受照面上单位面积入射的光通量。 提示！P10“照度”	
④	亮度是从某特定方向看发光面时表示其明亮程度的测光量。 提示！P11“亮度”	
⑤	两代人居住的住宅设计，父母书房桌面的照度为JIS照度标准的1.5倍。 提示！P11“照度标准”	
⑥	点光源的直接照度与到点光源距离的平方成正比。 提示！P13“水平面照度”	
⑦	室内某点的昼光率是该点在全天空照度下照度的一部分。 提示！P14“昼光率”	
⑧	室内某点的昼光率与到窗的距离没有关系。 提示！P15“影响昼光率的要素”	
⑨	在使用低色温光源的场合，一般会产生较冷的氛围。 提示！P17“人工光源的种类与色温”	
⑩	演色是指照明光线对颜色显现所造成的影响。 提示！P17“人工光源的种类与色温”	
⑪	演色性与光源的种类有关。 提示！P17“人工光源的种类与色温”	
⑫	荧光灯与白炽灯相比，效率高、寿命短。 提示！P18～19“主光源的性质”	
⑬	在照度相同的情况下，一般荧光灯比白炽灯所产生的热辐射量更多。 提示！P18～19“主光源的性质”	
⑭	发光二极管（LED）是电流流通时会发光的半导体元件，具有消耗电力少、寿命长等特征。 提示！P18～19“主光源的性质”	
⑮	组合使用局部照明与整体照明的场所，整体照明的照度要比局部照明的照度为低，并须注意为不足1/10。 提示！P20“整体照明与局部照明”	
⑯	直接照明一般比间接照明的效率高。 提示！P20“直接照明与间接照明”	
⑰	装设散射板或格栅的照明灯具能有效地防止眩光。 提示！P21“眩光”	
⑱	作业面均齐度，为作业面最高照度除以作业面最低照度的值。 提示！P21“均齐度”	
⑲	假如侧窗的大小、形状相同，则位置越低，室内照度的均齐度越佳。 提示！P22“提高昼光照明均齐度的对策”	
⑳	关于采用光通量法进行全面照明的照度设计，仅需要考虑计算光源发出的直射光，顶棚、墙壁等的反射光可不予考虑。 提示！P24“光通量法”	

解答 ①（×）明视与距离无关。 ②（○） ③（○） ④（○） ⑤（×）针对高龄者考虑，设置标准的2～3倍较为适当。
⑥（×）与距离的平方成反比。 ⑦（○） ⑧（×）与到窗的距离有关。 ⑨（×）产生温暖的氛围。
⑩（○） ⑪（○） ⑫（×）寿命长。 ⑬（×）热辐射少。 ⑭（○） ⑮（×）1/10以上。 ⑯（○） ⑰（○）
⑱（×）为作业面最低照度除以作业面最高照度的值。 ⑲（×）位置越高，均齐度越佳。
⑳（×）需要考虑顶棚、墙壁、地板的反射率。

习题	光环境（色彩）	○或×
①	颜色的三属性是：色相、明度、彩度。 提示！P25“色彩的三属性”	
②	明度与光的吸收率有关。 提示！P25“明度”	
③	颜色的鲜艳程度称为彩度，无彩色定义为10，数值减少则色彩逐渐鲜艳。 提示！P25“彩度”	
④	色彩的表示体系称为表色系，于日本工业规范中采用孟塞尔表色系。 提示！P27“孟塞尔表色系”	
⑤	孟塞尔表色系是表示具有色相、明度、彩度三属性的颜色体系。 提示！P27“孟塞尔表色系”	
⑥	孟塞尔表色系的明度以全黑为10、全白为0来表示。 提示！P27“孟塞尔Value”	
⑦	孟塞尔表色系的彩度表示色彩的鲜艳程度，颜色越鲜艳，则数值越小。 提示！P27“孟塞尔Chroma”	
⑧	孟塞尔表色系的彩度表示色彩的鲜艳程度，用0~10的数值来表示所有的色相。 提示！P27“孟塞尔Chroma”	
⑨	黑、白、灰均为无彩色。 提示！P28“有彩色与无彩色”	
⑩	无彩色指颜色三属性中有彩度的颜色。 提示！P28“有彩色与无彩色”	
⑪	某色相中明度最高的颜色一般为纯色。 提示！P28“纯色”	
⑫	纯色的彩度根据色相的不同而有所不同。 提示！P28“纯色”	
⑬	位于孟塞尔色相环对角线上的两色互为补色关系，混合后变成有彩色。 提示！P28“补色”	
⑭	一般来说，明度低的物体看起来像膨胀一般。 提示！P29“前进色与后退色”	
⑮	对于色彩的轻重感觉，一般是明度低的感觉较轻。 提示！P29“颜色的重量感”	
⑯	在颜色相同的情况下，一般面积较大的看起来明度与彩度较高。 提示！P30“颜色的面积效果”	
⑰	将明度不同的2色并置，一般明度高的感觉较暗，低的感觉较亮。 提示！P31“明度对比”	
⑱	当同一明度的颜色于相邻时，若色相越相近，则边界就越模糊。 提示！P31“明度对比”	
⑲	将红色与蓝绿色这样的补色并置时，所见相互的彩度都会降低。 提示！P31“补色对比”	

解答 ①（○） ②（×）与反射率有关。 ③（×）无彩色设为0，越鲜艳则数值越大。 ④（○）
⑤（○） ⑥（×）以全黑为0、全白为10来表示。 ⑦（×）色彩越鲜艳，则数值越大。
⑧（×）各色相的数值不同。 ⑨（○） ⑩（×）只有明度。 ⑪（×）彩度最高的颜色为纯色。
⑫（○） ⑬（×）互为补色关系的2色混合后变成无彩色。 ⑭（×）明度越高看起来越膨胀。
⑮（×）明度越高，感觉越轻。 ⑯（○） ⑰（×）将明度不同的2色并置，则亮者越亮，暗者越暗。
⑱（○） ⑲（×）将补色并置时，彩度看起来会更高。

第2章　热环境

1 温度与热流动

1 热流动

热流动的形态为 热传导 、 对流热传递（对流） 与 辐射热传递（辐射） 等。

↓

“传导”、“对流”与“辐射”称为“热流动的三形态”，也称为“热流动的基本类型”。

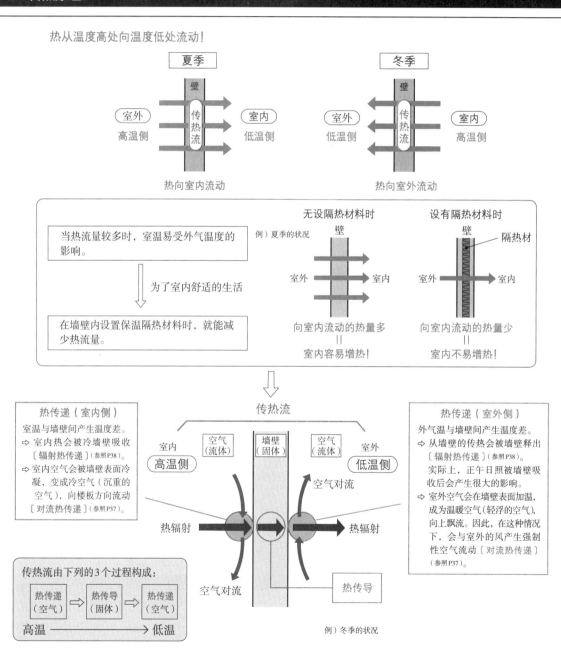

2 传热原理

热从温度高处向温度低处流动！

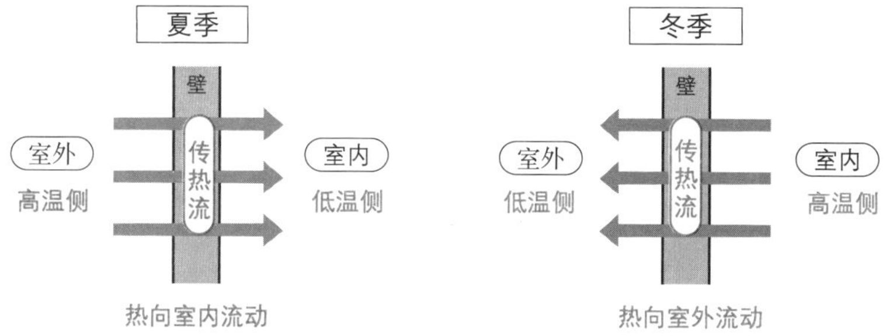

当热流量较多时，室温易受外气温度的影响。

⇩ 为了室内舒适的生活

在墙壁内设置保温隔热材料料时，就能减少热流量。

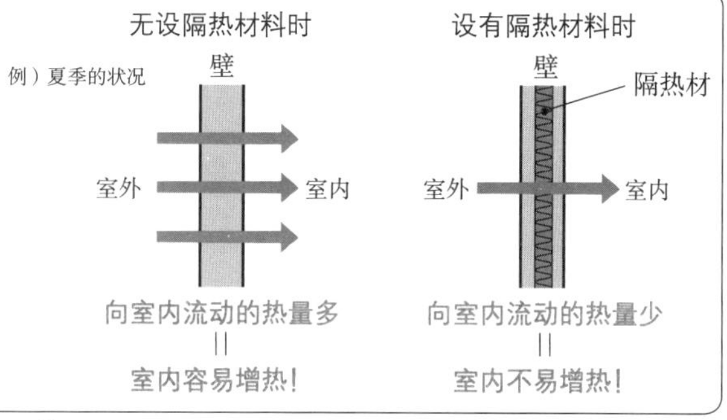

⇩

热传递（室内侧）

室温与墙壁间产生温度差。

➪ 室内热会被冷墙壁吸收〔辐射热传递〕（参照P38）。

➪ 室内空气会被墙壁表面冷凝，变成冷空气（沉重的空气），向楼板方向流动〔对流热传递〕（参照P37）。

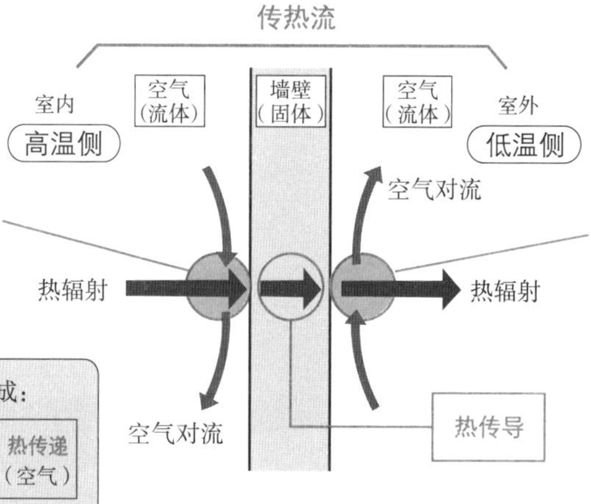

例）冬季的状况

热传递（室外侧）

外气温与墙壁间产生温度差。

➪ 从墙壁的传热会被墙壁释出〔辐射热传递〕（参照P38）。实际上，正午日照被墙壁吸收后会产生很大的影响。

➪ 室外空气会在墙壁表面加温，成为温暖空气（轻浮的空气），向上飘流。因此，在这种情况下，会与室外的风产生强制性空气流动〔对流热传递〕（参照P37）。

传热流由下列的3个过程构成：

热传递（空气） ⇨ 热传导（固体） ⇨ 热传递（空气）

高温 ——————→ 低温

3 热传递

热传递可分为“对流热传递”与“辐射热传递”。

换热系数为材料表面所接触的空气和室内热，通过空气对流和辐射传递到材料难易度的系数值。

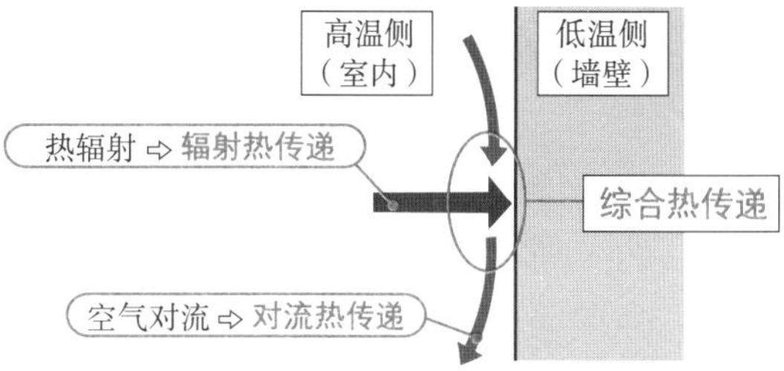

3-1 对流热传递

对流热传递：固体表面和与它接触的流体（气体或液体）间存在温度差，热量从高温部分向低温部分流动的现象

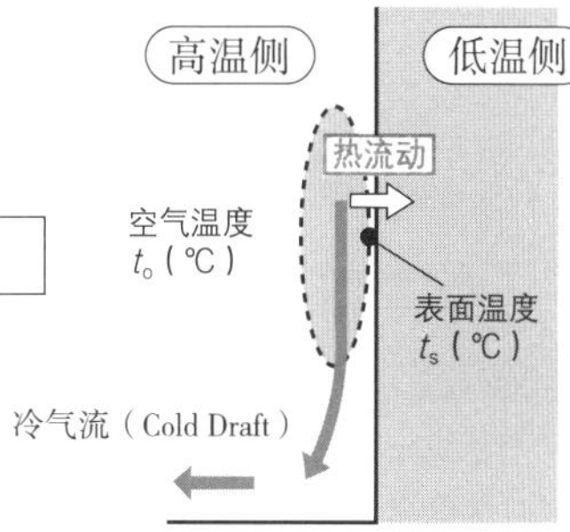

单位面积的对流热流量＝对流换热系数×温度差

4W/（m^2·K）（自然对流的情况）
18W/（m^2·K）（强制对流的情况）

※设计阶段常用的数值

单位说明：

◎ W/（m^2·K）

1m^2每1K（开尔文）的W（瓦特）数。

◎ K（开尔文）

※表示温度的单位

℃－℃＝K

0K＝－273.15℃
0℃＝273.15K

⇧ 上述为考虑不同温度单位的关系时，1℃＝1K

自然对流：自然的温度差所产生的对流（右上图）

强制对流：外部的风或电风扇等所产生的强制性对流

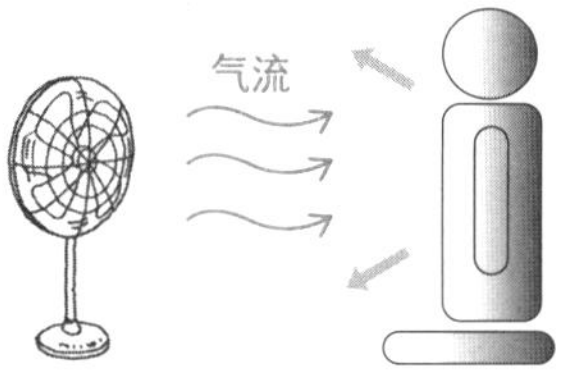

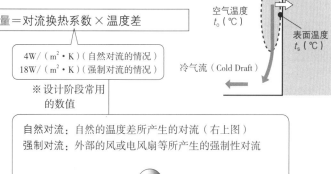

气流经过身体表面，夺去热量而感到凉爽。

单位面积的自然对流热流量＝4W/（m^2·K）×（t_o-t_s）

室内空气的对流方式　※适用冬季的状况

空气冷凝时会变重，向地板面沉降，受热时会变轻，向顶棚处流动。

⇧

冬天脚跟变冷就是这个原因

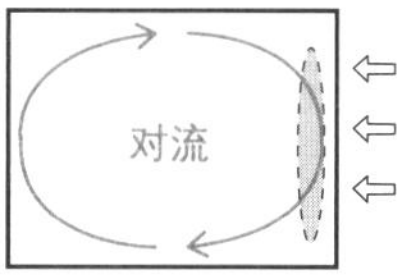

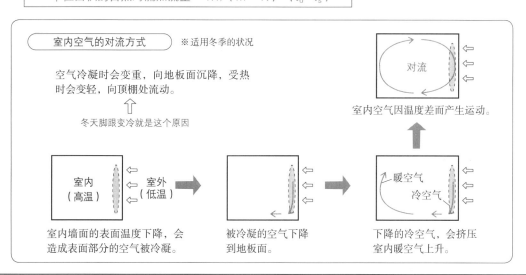

室内空气因温度差而产生运动。

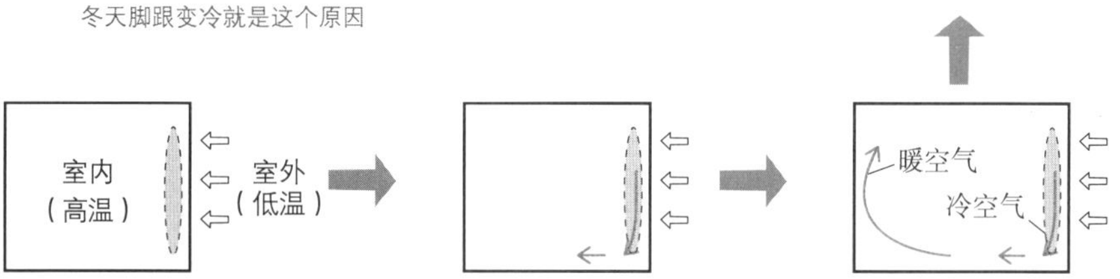

室内墙面的表面温度下降，会造成表面部分的空气被冷凝。

被冷凝的空气下降到地板面。

下降的冷空气，会挤压室内暖空气上升。

3-2 辐射热传递

辐射热传递：热以电磁波形式从高温物体向低温物体流动的现象

单位面积的辐射热流量＝辐射换热系数 × 温度差

5W/（m²・K）（室内、室外为相同的值）

※ 设计阶段常用的数值

单位面积的辐射热流量＝5W/（m²・K）×（$t_{s1}-t_{s2}$）

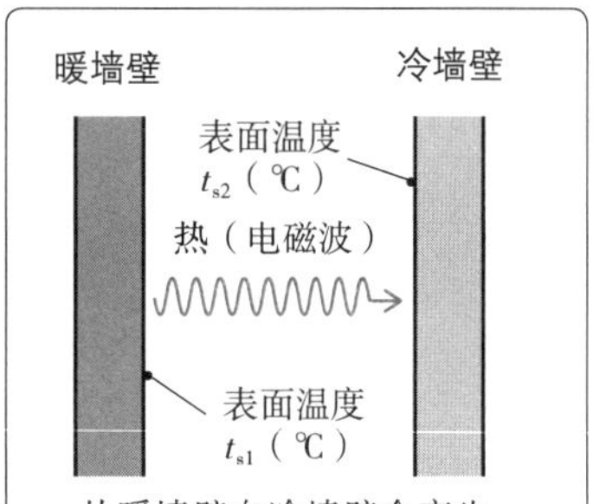

电磁波的概念

◎ 辐射所产生的热流动

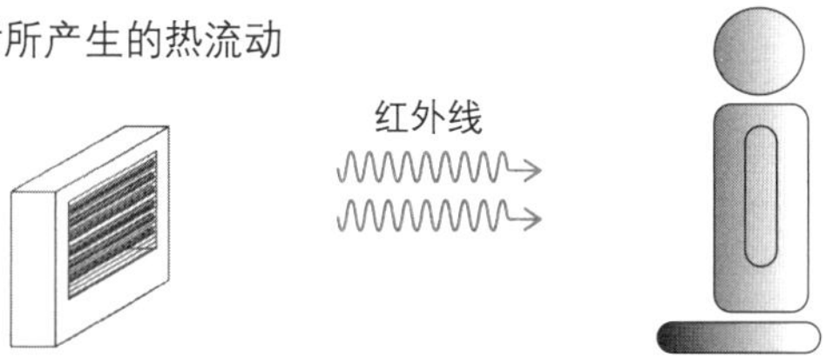

即使无风，热扩散传播可使得身体温暖。

由于辐射所产生的热流动与空气没有关系！真空也能传播！

◎ 设置铝箔的情况

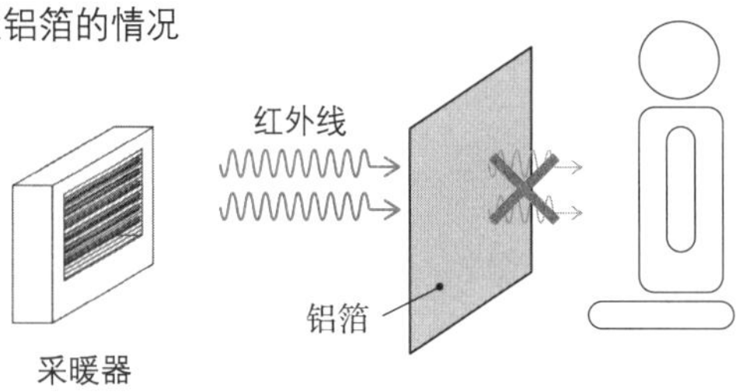

设置像铝箔这种辐射率低的材料，可隔断辐射热。

3-3 综合热传递

综合热传递：对流与辐射所产生的热流动综合现象

综合换热系数＝对流换热系数＋辐射换热系数

由于材料的差异，在设计阶段换热系数须使用下表数值进行计算。

	换热系数 W/（m²・K）	
	室外侧	室内侧
对流换热系数	18（强制对流）	4（自然对流）
辐射换热系数	5	5
设计用综合换热系数	23	9

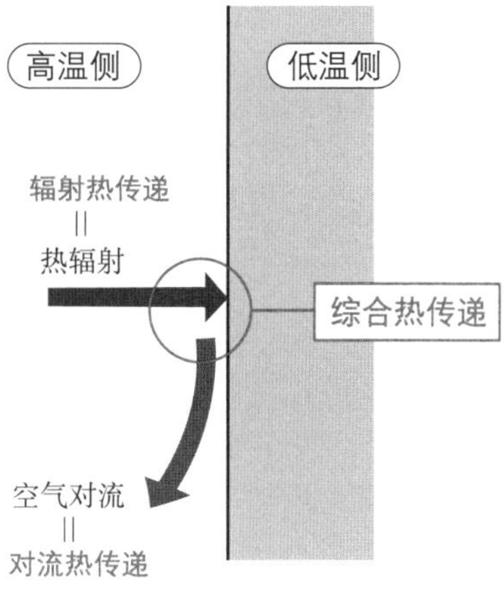

4 热传导

热传导：物质内部存在温度差时，热从高温部分向低温部分（通过相邻的分子）流动的现象。

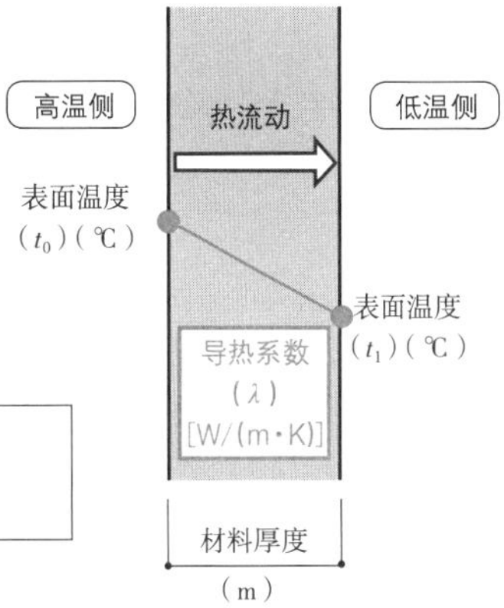

导热系数是表示材料内热扩散传播的比率值。

※导热系数的比率值越大，则热的传播越为容易！

※根据材料不同，数值也有所差异（参照下页）。

$$\text{单位面积热传导产生的热流量}=\frac{\text{导热系数}}{\text{材料厚度}}\times\text{温度差}(t_0-t_1)$$

⇩ 因而

◎温度差越大，越容易传热。

可将温度差比作高低差！

坡度大，球快速滚动　　坡度小，球慢速滚动

◎材料厚度越大，越不容易传热。

可将材料厚度比喻作管长！

即使能量很少，热量也能够传播

必须有很大的能量，热才能传播，由于受到较多阻抗！

稳定状态：
温度不随时间产生变化，为恒定的状态

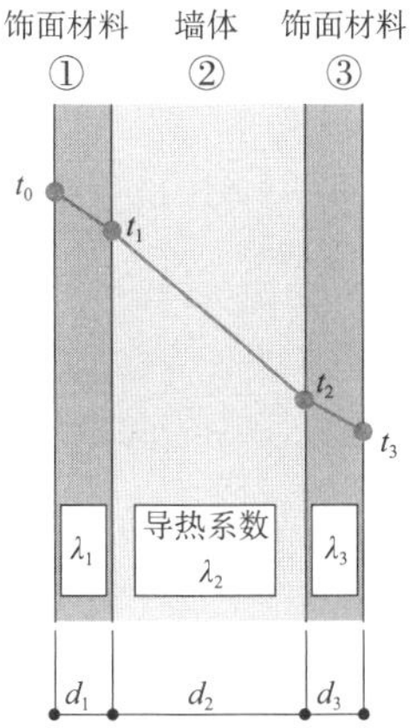

一般的墙壁由墙体、饰面材料等组成，核算每层材料的热流量。

①的热流量 $q_1=\frac{\lambda_1}{d_1}\times(t_0-t_1)$

②的热流量 $q_2=\frac{\lambda_2}{d_2}\times(t_1-t_2)$

③的热流量 $q_3=\frac{\lambda_3}{d_3}\times(t_2-t_3)$　以此类推。

这面墙壁的热流量$=q_1=q_2=q_3$ ⇦ 稳定状态时

※每种材料的导热系数，参考次页的表格。

主要建材的密度与导热系数

	材料种类	密度 [kg/m³]	导热系数 [W/(m·K)]
构造材料·外装材料	钢材	7860	45
	铝材	2700	210
	玻璃板	2540	0.70
	瓷砖	2400	1.3
	混凝土	2300	1.4
	瓦、石板瓦	2000	0.96
	石棉瓦	1500	0.96
内装材料	石膏板	710 ~ 1110	0.14
	隔热木毛水泥板(普通)	430 ~ 700	0.14
	刨花板	400 ~ 700	0.012
	木材(轻量材)	400	0.12
	墙壁、顶棚用布料	550	0.13
	软质纤维板	200 ~ 300	0.046
	榻榻米	230	0.11
隔热材料	硬质氨基甲酸乙酯泡沫	25 ~ 50	0.024 ~ 0.027
	玻璃棉	10 ~ 96	0.035 ~ 0.051
	聚苯乙烯泡沫	16 ~ 30	0.037 ~ 0.044
其他	水	997	0.59
	空气	1.2	0.021

※同样材料值会存在误差。

上表的重点!

◎ 主要材料导热系数的高低顺序

因为不易传热，一般作为保温隔热材料使用。

金属 ＞ 混凝土 ＞ 木材 ＞ 玻璃棉

导热系数：大 ←→ 小

容易传热 ←→ 不易传热

◎ 静止的空气不易传热!

例)双层玻璃

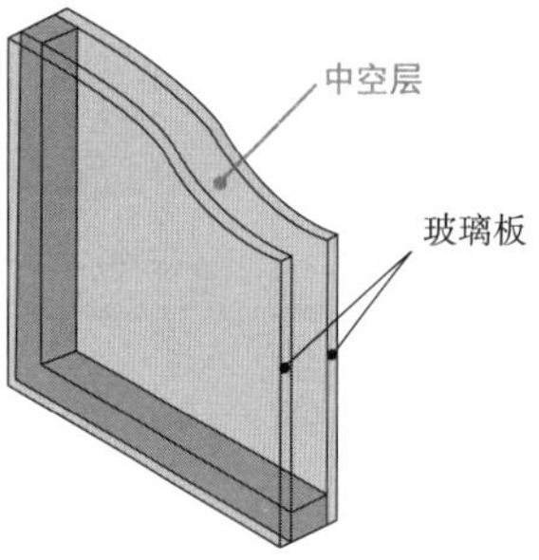

双层玻璃和双重窗对隔热是具有效果的!

各种玻璃窗的传热系数(参照P42②)

※若降低传热系数，则不易传热

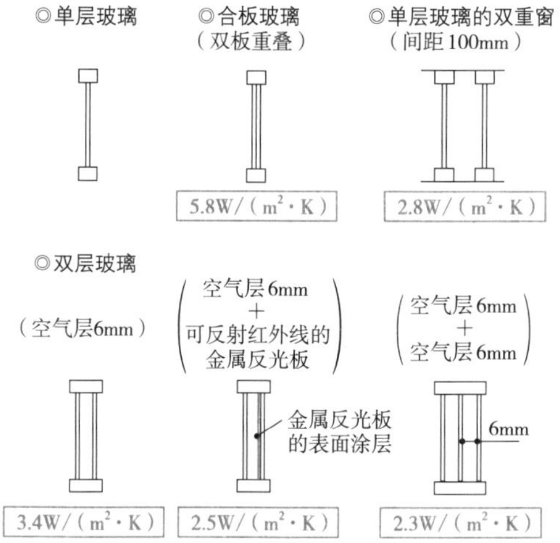

密度：单位体积的质量

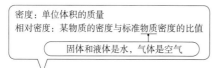

相对密度：某物质的密度与标准物质密度的比值

固体和液体是水，气体是空气

◎ 密度(相对密度)越大(=重的)的材料，导热系数越大，就越容易传热!

※玻璃棉是含有较多空气、较轻的材料，因此不易传热!(参照下页)

中空层的热传递

中空层的热阻值（参照下页①）根据中空层的气密度、厚度、热流方向等而有所差异。

⇩

◎ 同厚度的中空层热阻

热阻		
半密闭中空层	＜	密闭中空层
容易传热	←→	不易传热

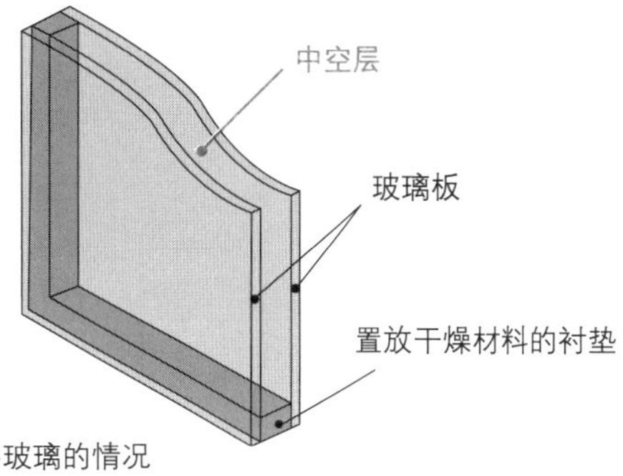

双层玻璃的情况

【扩展】
在中空层内的片材面贴铝箔等金属，可使辐射产生的热流几乎为“0”。

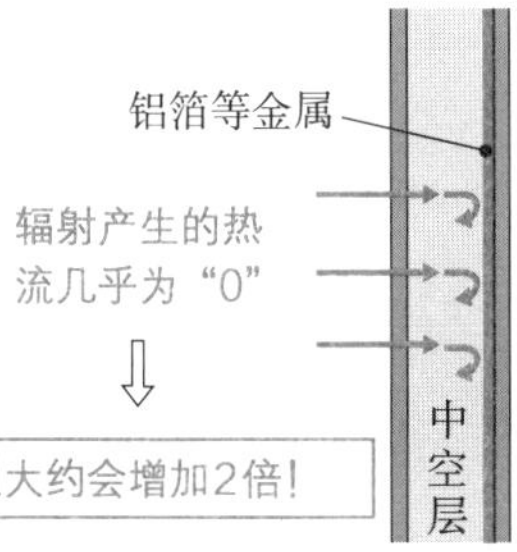

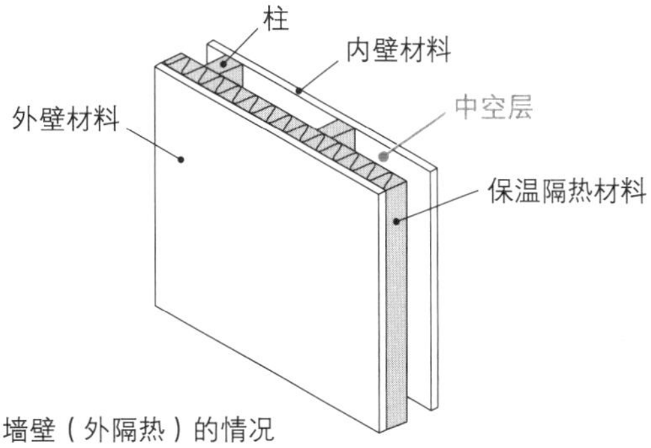

墙壁（外隔热）的情况

保温隔热材料（玻璃棉）

保温隔热材料（玻璃棉）由于内部空隙，不是采用一般比重（密度），而是以容积比重（容积密度）来考量的。

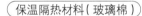

玻璃棉中含有空气。

少	←空气含量→	多
大（重）	←容积比重→	小（轻）
大	←导热系数→	小
容易传热	←→	不易传热

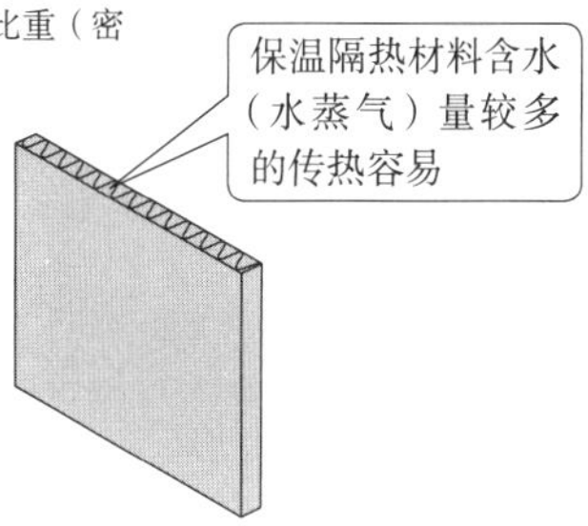

※保温隔热材料的导热系数，一般会因含水（水蒸气）量增多而变大。

⇧

隔热效果降低！

必须注意避免外壁的雨水侵入及内部结露等（参照P60）。

温度分布

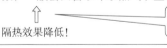

导热系数
混凝土大于保温隔热材料

导热系数越大，越容易传热。

⇩

通过材料前与后的温度差减少。

⇩

温度梯度（斜率）就会变和缓。

⇩

混　凝　土：温度梯度和缓
保温隔热材料：温度梯度陡急

混凝土墙的外隔热与内隔热
例）冬季的情况

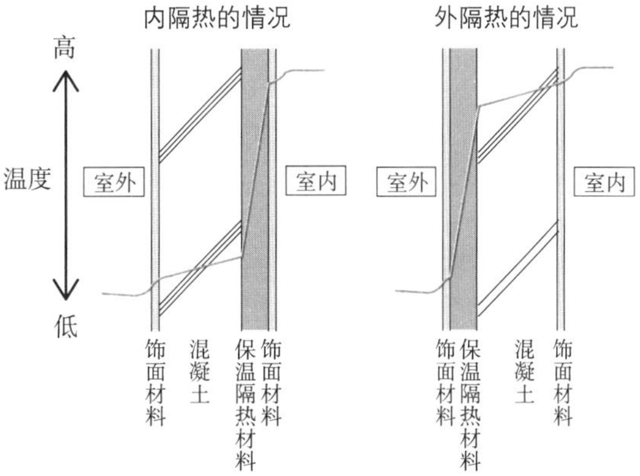

5 传热流量

5-1 传热系数、传热流量的求解方法

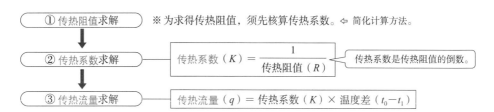

① 传热阻值求解 ※ 为求得传热阻值，须先核算传热系数。⇦ 简化计算方法。

↓

② 传热系数求解 —— 传热系数（K）＝ $\dfrac{1}{\text{传热阻值（}R\text{）}}$ ← 传热系数是传热阻值的倒数。

↓

③ 传热流量求解 —— 传热流量（q）＝传热系数（K）× 温度差（$t_0 - t_1$）

① 传热阻

传热阻： 表示墙壁整体传热的困难程度。

传热阻值的求解方法

传热阻＝“墙壁表面（室内、室外）的换热阻”＋“墙壁构成材料的导热阻”

墙壁表面（室内、室外）的换热阻＝ $\dfrac{1}{\text{综合传热系数（参照P38）的和（室外＋室内）}}$

墙壁材料的导热阻＝ $\dfrac{\text{材料厚度}}{\text{材料的导热系数（参照P40表）}}$

材料厚度的单位为m（米）。

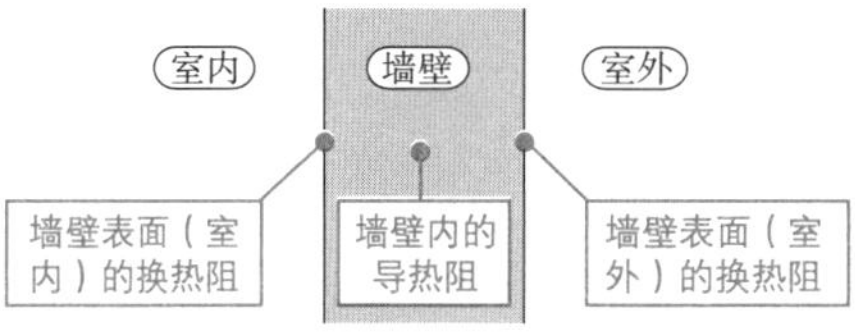

例）核算右图的“传热阻”。

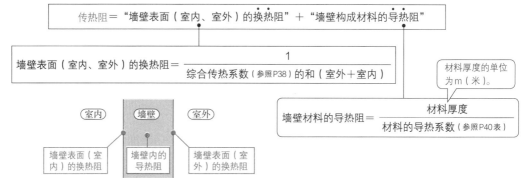

墙壁表面（室内）的换热阻（r_i）＝ $\dfrac{1}{9}$

混凝土的导热阻（r_1）＝ $\dfrac{0.15}{1.6}$

墙壁表面（室外）的换热阻（r_o）＝ $\dfrac{1}{23}$

传热阻＝ $r_i + r_1 + r_o \approx 0.25$（$m^2 \cdot K$）/W

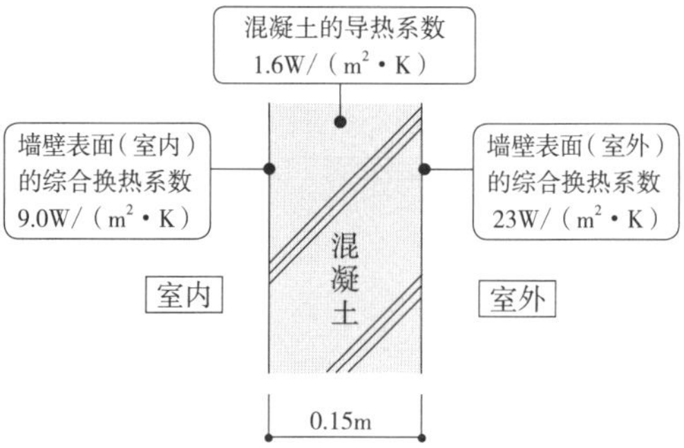

② 传热系数

传热系数： 表示整体墙壁传热的容易程度。

将①中核算的传热阻值代入下列式中（取倒数），就能求出传热系数。

传热系数（K）＝ $\dfrac{1}{\text{传热阻值（}R\text{）}}$

※ 传热系数值大的墙壁，隔热性能差！

其他表述方式

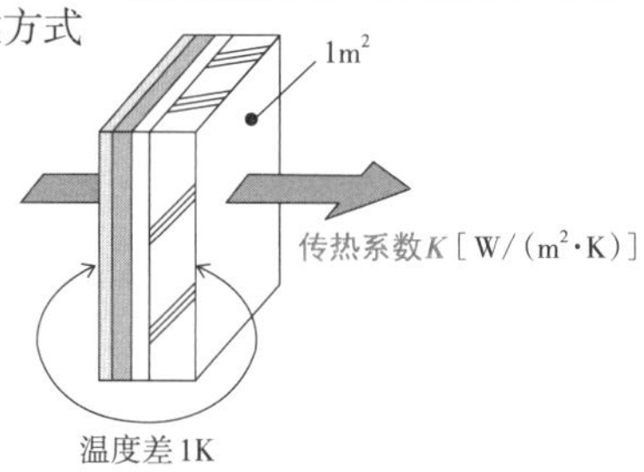

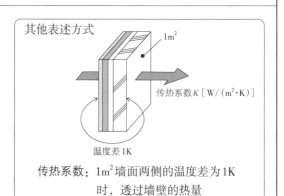

传热系数： 1m² 墙面两侧的温度差为1K时，透过墙壁的热量

③ 传热流量

墙壁的传热流量可由传热系数与室内外的温度差求得。

传热流量（q）＝传热系数（K）×温度差（t_0-t_1）

⇩

◎ 传热系数越大，越容易传热。

◎ 温度差越大，越容易传热。

※传热流量也可称为传热量。

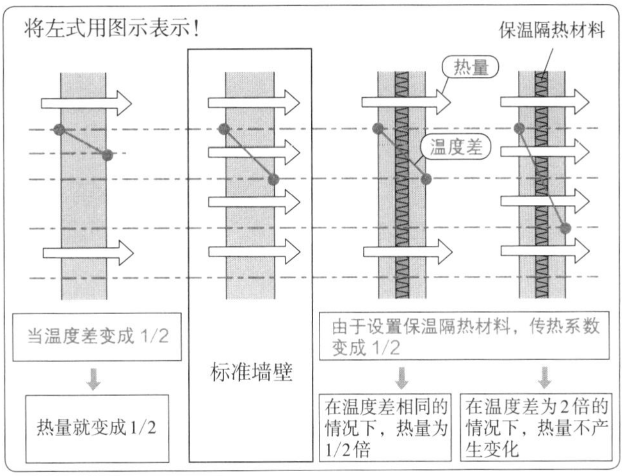

例）核算右图的“传热系数”与“传热流量”。

① 计算各材料热阻：

- 墙壁表面（室内） $r_i=\dfrac{1}{\alpha_i}=\dfrac{1}{9}$
- 石膏板 $r_1=\dfrac{d_1}{\lambda_1}=\dfrac{0.01}{0.22}$
- 玻璃棉 $r_2=\dfrac{d_2}{\lambda_2}=\dfrac{0.04}{0.40}$
- 混凝土 $r_3=\dfrac{d_3}{\lambda_3}=\dfrac{0.15}{1.6}$
- 墙壁表面（室外） $r_o=\dfrac{1}{\alpha_o}=\dfrac{1}{23}$

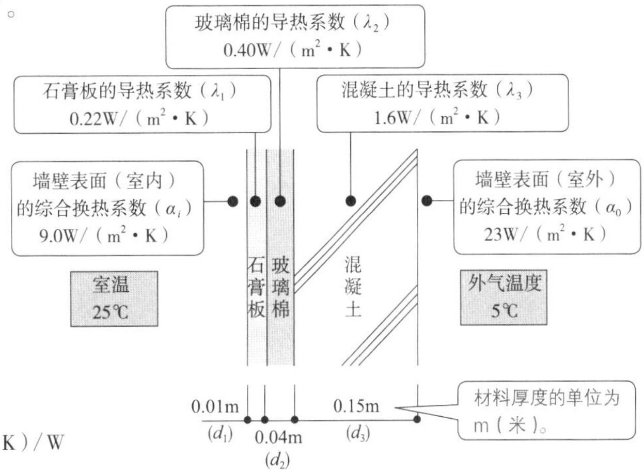

② 计算传热阻值（R）

$R=r_i+r_1+r_2+r_3+r_o\approx 0.393$

因此为0.39（m²·K）/W

③ 计算传热系数（K）

$K=\dfrac{1}{0.39}\approx 2.5641$

因此为 **2.564 W/（m²·K）**

传热系数（K）＝$\dfrac{1}{\text{传热阻值}(R)}$

④ 计算传热流量（q）

$q=2.564\times(25-5)=51.28$

因此为 **51.28W/m²**

传热流量（q）＝传热系数（K）×温度差（t_0-t_1）

在上述案例中，为了计算简便而先求出传热阻，其实也可以直接求出传热系数！

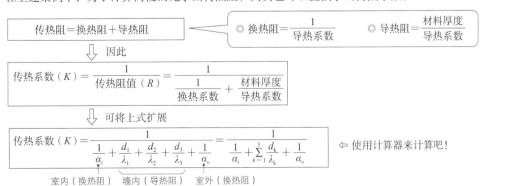

传热阻＝换热阻＋导热阻

◎ 换热阻＝$\dfrac{1}{\text{导热系数}}$　◎ 导热阻＝$\dfrac{\text{材料厚度}}{\text{导热系数}}$

⇩ 因此

$$\text{传热系数}(K)=\frac{1}{\text{传热阻值}(R)}=\frac{1}{\dfrac{1}{\text{换热系数}}+\dfrac{\text{材料厚度}}{\text{导热系数}}}$$

⇩ 可将上式扩展

$$\text{传热系数}(K)=\frac{1}{\dfrac{1}{\alpha_i}+\dfrac{d_1}{\lambda_1}+\dfrac{d_2}{\lambda_2}+\dfrac{d_3}{\lambda_3}+\dfrac{1}{\alpha_o}}=\frac{1}{\dfrac{1}{\alpha_i}+\sum_{k=1}^{3}\dfrac{d_k}{\lambda_k}+\dfrac{1}{\alpha_o}}$$

室内（换热阻）　墙内（导热阻）　室外（换热阻）

⇦ 使用计算器来计算吧！

2 室温与热负荷

1 室温的变动

室温会受到日照和电气器具（电视机、照明等）释放热量的影响。

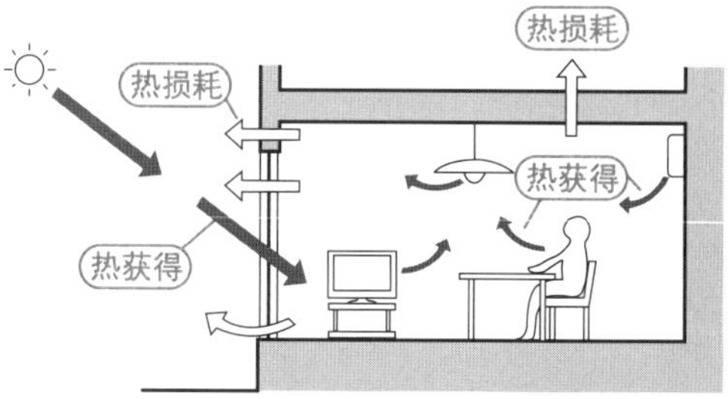

热获得：室内接受太阳热和室内产热量等而变暖的特性。

热损耗：室内较暖，与室外产生温度差，室内热量向室外放出的特性。

室内的状态

稳定状态：温度等不随时间发生改变的状态

非稳定状态：温度等会随时间发生改变的状态

使用供暖或制冷，经过足够长的时间后，室温保持一定的状态

2 室内外热的出入

2-1 稳定状态的热量出入

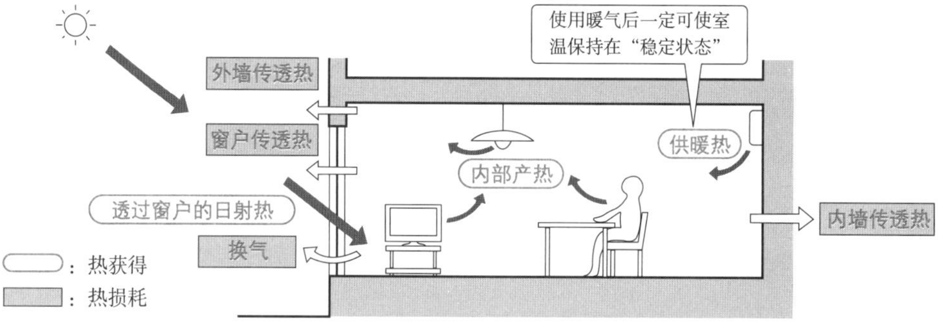

供暖时的考虑

热获得的种类

- 透过窗户的日射热
- 内部产热（电视机、照明、人等的发热）
- 供暖热

热损耗的种类

- 外墙传透热
- 窗户传透热
- 换气（包含缝隙风）
- 内墙传透热

室内为稳定状态的情况，“室内热获得＝室内热损耗”

⇩

室内热获得	室内热损耗
“透过窗户的日射热获得＋内部产热的热获得＋供暖热获得”	“外墙传透热损耗＋窗户传透热损耗＋换气产生热损耗＋内墙传透热损耗”

2-2 热获得

① 透过窗户的日射热获得

透过窗户的日射热获得

=玻璃窗日射透过率×窗户面积×室外全日射量

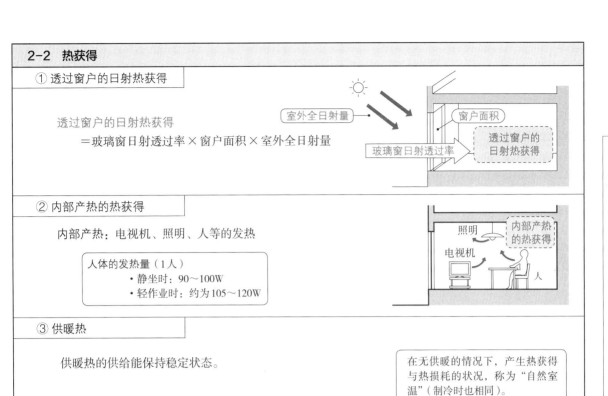

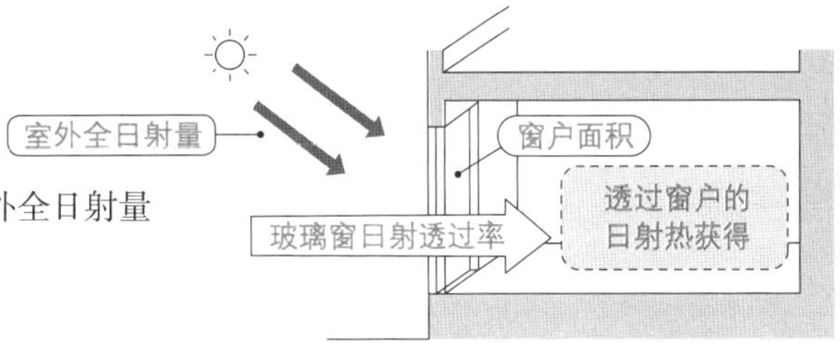

② 内部产热的热获得

内部产热：电视机、照明、人等的发热

人体的发热量（1人）
- 静坐时：90～100W
- 轻作业时：约为105～120W

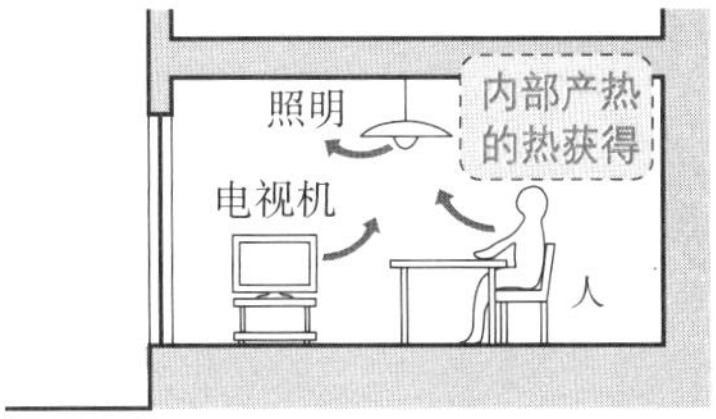

③ 供暖热

供暖热的供给能保持稳定状态。

在无供暖的情况下，产生热获得与热损耗的状况，称为“自然室温”（制冷时也相同）。

2-3 热损耗

① 外墙传透热损耗与窗户传透热损耗

外墙传透热损耗

=外墙换热系数×（室温－室外气温）×外墙面积

窗户传透热损耗

=窗户换热系数×（室温－室外气温）×窗户面积

室外气温为日射强度作用下的假设温度，温度上升时可采用“相当室外气温”。

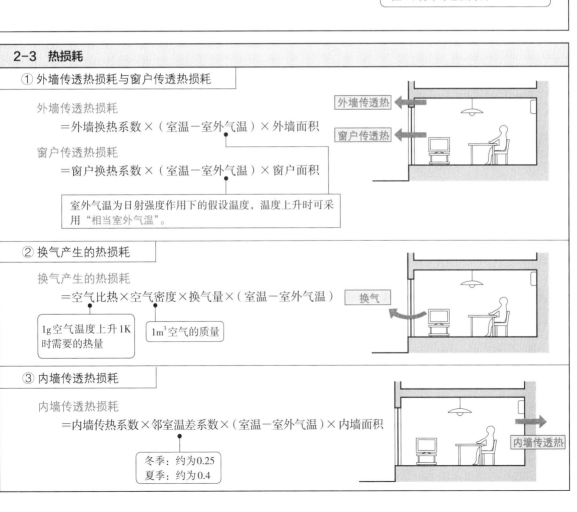

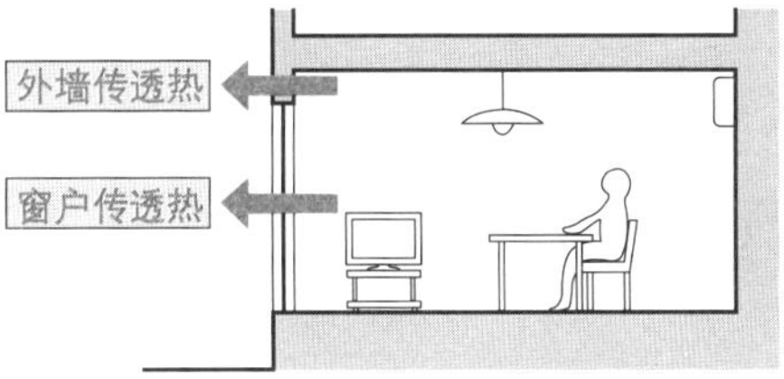

② 换气产生的热损耗

换气产生的热损耗

=空气比热×空气密度×换气量×（室温－室外气温）

空气比热：1g空气温度上升1K时需要的热量

空气密度：$1m^3$空气的质量

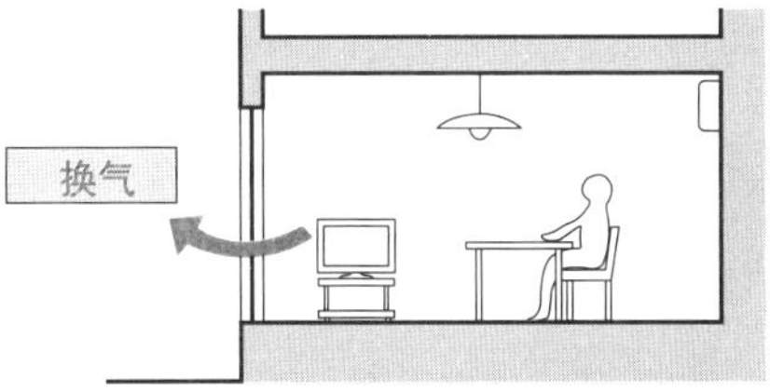

③ 内墙传透热损耗

内墙传透热损耗

=内墙传热系数×邻室温差系数×（室温－室外气温）×内墙面积

邻室温差系数：
冬季：约为0.25
夏季：约为0.4

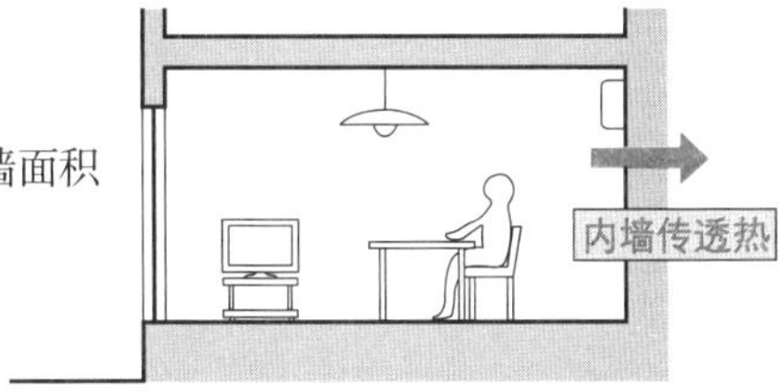

2-4 热损耗系数

热损耗系数（Q值）：室内与室外的温度差为1K时，建筑整体的热从室内向室外流动的比值。
在此称为Q值［单位：W/（m^2·K）］
※用于建筑物的隔热性和保温性评价。

热损耗系数＝综合传热系数／总楼地板面积

综合传热系数：室内外温差为1K时整体建筑物的热损耗
⇧
传透热损耗与换气产生的热损耗的和（参照前页）⇦ 需考虑缝隙风

同样墙壁条件的建筑物，若建筑规模越大，则综合传热系数（整体建筑的热损耗）也就会越大。此为单位楼地板面积的热损耗比值

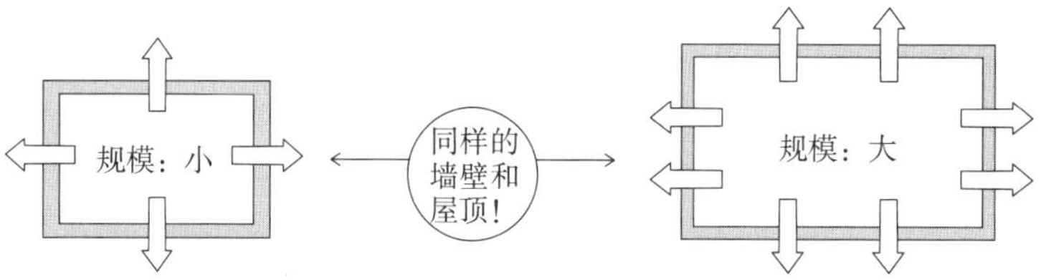

热损耗（综合传热系数）：小　　热损耗（综合换热系数）：大

外墙传透热损耗＝外墙传热系数×（室温－室外气温）×外墙面积

※窗户也一样（参照前页）

相同条件的室温、室外气温，墙壁的传热系数也相同的状况，面积越大，热损耗就越多。

热损耗系数小的状况

热损耗小，容易维持室温，使用空调时的能源消耗就会越少。

气密性提高，则热损耗系数的值就会越小！

热损耗系数大的状况

热损耗大，室温接近室外气温，使用空调时的能源消耗就会越多。

即使有供暖，热也会迅速散逸，导致空调必须经常开着。

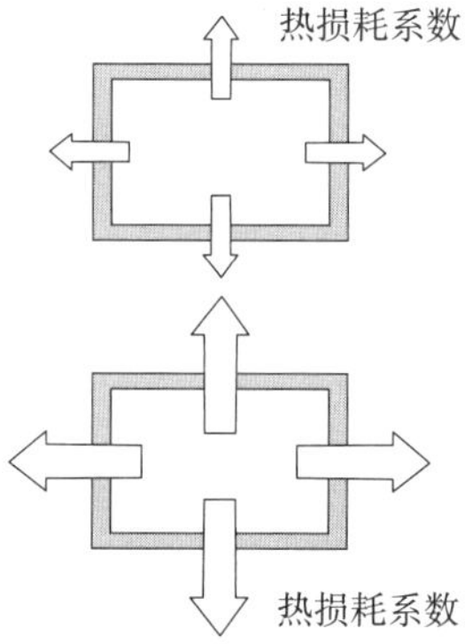

为了能减少热损耗系数值，在墙壁里加入保温隔热材料，对于提高整体建筑的隔热性能产生显著效果。因而，提高气密性很重要！

传热系数
⇧
针对墙壁

从墙壁高温侧向低温侧流动热量的比值

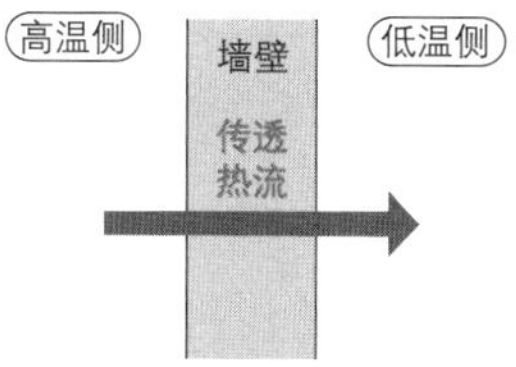

热损耗系数
⇧
针对整体建筑

在整体建筑中，从室内向室外流动热量的比值

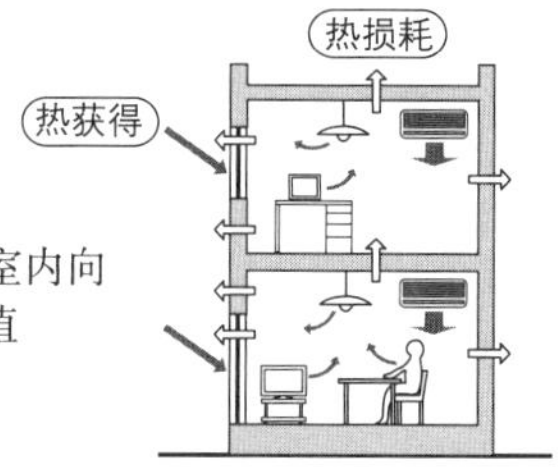

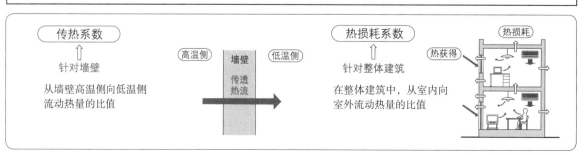

问题1 “外墙、窗户传透热损耗”（参照P45“2-3①”）

在下列的条件下，核算外墙开窗的热损耗量。
而且，此为稳定状态。

稳定状态
热的流动和温差不会随时间的变化而产生变化，为恒定状态。

- 外墙（除去窗户）的面积：$30m^2$
- 开窗面积：$10m^2$
- 室温：20℃
- 室外气温：0℃
- 外墙（除去窗户）的换热系数：1.0W/（m^2·K）
- 窗户的换热系数：3.0W/（m^2·K）

热损耗量＝（外墙传热系数×外墙面积＋窗户传热系数×窗户面积）×气温差

＝{1.0W/（m^2·K）×$30m^2$＋3.0W/（m^2·K）×$10m^2$}×（20℃－0℃）
＝1200W

因此，**热损耗量：1200W**

问题2 “换气所产生的热损耗”（参照P45“2-3②”）

地板面积为$100m^2$的办公室，核算每小时机械换气所产生的热损耗量。
而且，不使用热交换器，认为室温是一样的。
且，1.0W·h等于3.6kJ。

- 顶棚高度：3.0m
- 换气次数：2.0次/h ——参照P89
- 室温：20℃
- 外气温度：5℃
- 空气比热：1.0kJ/（kg·K）
- 空气密度：$1.2kg/m^3$

热损耗量＝空气比热×空气密度×每小时换气量×气温差

◎ 每小时的换气量

办公室容积＝地板面积×顶棚高度＝$100m^2$×3m＝$300m^3$
换气次数为1小时2次，$300m^3$×2次＝$600m^3$/h

◎ 空气比热

空气比热的单位换算，3.6kJ＝1.0W·h
因此，1.0kJ/（kg·K）＝$\frac{1.0}{3.6}$W·h/（kg·K）＝0.28W·h/（kg·K）

◎ 代入上列公式

＝0.28W·h/（kg·K）×$1.2kg/m^3$×$600m^3$/h×{（20℃－（－5℃）}
＝5040W

K（开尔文）为表示温差的单位
20℃－（－5℃）
＝25K（开尔文）

因此，**热损耗量：5040W**

气密性

气密性：表示建筑物本身缝隙的多少。
气密性越高，则热量越难从缝隙中逸出，室温越容易维持恒定。

热量越难从缝隙中逸出 ⇩ 热损耗系数越小！

室温越容易维持恒定 ⇩ 制冷供暖负荷量就会越少！ ⇩ 就越节省能源！

3 隔热性能

提高隔热性能的目的

为了提高室内舒适性，夏季采用制冷、冬天采用供暖，以维持一定的温度。

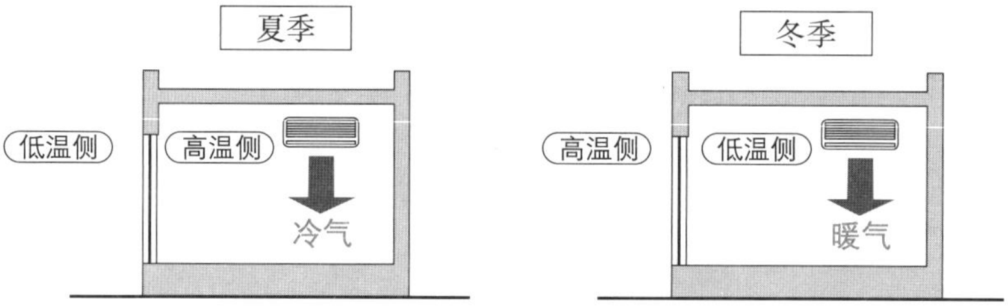

制冷所需热量：制冷负荷

供暖所需热量：供暖负荷

⇩

为了减少制冷供暖负荷，建筑物的隔热性能提高是重要的。

⇧

减少热损耗系数（参照P46）！

> 供暖度日：
> 供暖消耗能源的粗略核算方法。
> 估算室内标准温度与日平均室外气温的差值。
> 冷房度日的核算方法相同。

3-1 外隔热与内隔热

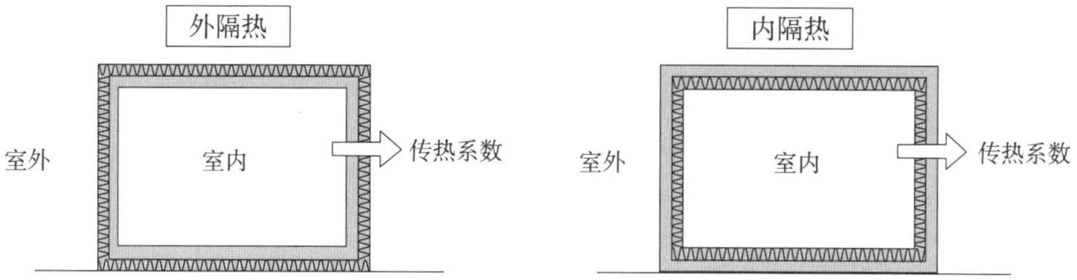

墙外侧设置保温隔热材料

墙内侧设置保温隔热材料

对于墙壁的传热系数

外隔热＝内隔热 ⇦ 墙壁的传热系数（参照P42）理论上是不会改变的。

其他特征

※冬季的状况

例）混凝土墙壁的示例

◎ 外隔热

室温因时间产生变化。

供暖所产生的热会因时间变化而造成混凝土墙升温。

（为热容量（参照下页）较大的材料）

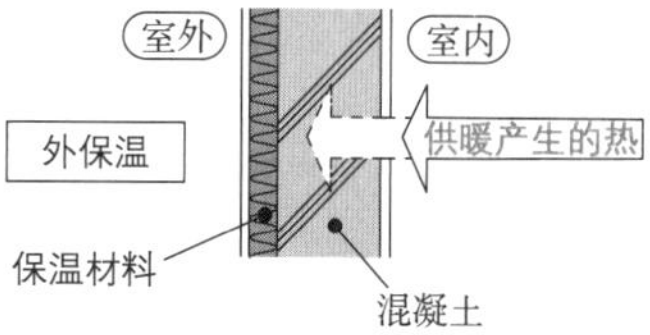

◎ 内保温

室温不因时间而变化。

供暖所产生的热被保温材料阻隔，墙温不会因时间改变而变化，室内空气可维持温暖。

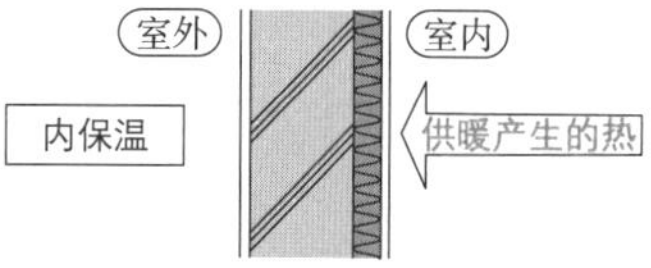

3-2 热容量与隔热性

容积比热：每1m³材料温度上升1K所需要的热量

容积比热＝比热×密度

比热：1kg的物体温度上升1K所需要的热量

热容量＝容积比热×体积

⇨ 热容量越大的材料，就越不易变热或变冷！

⇨ 考虑非稳定状态时，要考虑热容量的影响。

混凝土与木材的热容量

比较材料升温所需的时间

混凝土	木材
升温所需时间	很快升温
‖	‖
热容量大	热容量小
‖	
需要较多热量	

① 室内供暖从开始到停止后的温度变化

由于受到热容量与隔热性的影响，制冷供暖负荷会产生变化。

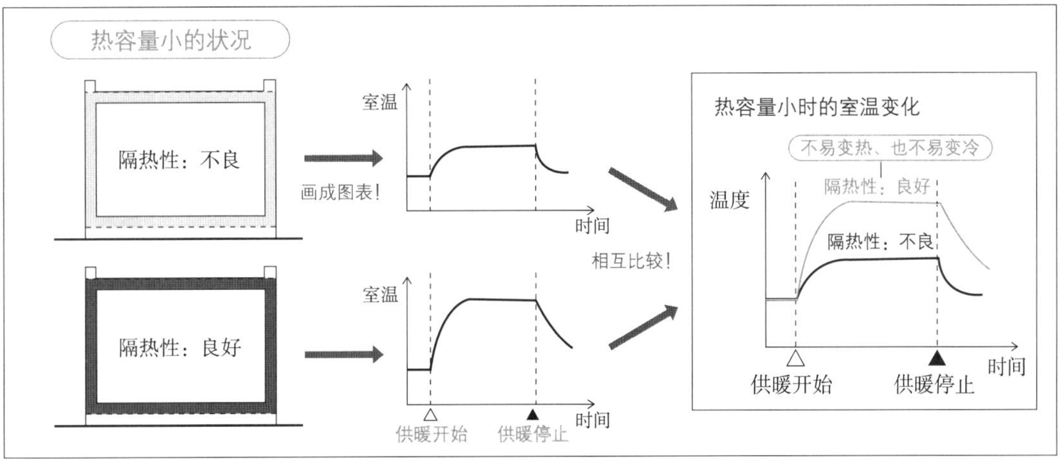

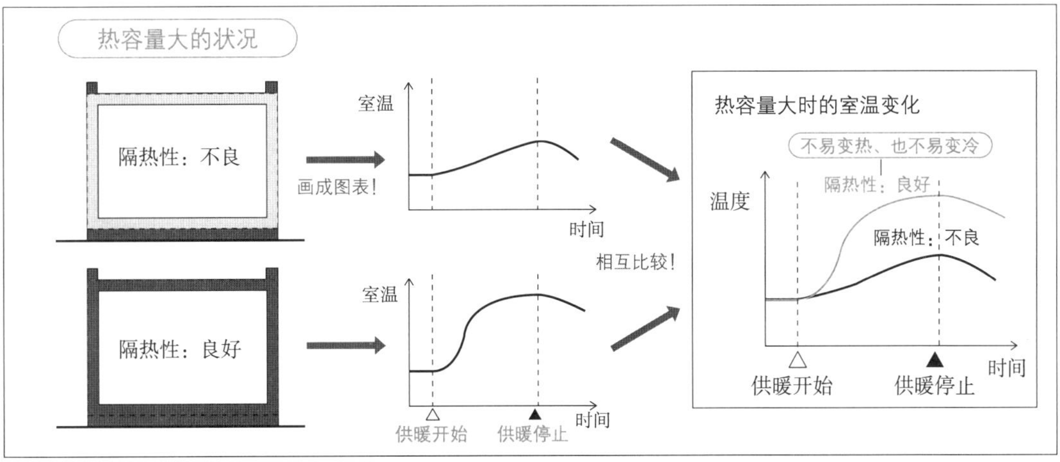

热容量相同的状况，提高隔热性的效果是显著的！

- 短时间可达到设定室温。
- 热损耗系数减小。
- 供暖停止后室温下降缓慢。⇦ 即使是间歇运转，室温变化也很小。

⇦ 可减少制冷供暖负荷！

② 高隔热房间的温度变化

热容量小的房间

随着室外气温变化，室内温度也产生变化。

热容量：小 ＋ 隔热性：良好

隔热性良好的状况，室温变动较小。

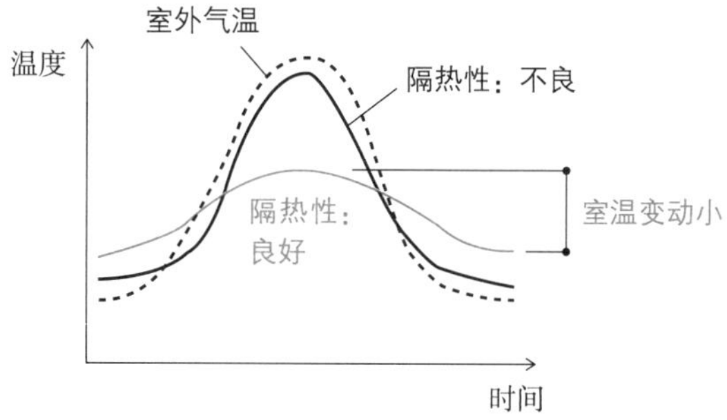

热容量大的房间

随着室外气温变化，室内温度变化产生延迟时滞。

⇧

在室外气温最热的正午时间，室内也不会变得炎热。

热容量：大 ＋ 隔热性：良好

隔热性良好的状况，室温变动较小。

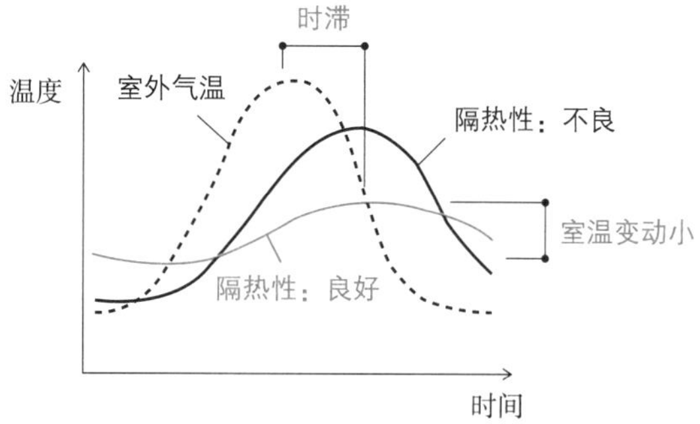

※在高隔热的房间，不论热容量为多大，室温变化均很小！

主要建筑材料的比热、密度与热容量

材料分类	材料名称	比热 C［kJ/（kg・K）］	密度 ρ[kg/m³]	热容量 C_P[J/K]
金属	铝材 钢材	0.92 0.50	2700 7860	2484 3930
水泥系列	钢筋混凝土 ALC 板	0.88 1.10	2300 600	2024 660
玻璃板 红砖	玻璃板 红砖	0.75 0.84	2540 1650	1905 1386
木材系列	天然木材（轻质材） 胶合板	1.30 1.30	400 550	520 715
石膏系列	石膏板 木纤维水泥板（普通质量）	1.13 1.67	800 500	904 835
纤维板材	A 级隔热板 刨花板	1.30 1.30	250 500	325 650
纤维系列 保温隔热材	玻璃棉 人造纤维 岩棉	0.84 1.26 0.84	15（20） 40 40	12.6（16.8） 50.4 33.6
发泡系列 保温隔热材	硬质尿烷泡沫 压缩聚苯乙烯 聚苯乙烯泡沫	1.05 1.05 1.05	40 28 30	42.0 29.4 31.5
其他	水 空气	4.2 1.00	997 1.2	4187 1.2

※同样的材料数值会有所差别

3-3 产生高气密性效果

高气密：具有下列特性

◎ 能够防止渗入间隙风。

＋

◎ 当居住者认为有必要时，可开窗积极引入外气。

并且

◎ 设置机械换气设备。（房间24h换气，在法律中为义务附加条文（参照P94））

开口部紧闭时要防止室内空气污染

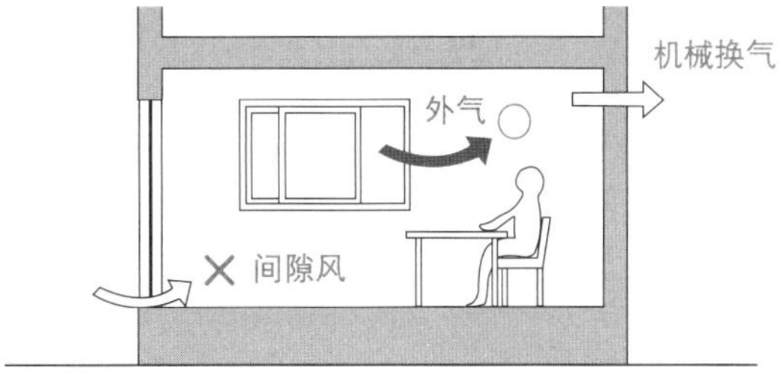

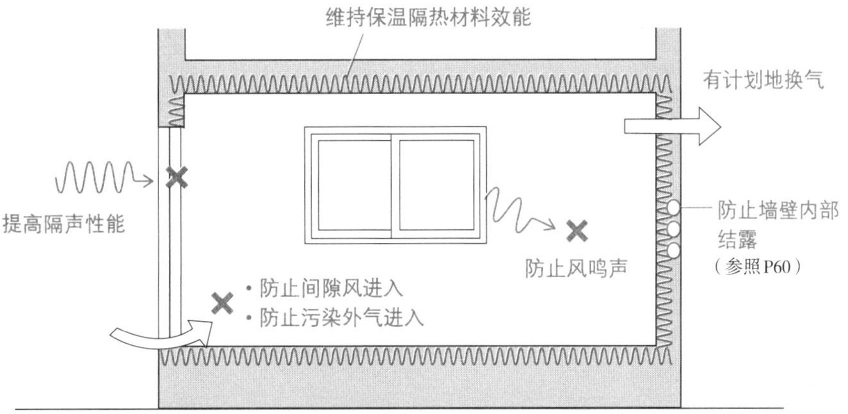

产生高气密性效果

- 感受不到间隙风，形成舒适的室内温暖环境
- 维持保温隔热材料的效能
- 防止墙体内部结露
- 有计划地换气
  导入必要的新鲜室外空气量，排出污染空气，以减少对健康的影响。
  确保适当的换气路径。
  夏季、冬季时采用“机械换气”（参照P102～103），其他时间（春季、秋季）可采用“自然换气”（参照P97～99）。 等
- 防止污染空气进入
- 提高隔声性能
- 防止窗户附近风鸣声

高气密性虽能防止间隙风进入，但在良好季节时开窗，让自然空气流入，可使得室内达到舒适。

有计划地进行机械换气，将室内（住宅整体）密闭为有效的方法。

3 湿度与结露

高温度的水会汽化成为水蒸气（气体）留存空气中！ ⇦ “湿度”（参照下项～P56）
水蒸气遇冷时会凝结成水（水滴）！ ⇦ “结露”（参照P57～60）

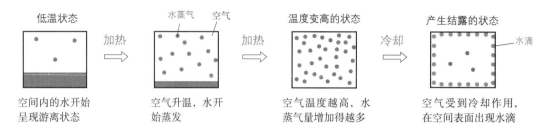

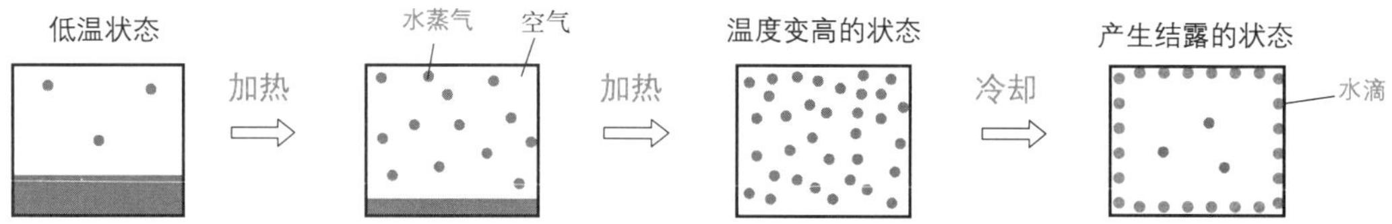

空间内的水开始呈现游离状态　　空气升温，水开始蒸发　　空气温度越高，水蒸气量增加得越多　　空气受到冷却作用，在空间表面出现水滴

1 湿度

干燥空气与湿空气

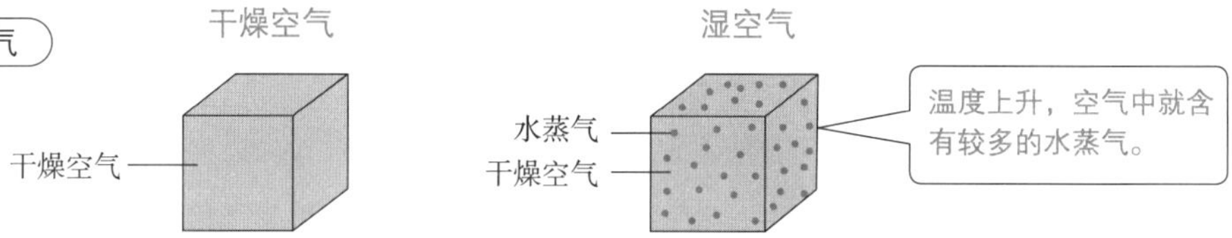

几乎不含水蒸气的状态　　含水蒸气的状态（干燥空气＋水蒸气）

1-1 绝对湿度

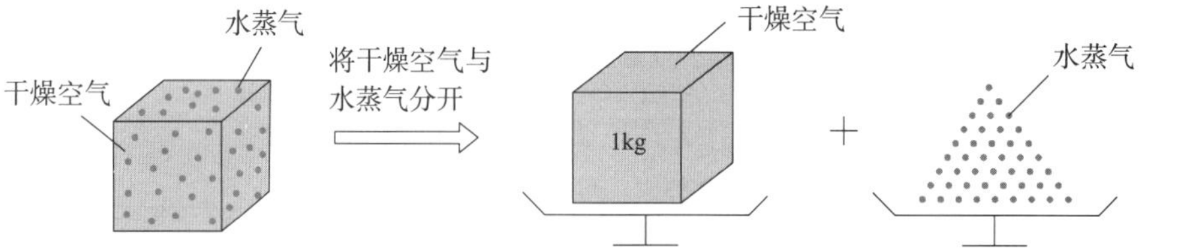

含有1kg干燥空气的湿空气　　干燥空气（1kg）　　湿空气中所含水蒸气的质量

$$\text{绝对湿度〔kg/kg（DA）〕}=\frac{\text{湿空气中所含的水蒸气重量〔kg〕}}{\text{湿空气中所含的干燥空气重量〔kg（DA）〕}}$$

※有时也用〔g/kg（DA）〕或〔g/kg'〕来表示。

Dry Air（干燥空气）

1kg干燥空气中所含的水蒸气量

即使温度产生变化，绝对湿度是不会变的！

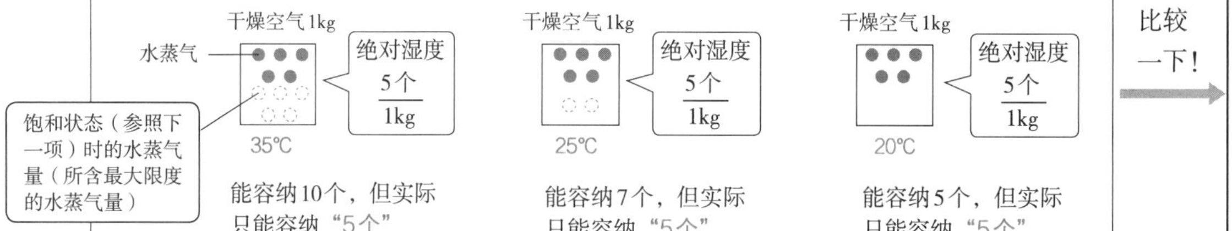

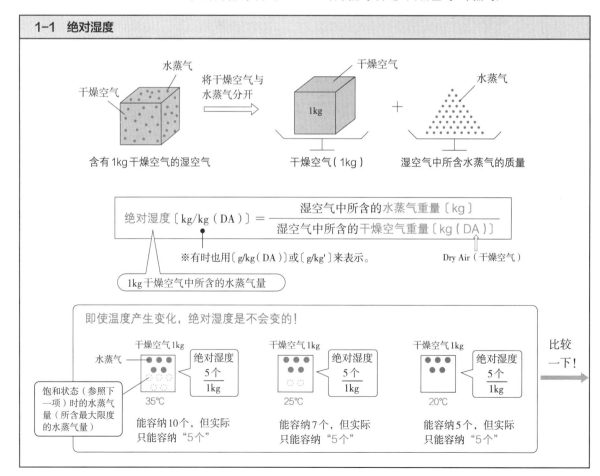

能容纳10个，但实际只能容纳“5个”　　能容纳7个，但实际只能容纳“5个”　　能容纳5个，但实际只能容纳“5个”

1-2 饱和状态

饱和状态：在某温度时，所含最大限度水蒸气量的空气状态

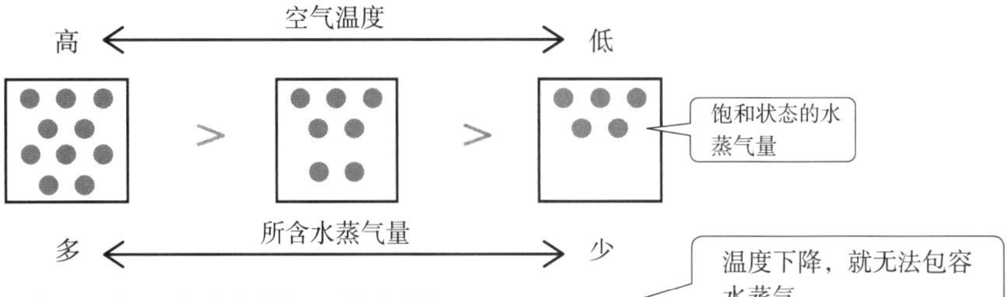

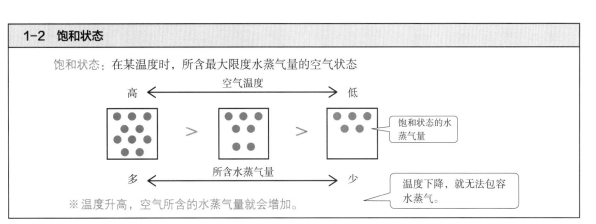

※温度升高，空气所含的水蒸气量就会增加。

1-3 相对湿度

相对湿度：湿空气中所含的水蒸气与此空气达到饱和状态时水蒸气的比值

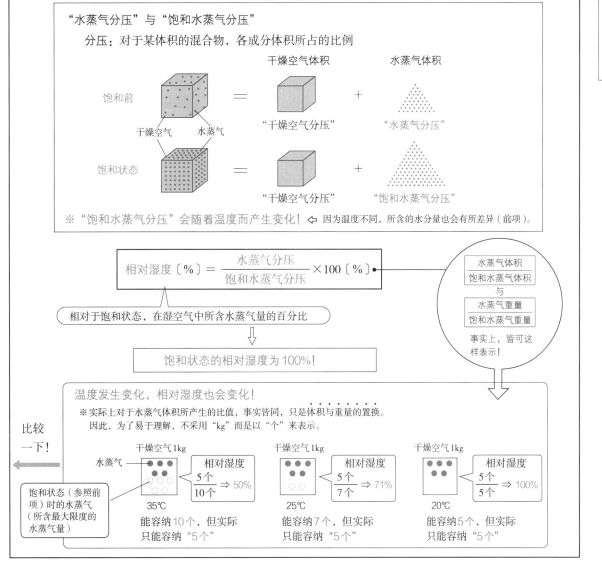

※相对湿度一般也称为湿度。

"水蒸气分压"与"饱和水蒸气分压"

分压：对于某体积的混合物，各成分体积所占的比例

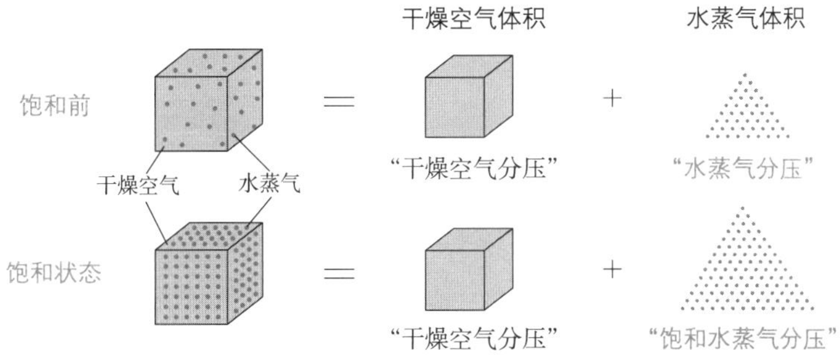

※"饱和水蒸气分压"会随着温度而产生变化！⇦ 因为温度不同，所含的水分量也会有所差异（前项）。

$$相对湿度〔\%〕= \frac{水蒸气分压}{饱和水蒸气分压} \times 100〔\%〕$$

$\frac{水蒸气体积}{饱和水蒸气体积}$ 与 $\frac{水蒸气重量}{饱和水蒸气重量}$

事实上，皆可这样表示！

相对于饱和状态，在湿空气中所含水蒸气量的百分比

⇩

饱和状态的相对湿度为100%！

温度发生变化，相对湿度也会变化！

※实际上对于水蒸气体积所产生的比值，事实皆同，只是体积与重量的置换。因此，为了易于理解，不采用"kg"而是以"个"来表示。

比较一下！

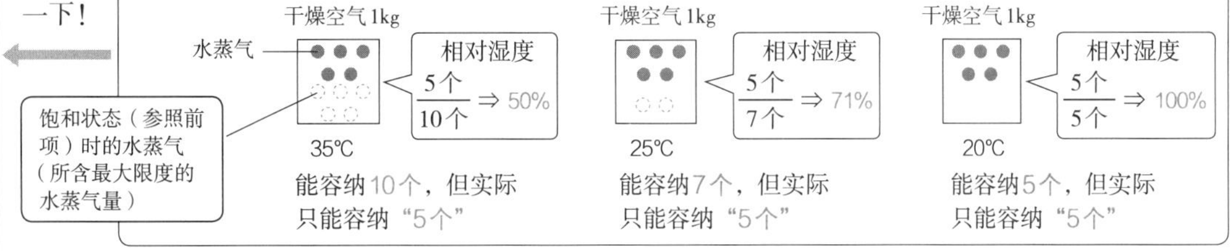

35℃
能容纳10个，但实际只能容纳"5个"

25℃
能容纳7个，但实际只能容纳"5个"

20℃
能容纳5个，但实际只能容纳"5个"

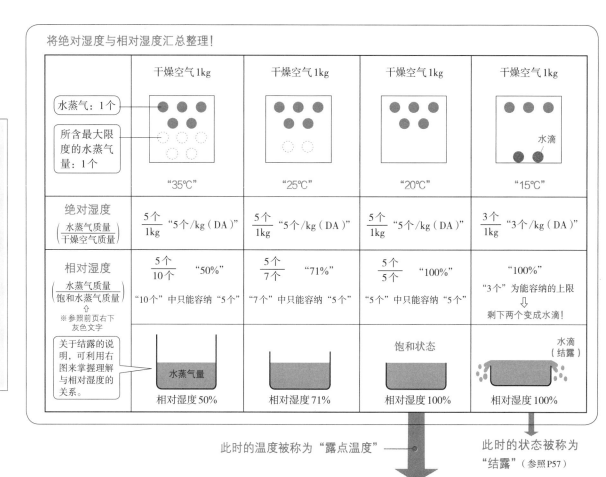

将绝对湿度与相对湿度汇总整理！

	干燥空气1kg	干燥空气1kg	干燥空气1kg	干燥空气1kg
水蒸气：1个 所含最大限度的水蒸气量：1个	“35℃”	“25℃”	“20℃”	水滴 “15℃”
绝对湿度 （水蒸气质量/干燥空气质量）	$\frac{5个}{1kg}$ “5个/kg（DA）”	$\frac{5个}{1kg}$ “5个/kg（DA）”	$\frac{5个}{1kg}$ “5个/kg（DA）”	$\frac{3个}{1kg}$ “3个/kg（DA）”
相对湿度 （水蒸气质量/饱和水蒸气质量） ⇧ ※参照前页右下灰色文字	$\frac{5个}{10个}$ “50%” “10个”中只能容纳“5个”	$\frac{5个}{7个}$ “71%” “7个”中只能容纳“5个”	$\frac{5个}{5个}$ “100%” “5个”中只能容纳“5个”	“100%” “3个”为能容纳的上限 ⇩ 剩下两个变成水滴！
关于结露的说明，可利用右图来掌握理解与相对湿度的关系。	水蒸气量 相对湿度50%	相对湿度71%	饱和状态 相对湿度100%	水滴（结露） 相对湿度100%

此时的温度被称为“露点温度”

此时的状态被称为“结露”（参照P57）

1-4 露点温度

露点温度：湿空气温度不断地降低会达到“饱和状态”，倘若温度再降低，则发生结露状态，此时的温度 ⇨ 使用空气线图（参照次页），可以简单地求解。

※空气中的水蒸气含量越多，则露点温度就会越高。

水蒸气 ⇦ 饱和状态：不能再容纳水蒸气的状态

【问题】

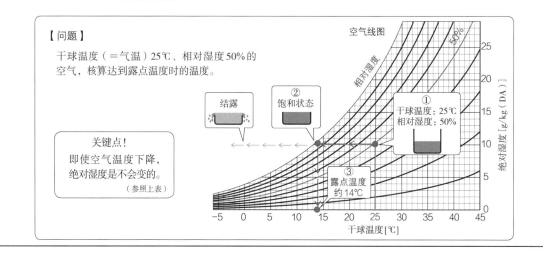

干球温度（＝气温）25℃、相对湿度50%的空气，核算达到露点温度时的温度。

关键点！
即使空气温度下降，
绝对湿度是不会变的。
（参照上表）

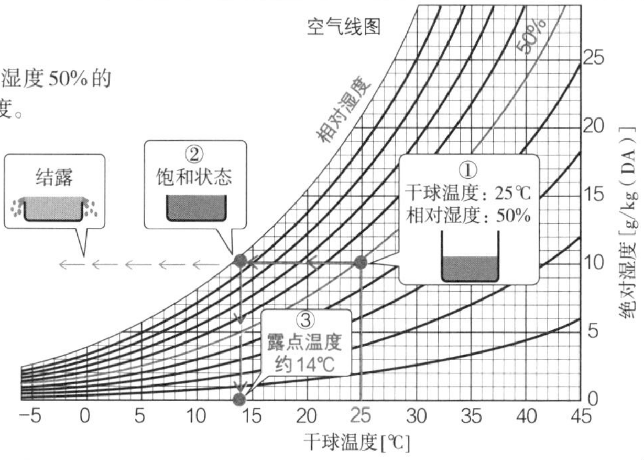

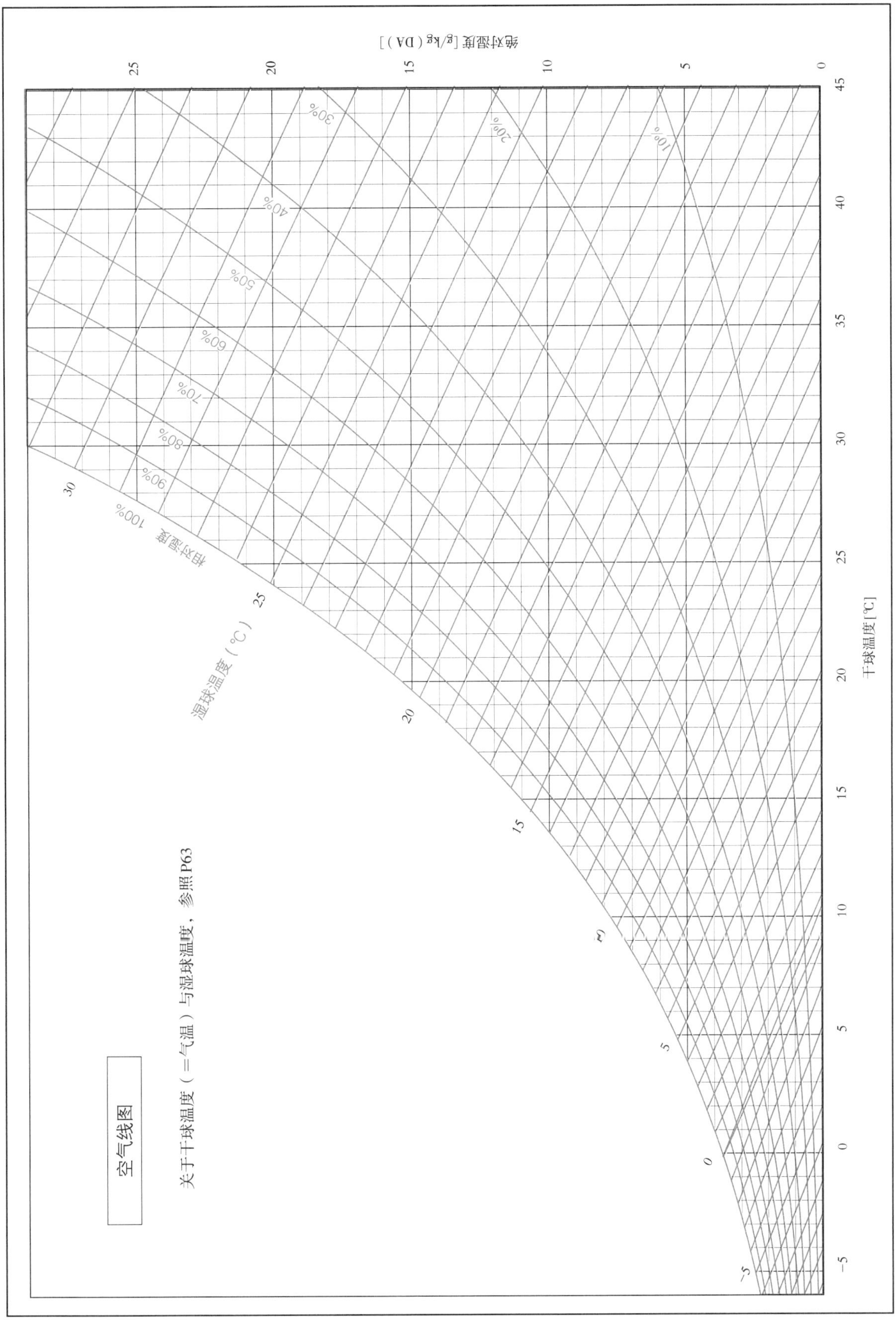

空气线图

关于干球温度（=气温）与湿球温度，参照P63

问题1

“干球温度（＝气温）5℃、相对湿度80%”（A点）的空气，干球温度加热到20℃，相对湿度的百分比是多少？

根据右图，干球温度为20℃的B点的相对湿度约为30%。

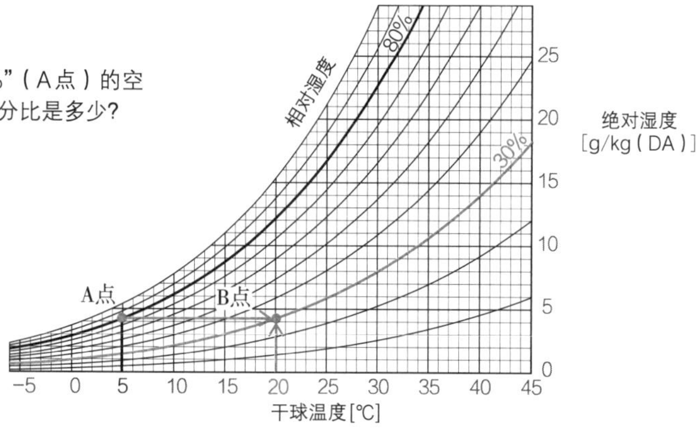

问题2

将“干球温度25℃、相对湿度70%”（C点）的空气，变成“干球温度15℃、相对湿度40%”（D点）的状态，在冷凝的同时，每1kg空气需要减湿多少克？

C点空气所含的水蒸气：每1kg为14g
D点空气所含的水蒸气：每1kg为4.2g

14−4.2＝9.8
因此，需要减湿9.8g。

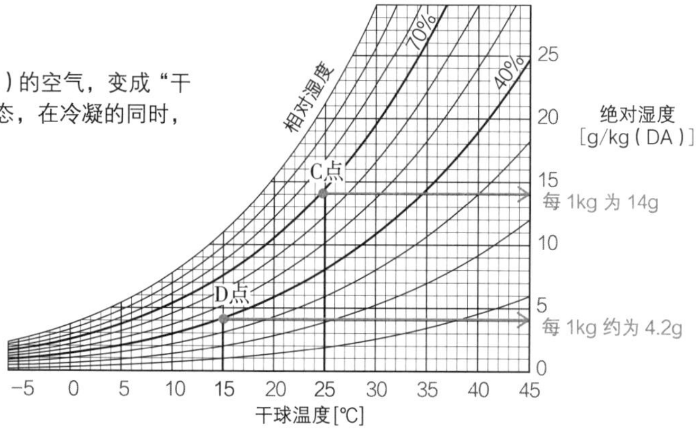

问题3

“干球温度20℃、相对湿度70%”（E点）的空气，降温冷凝到干球温度为11℃（F点）后，倘若干球温度又加热到26℃，则相对湿度的百分比是多少？

根据右图，干球温度为26℃的G点相对湿度约为40%。

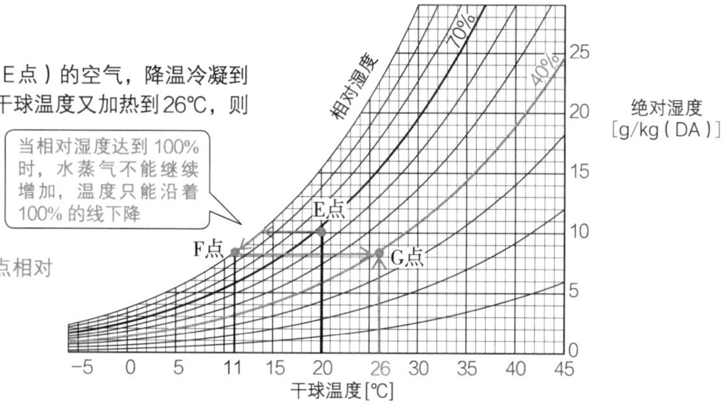

问题4

“干球温度25℃、相对湿度80%”（X点）的空气与“干球温度15℃、相对湿度20%”（Y点）的空气，以同量混合，空气的状态会产生什么变化？

假如不同的空气以同量混合，则干球温度、绝对湿度均计算平均值。

干球温度的平均值：20℃
绝对湿度的平均值：9.1g/kg（DA）

因此，
根据右图，干球温度20℃、绝对湿度9.1g/kg（DA）的Z点的相对湿度约为61%。

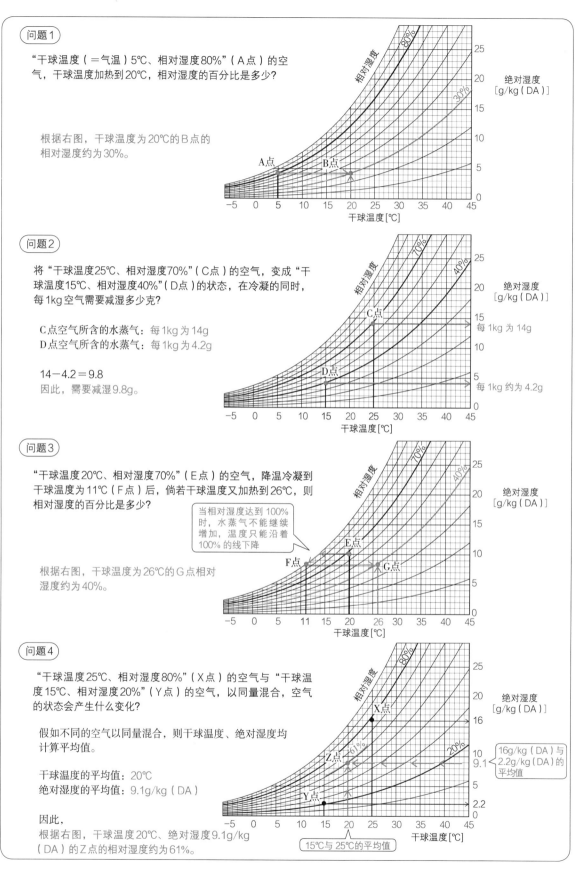

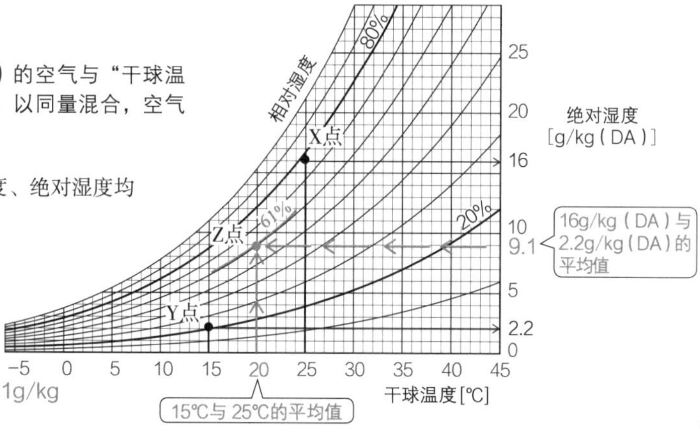

2 结露

空气接触墙壁面和窗玻璃后会产生冷却的原因，而使得空气内的水蒸气发生凝结成露（水滴）的现象

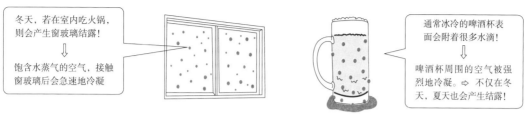

冬天，若在室内吃火锅，则会产生窗玻璃结露！
⇩
饱含水蒸气的空气，接触窗玻璃后会急速地冷凝

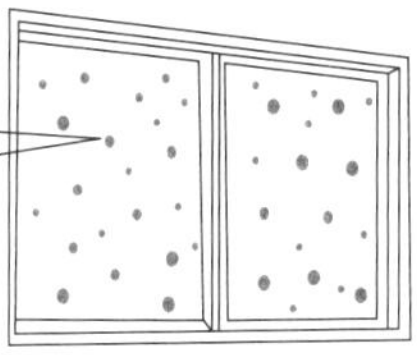

通常冰冷的啤酒杯表面会附着很多水滴！
⇩
啤酒杯周围的空气被强烈地冷凝。⇨ 不仅在冬天，夏天也会产生结露！

家里的窗户产生结露，与啤酒瓶和茶杯附着水分的原理相同！

2-1 表面结露

表面结露：墙体和材料表面所产生的结露

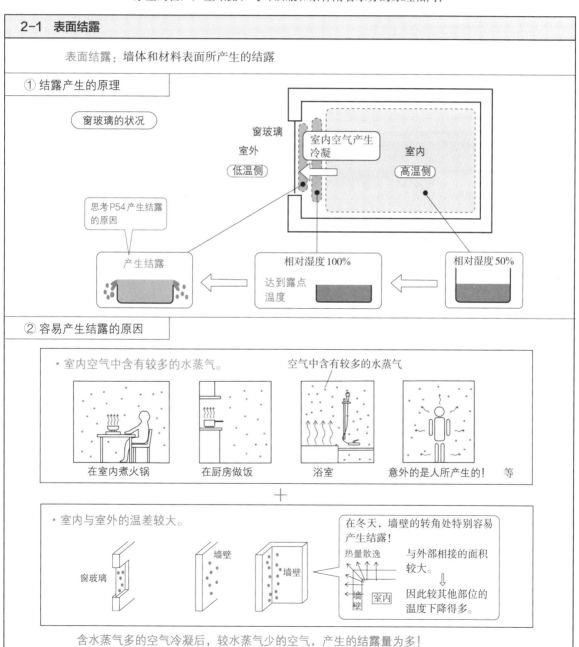

① 结露产生的原理

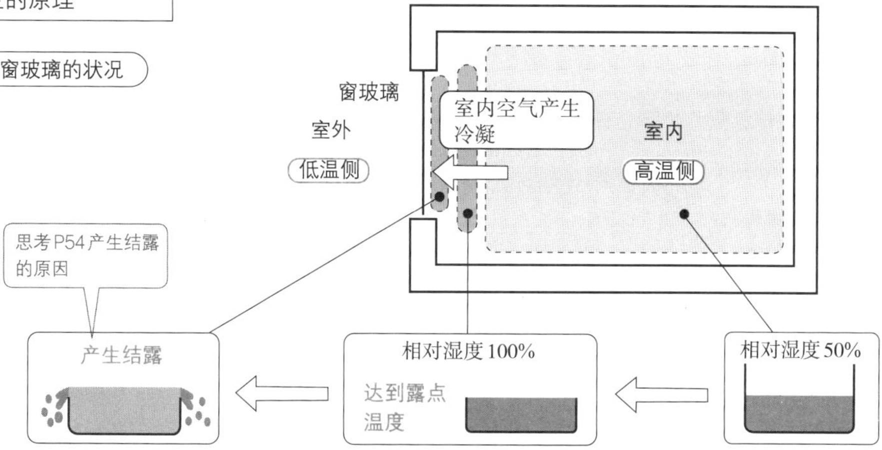

② 容易产生结露的原因

· 室内空气中含有较多的水蒸气。

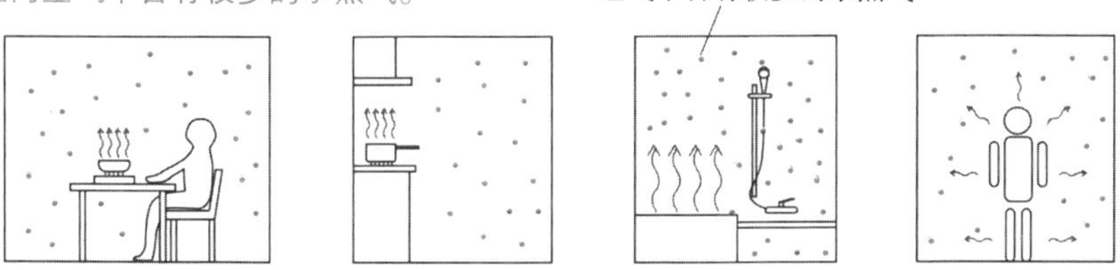

＋

· 室内与室外的温差较大。

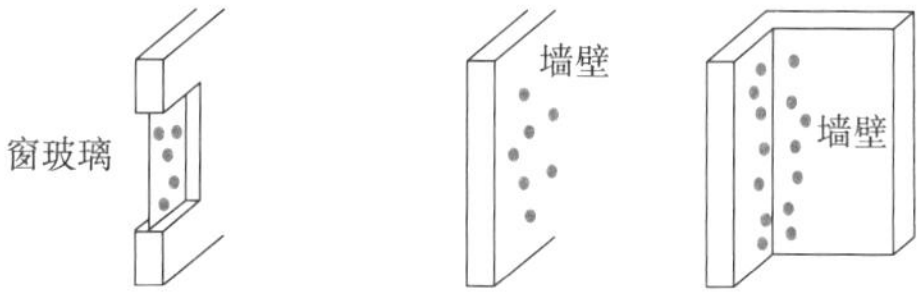

在冬天，墙壁的转角处特别容易产生结露！

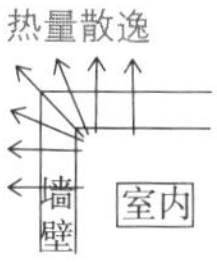

与外部相接的面积较大。
⇩
因此较其他部位的温度下降得多。

含水蒸气多的空气冷凝后，较水蒸气少的空气，产生的结露量为多！

③ 表面结露的防止方法

※在此只考虑冬季状况，但夏季也会产生结露。

抑制室内水蒸气量的产生

企图抑制室内产生的水蒸气量。

⇩

然而在日常生活中，抑制水蒸气的产生是相当困难的。

⇩

透过换气，可将空气所含过多的水蒸气排出室外。

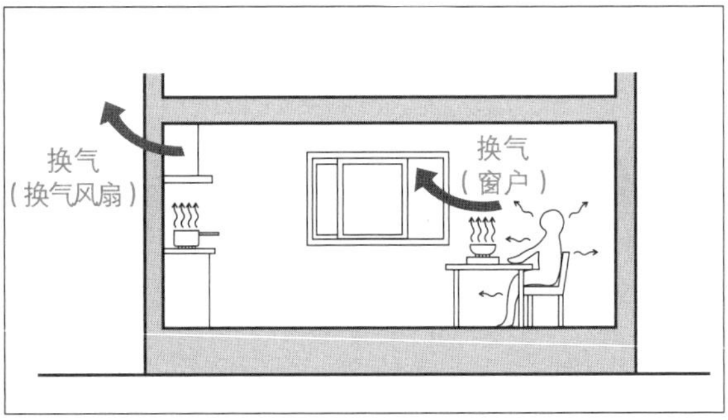

※特别是浴室、洗手间与厕所等有水的房间，需能进行充足换气。

提高室内墙壁的表面温度

墙壁的表面温度降低，会使得室内热向室外散逸

热会从高温部分向低温部分流动！
⇨传热系数（参照P42）

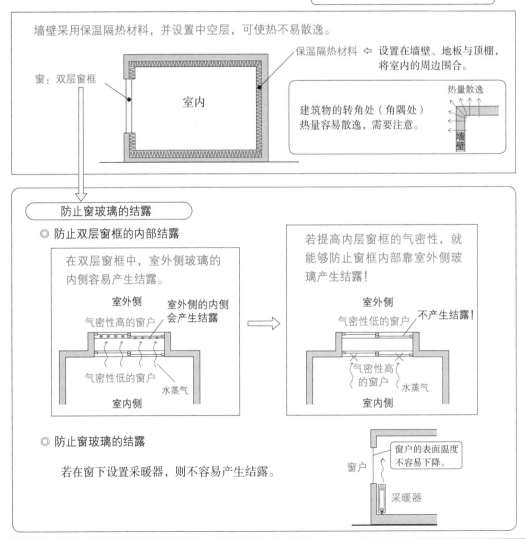

墙壁采用保温隔热材料，并设置中空层，可使热不易散逸。

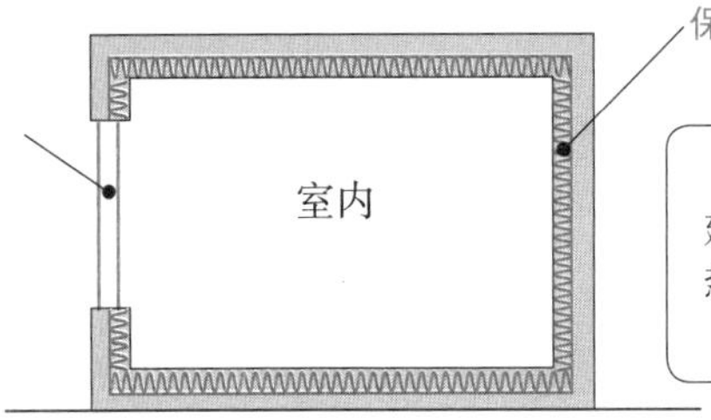

建筑物的转角处（角隅处）热量容易散逸，需要注意。

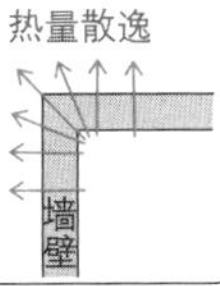

防止窗玻璃的结露

◎ 防止双层窗框的内部结露

在双层窗框中，室外侧玻璃的内侧容易产生结露。

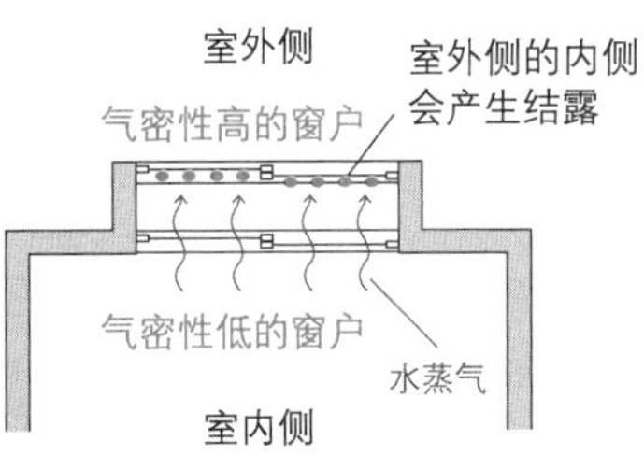

⇨

若提高内层窗框的气密性，就能够防止窗框内部靠室外侧玻璃产生结露！

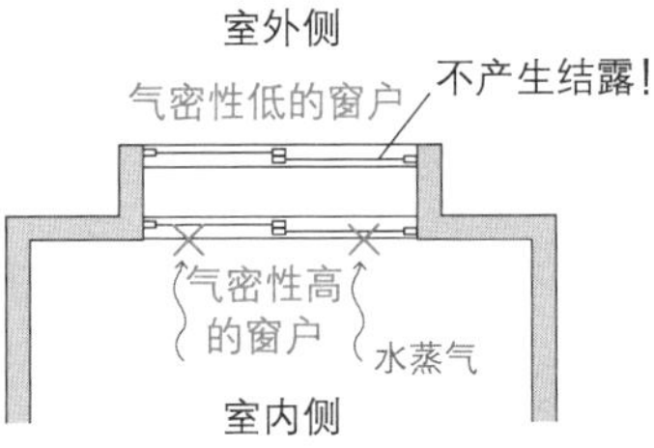

◎ 防止窗玻璃的结露

若在窗下设置采暖器，则不容易产生结露。

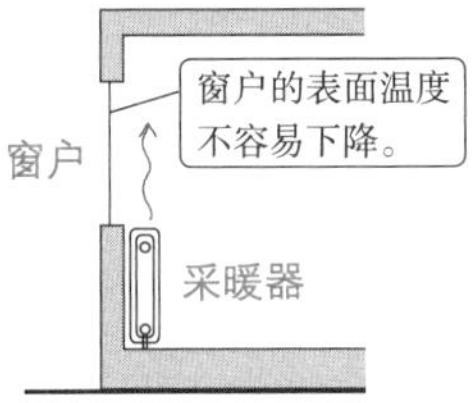

其他的结露防止对策

◎ 防止相邻房间的结露

在隔热性能高的建筑物中，设置采暖房间与非采暖房间，非采暖房的房间侧容易产生结露。

⇩

减少各房间的温度差，结露就不容易发生！

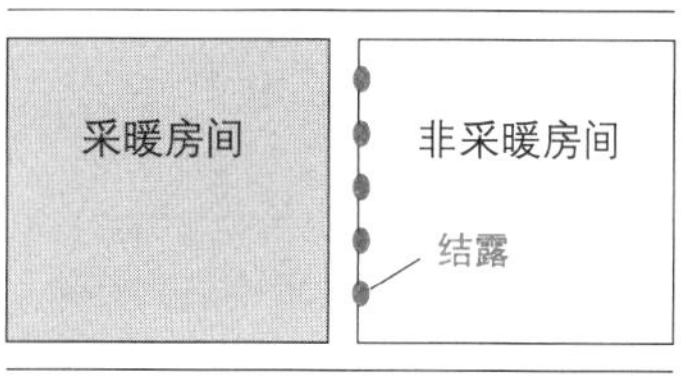

◎ 家具和窗帘里侧的结露对策

室内有家具和窗帘等设置，当室内变暖时，窗户（玻璃）和家具里侧墙壁的表面温度不会立刻上升，因而容易产生结露。

家具 ⇒ 须离开墙壁约5cm，使得间隙空气可产生流通。
窗帘 ⇒ 须打开到能稍微看见窗户的程度。

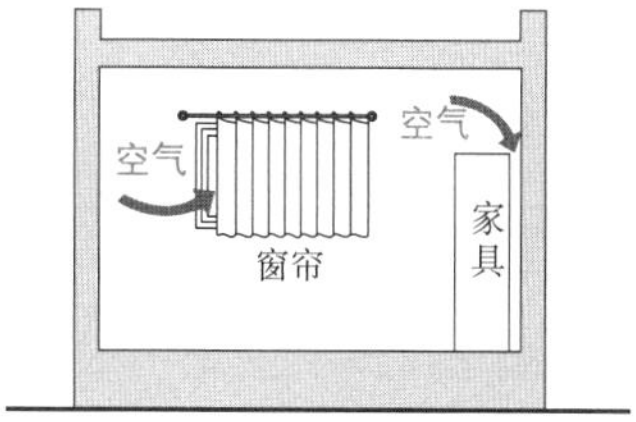

◎ 壁橱的结露对策

壁橱是用来收纳被服的，水蒸气容易渗漏进去。

⇩

使用格栅，能够散逸湿气。

※需注意提高壁橱气密性，若通气不畅，反而会造成结露的情况。

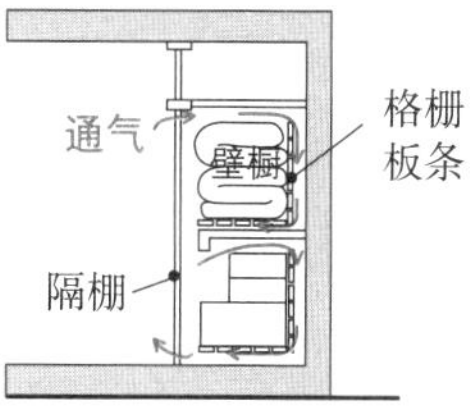

热桥

建筑物外墙局部热容易散逸的部位 ⇐ 会产生表面结露，增加制冷供暖房负荷！

◎ 钢筋混凝土构造的状况

钢筋混凝土构造的内外隔热法相比较，外隔热法较不易产生结露。

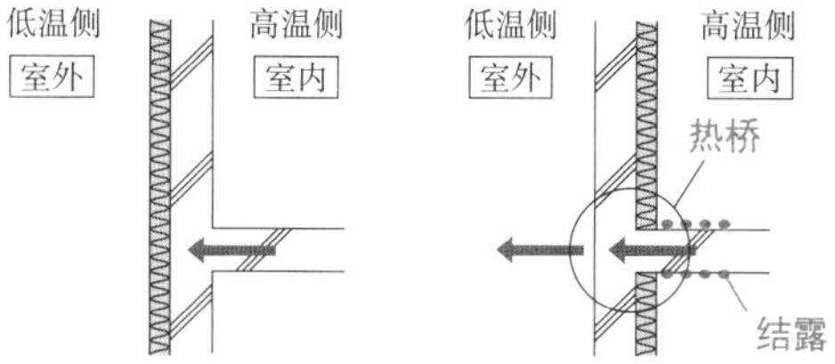

外隔热工法　　内隔热工法

⇩ 然而

◎ 木构造、钢骨构造的状况

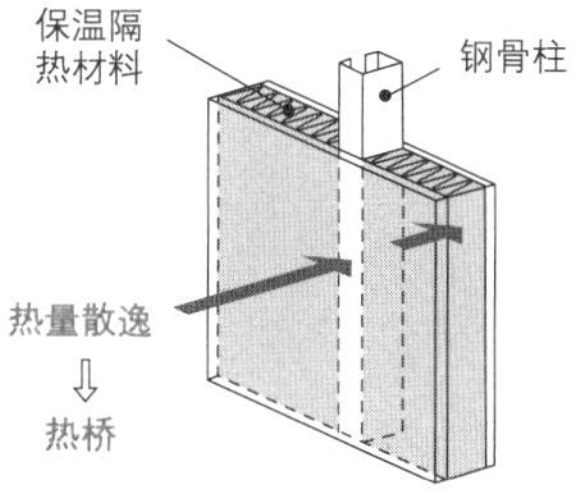

※木构造和金属一样会引起同样的现象，需要注意。

然而在阳台处，保温隔热材料被切割中断，需要注意！

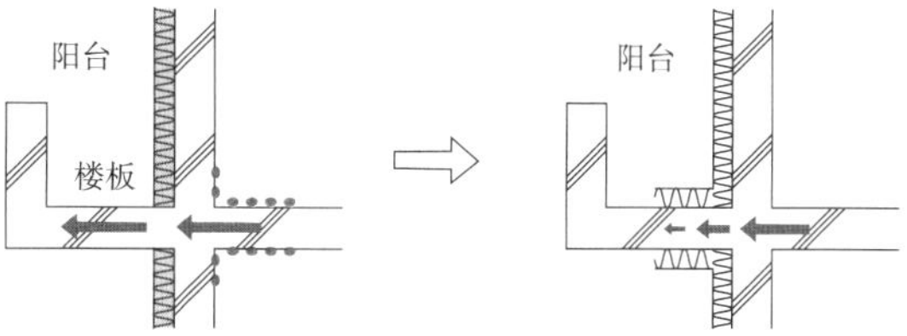

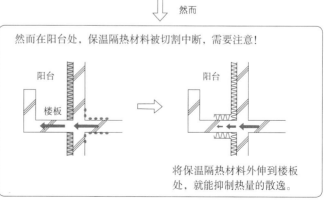

将保温隔热材料外伸到楼板处，就能抑制热量的散逸。

2-2 内部结露

内部结露：墙壁和材料的内部产生结露

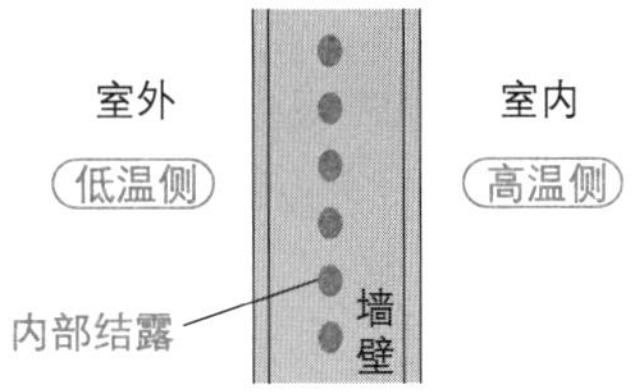

内部结露所产生的影响

- 在木构造的环境，材料会产生腐朽，耐久性降低。
- 墙壁的隔热性能会降低。等

① 结露产生的原因与因素

结露产生的因素

- 建筑材料内含较多的水分（水蒸气）。
- 雨水和室内水蒸气会渗进墙壁内部。

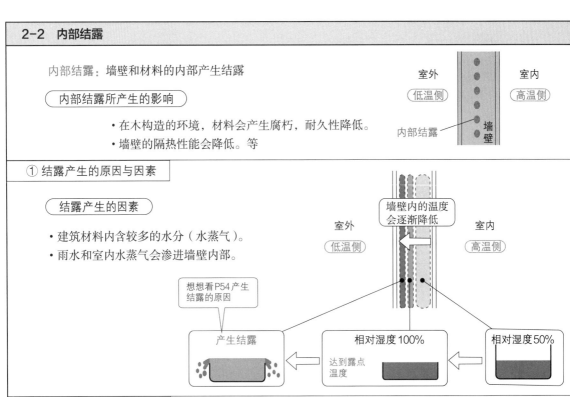

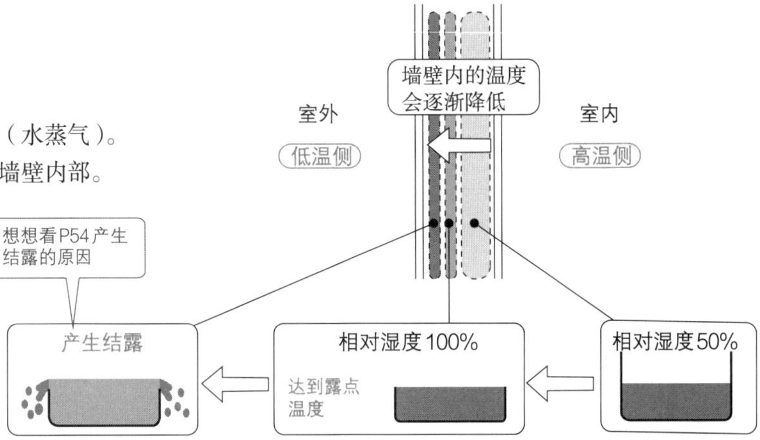

② 内部结露的防止方法

为了提高隔热性能，在墙壁内加入保温隔热材料是有效的，但外隔热与内隔热对于结露产生的效果是不同的。

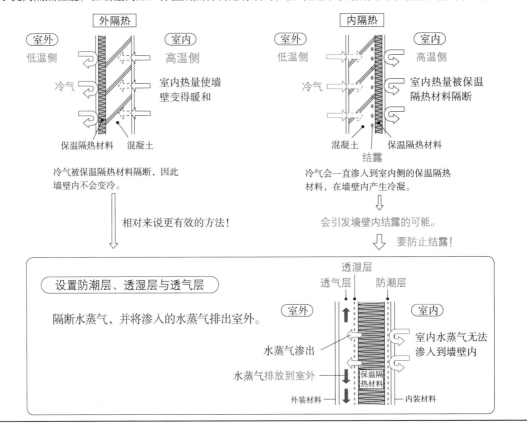

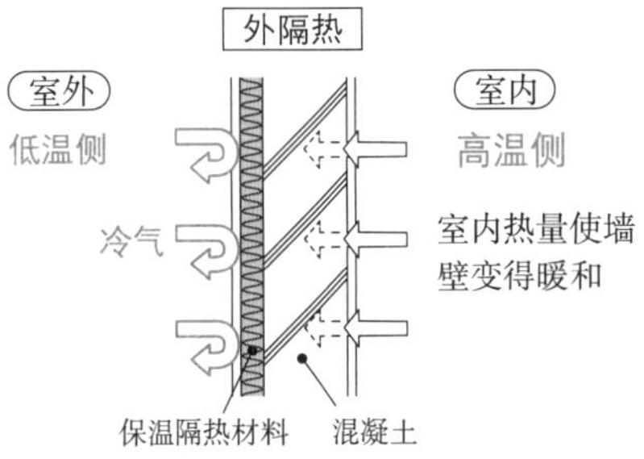

冷气被保温隔热材料隔断，因此
墙壁内不会变冷。

相对来说更有效的方法！

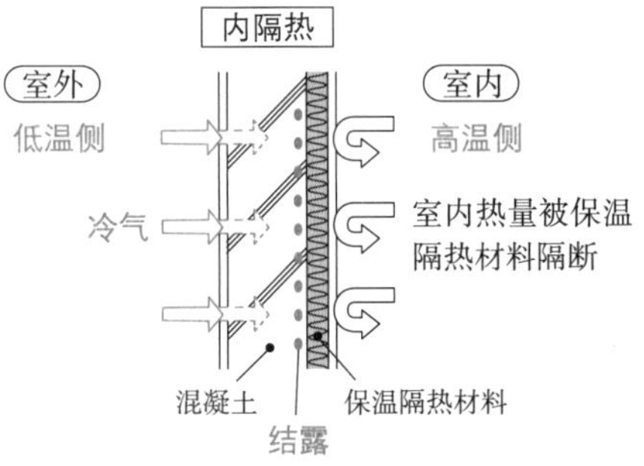

冷气会一直渗入到室内侧的保温隔热
材料，在墙壁内产生冷凝。

会引发墙壁内结露的可能。

要防止结露！

设置防潮层、透湿层与透气层

隔断水蒸气，并将渗入的水蒸气排出室外。

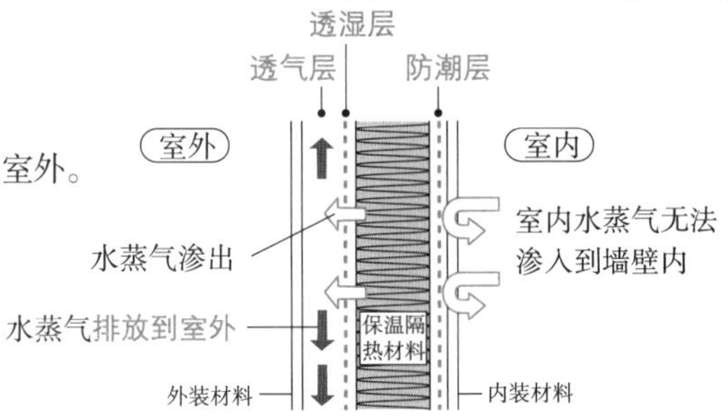

4 体感温度

1 环境与人体的热平衡

1-1 影响人体的冷热感（温冷感）因素

影响人体感觉的冷热感（温冷感），不仅会受到温度作用，还会受到下列因素的影响。

温度、湿度、气流（对流）、辐射 + 活动量、着衣量

（温度、湿度、气流（对流）、辐射为温热因素；活动量、着衣量为人体因素）

将各因素举例说明！

【湿度】

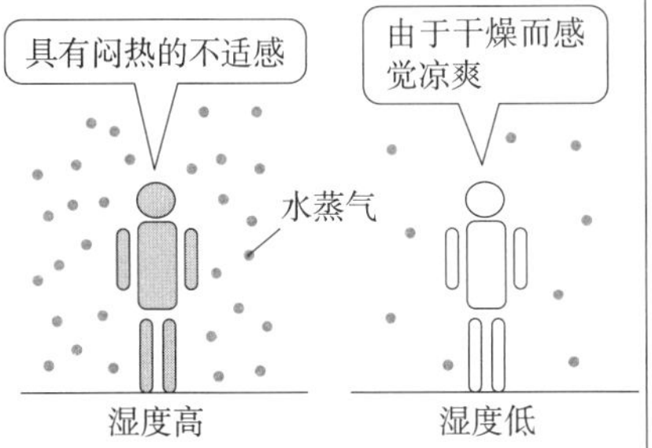

在温度相同、湿度不同的情况下，对炎热的感觉会有所差异。

⇒ 出汗后会难以蒸发（参照下页）。

【气流（对流）】

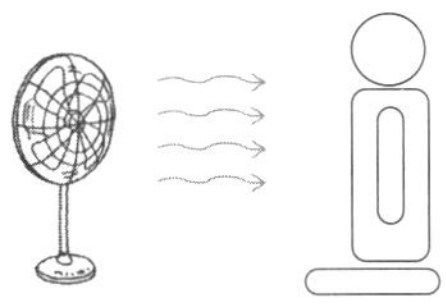

风可使体温散热而感觉凉爽。

⇒ 对流的效果（参照P37）

即使室温不发生改变，对着风吹也会感到凉爽。

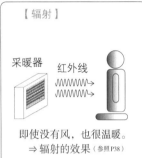

【辐射】

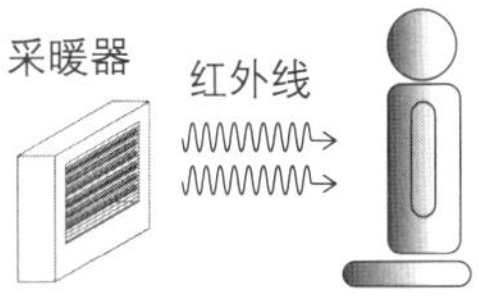

即使没有风，也很温暖。

⇒ 辐射的效果（参照P38）

即使室温不发生改变，由于热辐射作用，还是可以感觉到温暖。

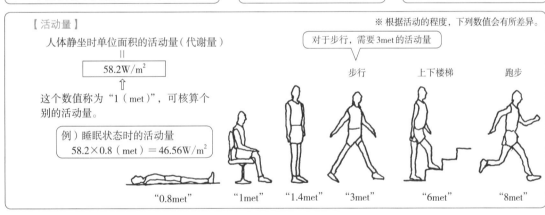

【活动量】

※ 根据活动的程度，下列数值会有所差异。

人体静坐时单位面积的活动量（代谢量）

‖

58.2W/m²

⇧

这个数值称为“1（met）”，可核算个别的活动量。

例）睡眠状态时的活动量

58.2×0.8（met）＝46.56W/m²

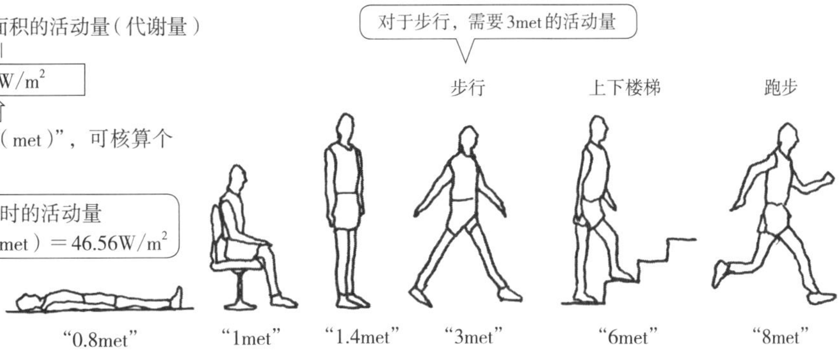

【着衣量】

※ 根据衣服的状况，下列数值会有所差异。

表示穿衣的热阻单位，以克洛值（clo）表示。

‖

1clo＝0.155（m²・K）/W

在穿着衣服时，由于形成空气层，且对衣服产生热传导，因此体表热就无法向外部顺畅流动。

若上装不打领带，则体感温度可降低2℃。

⇩

夏季的空调设定温度就可上调。

⇩

可节省能源！

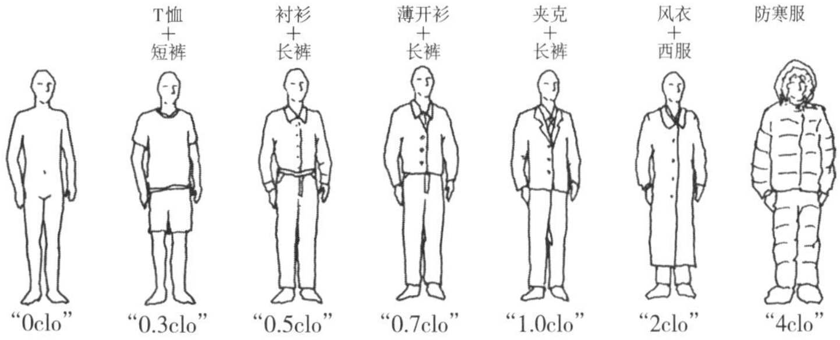

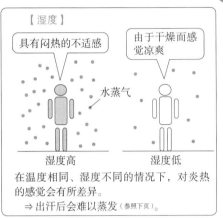

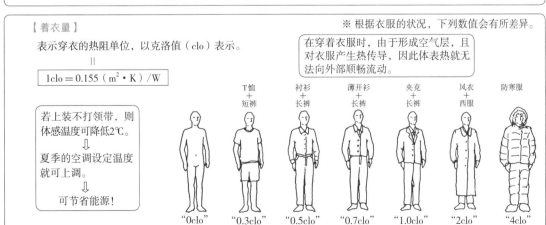

1-2 人体与环境间的热平衡

人体要维持一定的体温，因此“体内产生的热量”与“体外放出的热量”大致会被调节而取得平衡。

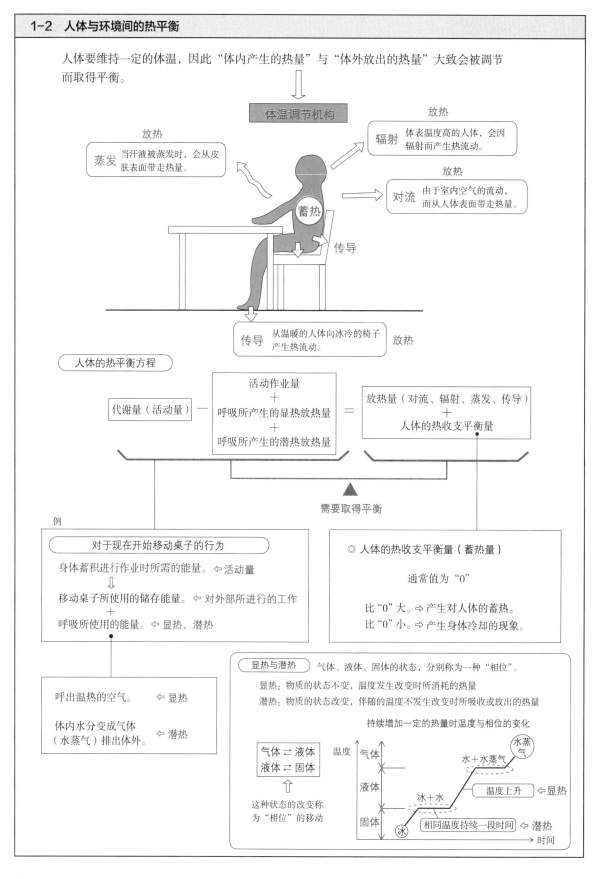

⇩

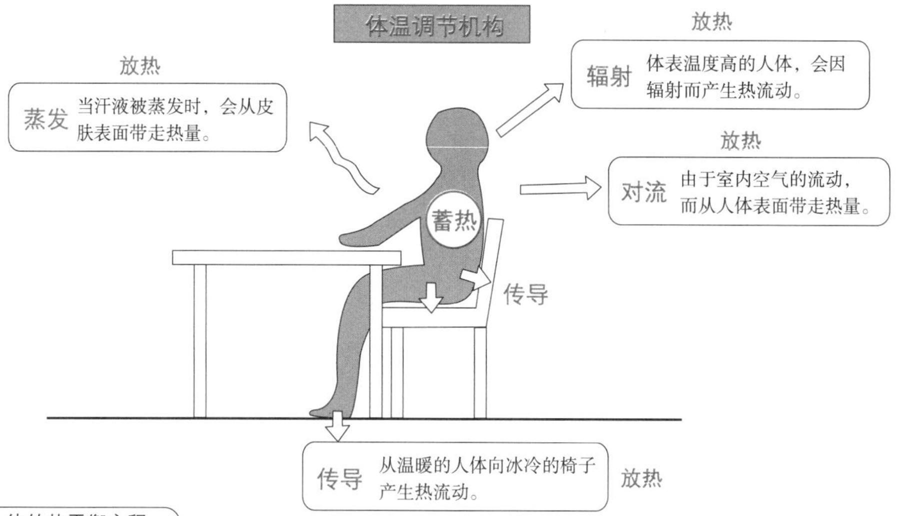

人体的热平衡方程

代谢量（活动量） － [活动作业量 ＋ 呼吸所产生的显热放热量 ＋ 呼吸所产生的潜热放热量] ＝ [放热量（对流、辐射、蒸发、传导） ＋ 人体的热收支平衡量]

▲ 需要取得平衡

例

对于现在开始移动桌子的行为

身体蓄积进行作业时所需的能量。⇦活动量

⇩

移动桌子所使用的储存能量。⇦ 对外部所进行的工作

＋

呼吸所使用的能量。⇦ 显热、潜热

呼出温热的空气。	⇦ 显热
体内水分变成气体（水蒸气）排出体外。	⇦ 潜热

◎ 人体的热收支平衡量（蓄热量）

通常值为“0”

比“0”大。⇨ 产生对人体的蓄热。

比“0”小。⇨ 产生身体冷却的现象。

显热与潜热 气体、液体、固体的状态，分别称为一种“相位”。

显热：物质的状态不变，温度发生改变时所消耗的热量

潜热：物质的状态改变，伴随的温度不发生改变时所吸收或放出的热量

气体 ⇄ 液体
液体 ⇄ 固体

⇧

这种状态的改变称为“相位”的移动

持续增加一定的热量时温度与相位的变化

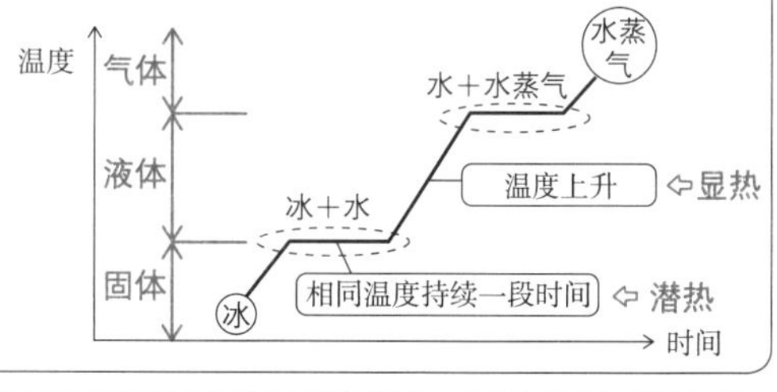

1-3 热环境的量测

热环境（温度、湿度、风速（气流）、辐射等）参数值能用适当地仪器进行量测。

① 温度

温度可使用下列仪器进行量测。

"阿斯曼通风干湿温度计"、自记式温度计、白金测温阻抗仪、热敏电阻测温仪、热电对测温仪等

最基本的量测仪器

② 湿度

湿度可使用下列仪器进行量测。

"阿斯曼通风干湿温度计"、电气式湿度计等

⇩

利用干球温度（＝气温）与湿球温度来计算"相对湿度"（参照P53）

一般所说的"湿度"

相对湿度高的状态⇨湿球温度与干球温度的差：小
相对湿度低的状态⇨湿球温度与干球温度的差：大

阿斯曼通风干湿温度计的构造

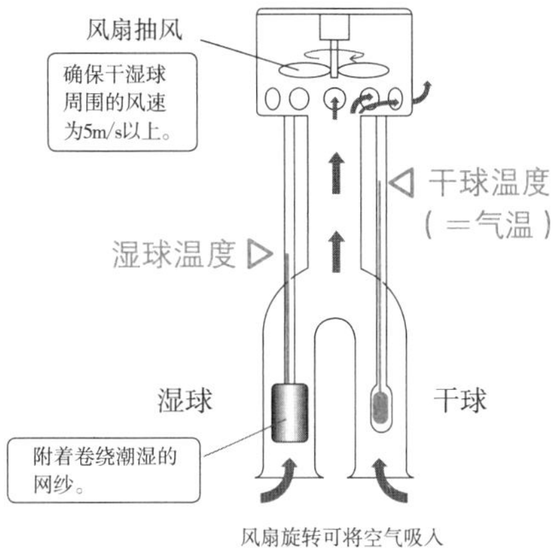

③ 风速

风速可使用下列仪器进行量测。

三杯轮页式风速计、热差式风速计（也被称为热线式风速计）、超声波风速计等

④ 辐射

辐射量测最具代表性被广泛使用的仪器，是"黑球温度计"。

⇩

根据不发热中空铜球的"辐射"与"对流"来量测"平衡温度"。

⇩

依据所量测的气温与风速，来计算"平均辐射温度"。

黑球温度计的构造

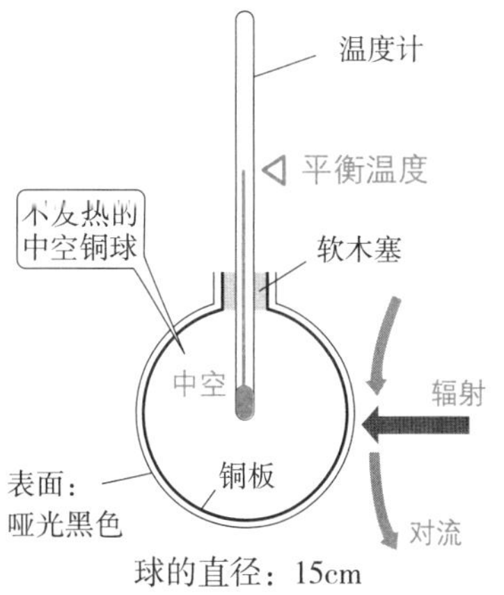

⑤ 其他各种温感量测计量仪器

这些仪器为：黑球温度计、卡达（Kata）冷暖温度计、湿球黑球温度（WBGT）计、舒适温度量测仪、有效温度量测仪、双球双筒式环境量测装置、体感控制传感器、立方体净辐射计等。

⑥ 关于建筑管理法的标准

建筑管理法（关于确保建筑物卫生环境的法律）（参照P89）

通称　　　　　　正式名称

在建筑管理法中，设置了下列的标准。

温　　度：17～28℃
　　※ 房间温度比外气温度低时，差别并不显著。
相对湿度：40%～70%
气　　流：0.5m/s以下

2 温热环境指标

2-1 作用温度

① 平均辐射温度（MRT）（Mean Radiant Temperature）

平均辐射温度（MRT）：将周围墙壁的表面温度平均，以单一温度来表示当时的温度

人和物体被顶棚、墙壁、地板等围合，不同物体藉由辐射获得热量而使表面温度存在差异，因此须取平均值核算。

※ 求解时采用作用温度（参照下一项）。

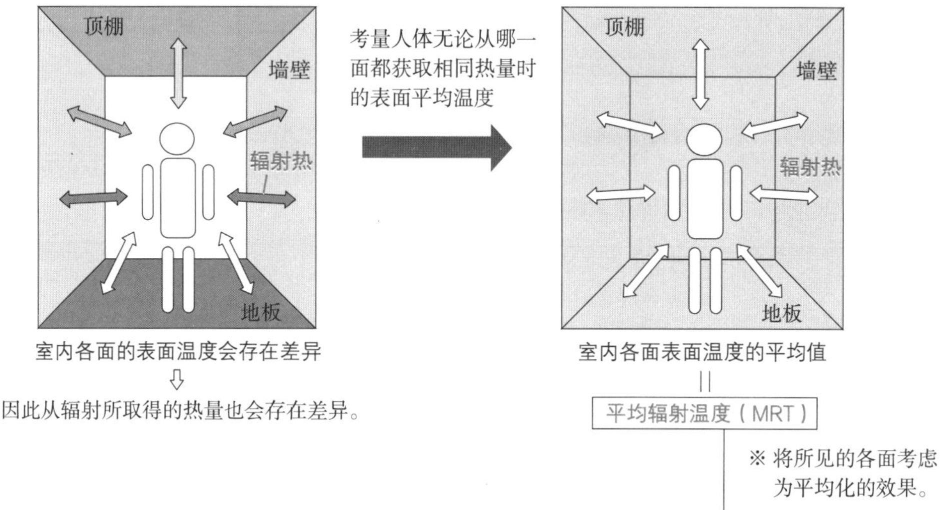
顶棚
墙壁
辐射热
地板
室内各面的表面温度会存在差异
⇩
因此从辐射所取得的热量也会存在差异。
考量人体无论从哪一面都获取相同热量时的表面平均温度
顶棚
墙壁
辐射热
地板
室内各面表面温度的平均值
||
平均辐射温度（MRT）
※ 将所见的各面考虑为平均化的效果。

② 作用温度

作用温度：对于居住者来说，是考量对流与辐射影响的环境温度（≒体感温度）

$$作用温度=\frac{对流换热系数\times 气温+辐射换热系数\times 平均辐射温度}{对流换热系数+辐射换热系数}$$

※ 气温＝空气温度

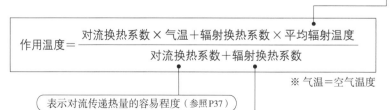

对流换热系数：表示对流传递热量的容易程度（参照P37）

辐射换热系数：表示辐射扩散热量的容易程度（参照P38）

2-2 新有效温度（ET*）

读作：E·T·Star （New Effective Temperature）

新有效温度（ET*）：由温热环境的6要素所计算出的体感温度

> 与具有差异的温热环境进行比较时，须换算成
> · 湿度：50%
> 的环境来进行比较

思考的方法与SET*相同，详情请见SET*（下一项）的说明。

影响温热环境的6要素：

- 环境方面
  - 温度
  - 湿度
  - 气流
  - 辐射
- 人体方面
  - 活动量
  - 着衣量

2-3 标准新有效温度（SET*）

读作：S·E·T·Star （Standard（New）Effective Temperature）

标准新有效温度（SET*）：由温热环境的6要素所计算出的体感温度

> 与具有差异的温热环境进行比较时，其中6要素中的4要素须换算成
> · 湿度：50%
> · 气流：无风（0.1m/s）
> · 着衣量：轻装（0.6clo）
> · 活动量：轻作业（1.0met）
> 的环境来进行比较

※然而，在现在常用的计算机程序中是有些许的改变。

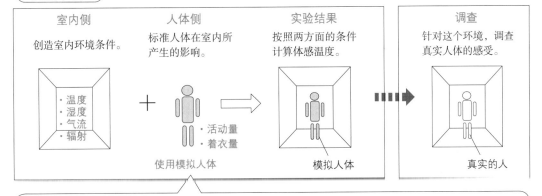

※虽然基本的思考方法与ET*相同，但条件的设置更为细致，更加标准化。

实验的过程

室内侧	人体侧	实验结果	调查
创造室内环境条件。	标准人体在室内所产生的影响。	按照两方面的条件计算体感温度。	针对这个环境，调查真实人体的感受。

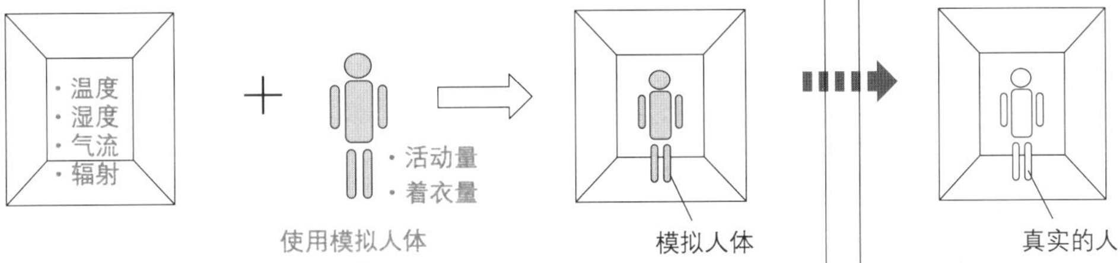

人体模型（体温调节机器人）

※正确地说，是被称作2-Node Model的仿生控制机器人。

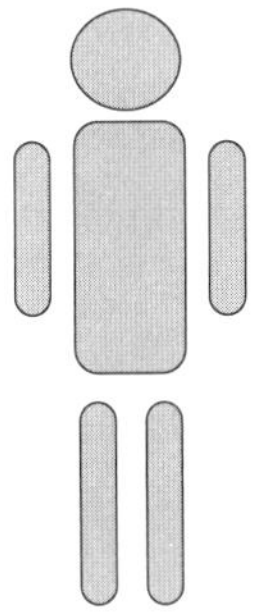

采用可对应室内环境做出体温调整和出汗（水分）等反应，与人体条件相同的人体模型（体温调节机器人）来模拟较易理解。

⇓

由于采用标准的人体条件，就可计算出某环境的体感温度。

人体模型在室内所受影响示例

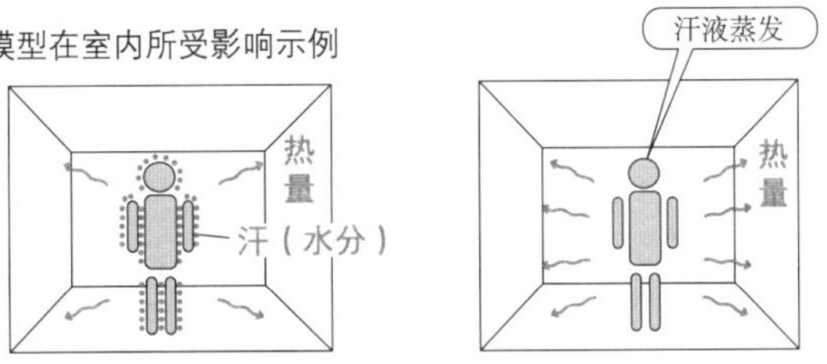

气温、湿度都很高　　　气温高、湿度低

实验条件与其结果——范例

实验开始后，各房间的条件统一
- 相对湿度：50%
- 气　流：无风（0.1 m/s）
- 着衣量：0.6 clo
- 活动量：1.0 met

（实验前的条件不作改变）

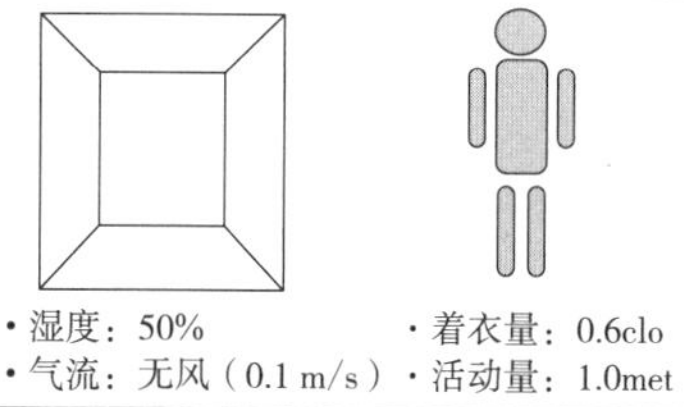

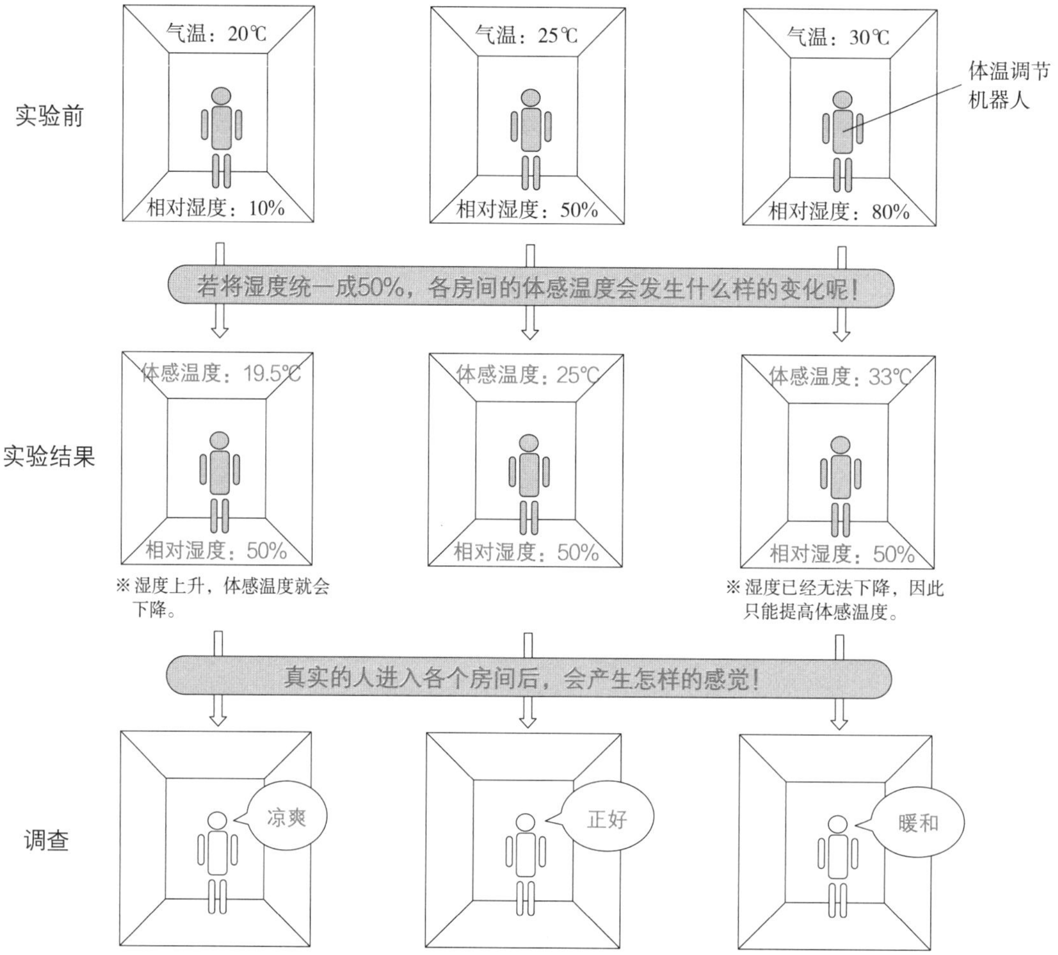

统计多数人回答“寒冷”时的房间温度（℃）。

将结果整理成右表。

※然而，右表结果是以欧美人为对象进行实验的结果，对于日本人，可能会产生少许的感觉差异。

标准新有效温度SET*（℃）	冷热感	舒适感
35～40	非常炎热 炎热	非常不舒适
30～35	温暖	不舒适
20～30	有点温暖 没感觉 有点凉	舒适
15～20	凉	有点不舒适
10～15	寒冷 非常寒冷	不舒适

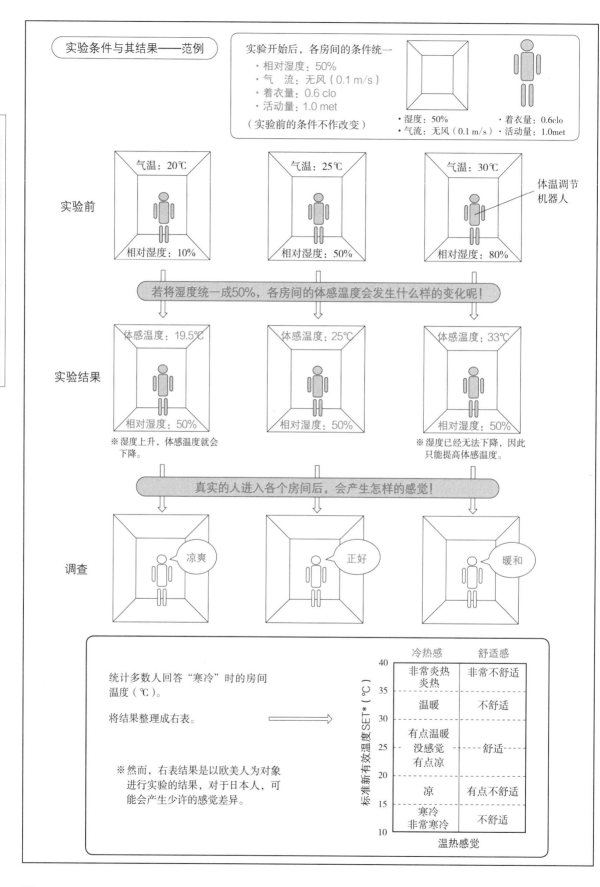

温热感觉

2-4 PMV

PMV：预测平均冷热感（Predicted Mean Vote）

将温热环境的6要素（温度、湿度、气流、辐射、活动量与着衣量）进行计算，以“＋3”到“−3”等7个阶段的数值来表现冷热感。

⇨ 与表示（体感）温度的SET*不同，其中包括以数值来表示对温热环境的评价。

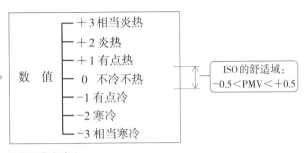

将6要素代入PMV的计算公式 ⇨ 数 值
- ＋3 相当炎热
- ＋2 炎热
- ＋1 有点热
- 0 不冷不热
- −1 有点冷
- −2 寒冷
- −3 相当寒冷

ISO的舒适域：−0.5＜PMV＜＋0.5

PPD：预测感到不满意的人的比例（预测不满意率）

※ PPD能够根据PMV的函数来求解。

当PMV＝0时，PPD：最少为5%
PMV＝＋3或PMV＝−3时，PPD：99%

即使PMV＝0，也不会使所有人都感到满意，仍会有5%的人感到不满意。

ISO（国际标准化机构）以下列数值作为推荐范围。
−0.5＜PMV＜＋0.5 ⇦ 舒适域
PDD＜10%

※JIS为日本工业规格

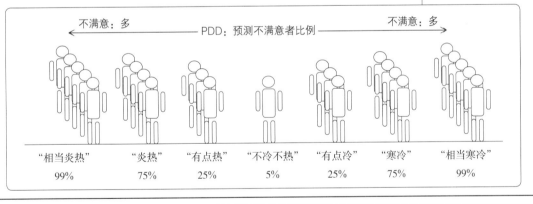

不满意：多 ← PDD：预测不满意者比例 → 不满意：多

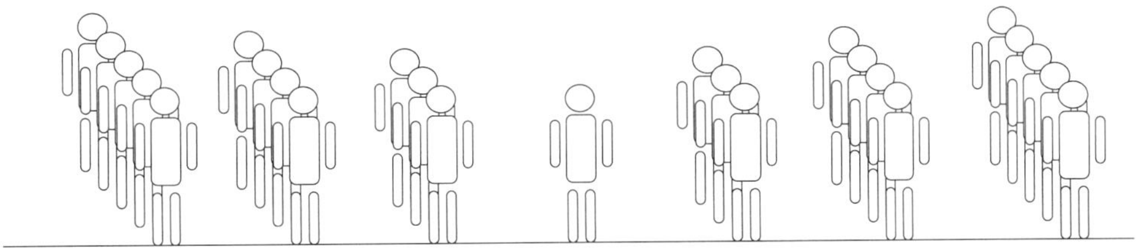

“相当炎热”	“炎热”	“有点热”	“不冷不热”	“有点冷”	“寒冷”	“相当寒冷”
99%	75%	25%	5%	25%	75%	99%

夏天与冬天的舒适范围是不同的！

- 由于不同季节服装会改变。
- 人在某种程度，身体会适应对季节所产生的变化。

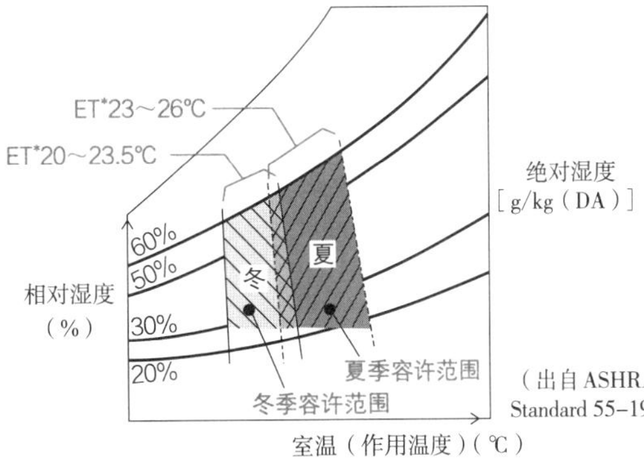

（出自ASHRAE Standard 55-1992）

2-5 局部不适感

全身冷热感处于舒适状态，会由于局部温度、辐射等不同而产生不适感的状况。

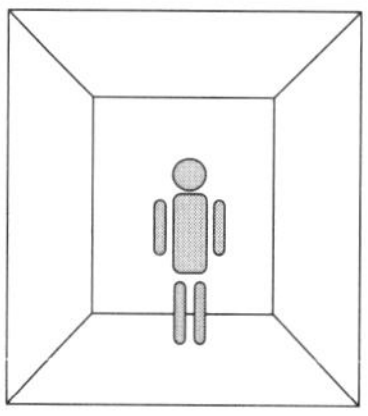

舒适

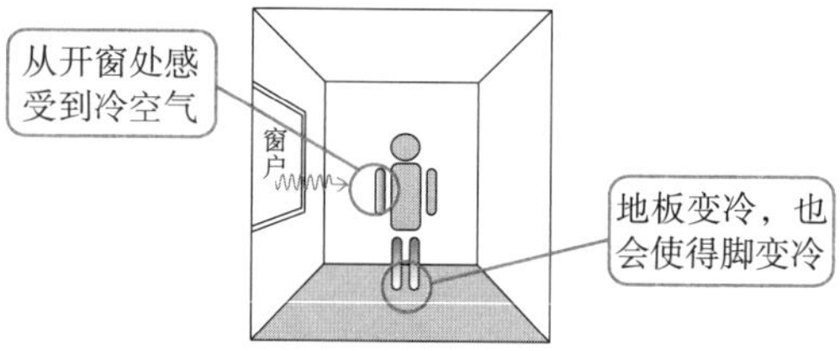

同样的温热环境也会产生不适感。

在现实中，要形成均匀的辐射是困难的！

不均匀辐射的标准（ISO7730）

◎ 顶棚

顶棚：最高可+5℃
（相较室内的温度）

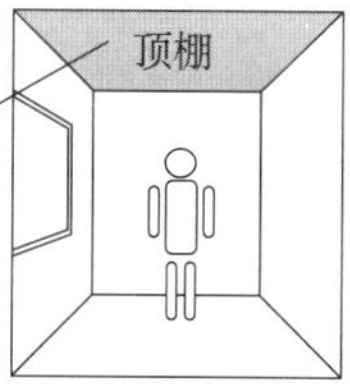

当辐射采暖的顶棚埋设暖气片时

⇩

相较室内温度，顶棚的温度最高可为+5℃。

◎ 墙壁、窗户

窗户：最低−10℃
（相较室内的温度）

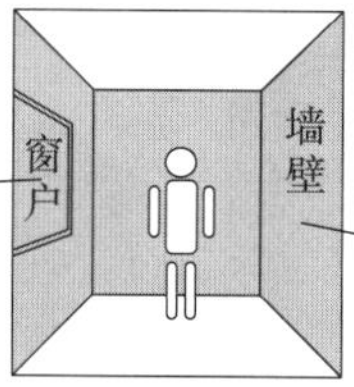

墙壁：最低−10℃
（相较室内的温度）

墙壁和窗户受到外气影响，温度较低。

⇩

相较室内温度，墙壁和窗户的温度最低可为−10℃。

其他的标准

◎ 室内的高低温度分布

供暖时，容易产生高低温差。
楼板为铺面地板时，特别会使得脚感到冰冷。

⇩

对应地板以上0.3 m（脚踝）的温度，地板以上1.1 m（头）处的温度须设定在+3℃以内。

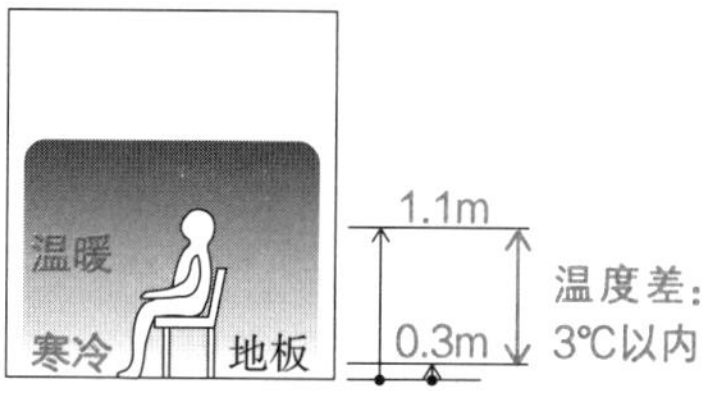

◎ 地板温度

地板的表面温度：19～29℃
（穿鞋坐在椅子上的状态）

⇩

在日本是席地而坐的，须注意地板的表面温度要比体温高，以避免造成低温冻伤的危险。

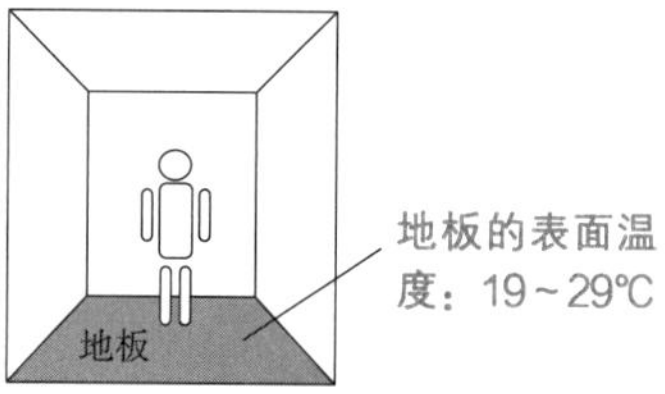

其他的不适感

◎ 风击流

由于局部的气流而产生不适感。

※ 需要评价室内扩散性能指数。

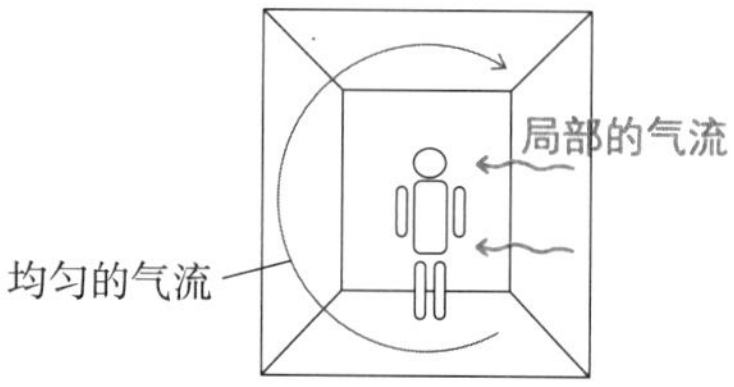

5 太阳与日射

1 日照的必要性

日照对于生活所产生的影响

- 可让室内明亮。
- 使衣服和被毯等干燥卫生。
- 使树木等吸收二氧化碳，让空气变得清洁。 等等

→ 在生活方面和精神方面均会产生良好的影响。

2 太阳位置

根据季节和周围环境的不同，场地的日照时间（参照P72）会有所差异。

季节产生的影响

夏季：日照时间长
冬季：日照时间短

↓

根据太阳位置和行进路径的不同，日照时间也会有所差异。

周边建筑产生的影响

若南侧有较高的建筑物，则日照时间会减少。

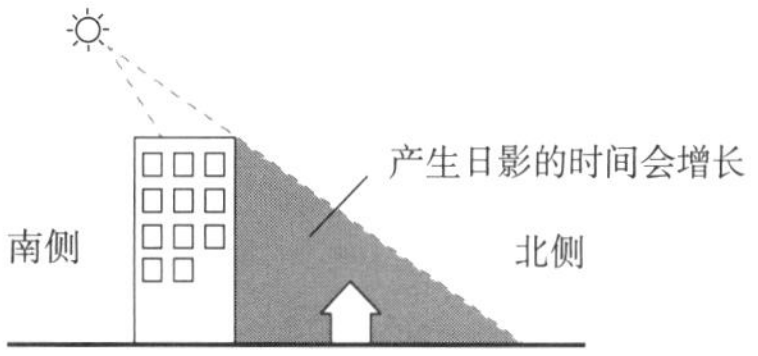

↓

建筑标准法规定，当建筑物旁新设建筑，为了使新建筑物不受周边建筑物长时间日影遮蔽影响，而制定“日影限定”（对日影时间的限制）（参照P75）。

↓

求日影形成时间，需要核算太阳的位置！

※ 角度用○度○分○秒（○° ○′ ○″）来表示。
1度＝60分，0.1度＝6分
（0.1度不是1分！）

2-1 太阳运动与南中天高度

太阳运动会因季节而有所差异。

↓

由于自转轴相对公转轴倾斜23° 27′。

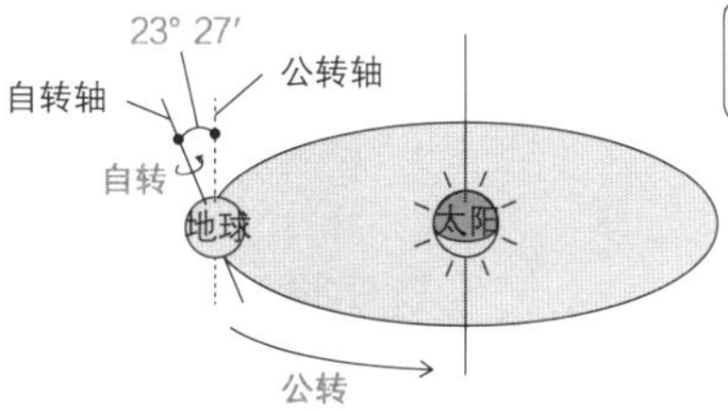

以太阳为中心的地球运动

转换来思考 →

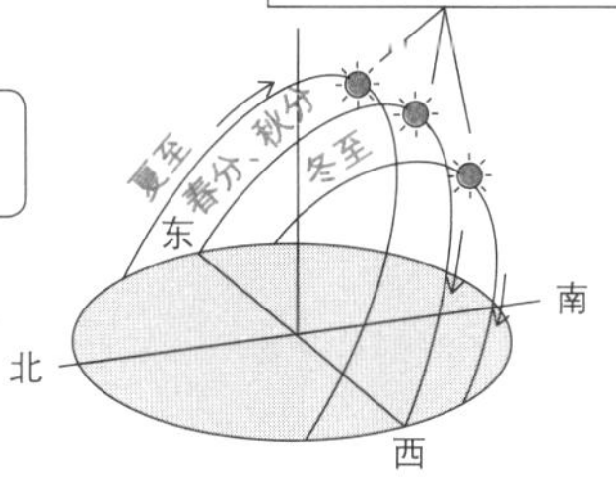

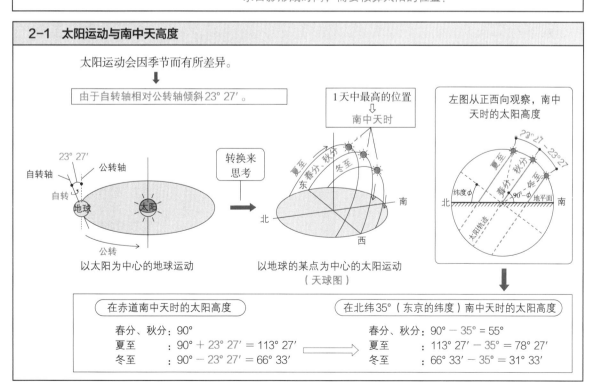

以地球的某点为中心的太阳运动
（天球图）

左图从正西向观察，南中天时的太阳高度

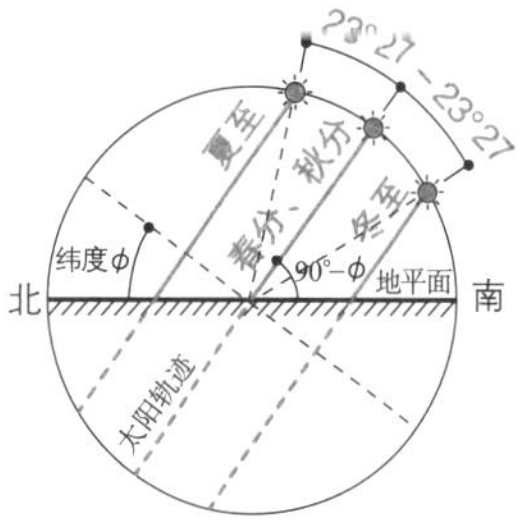

↓

在赤道南中天时的太阳高度			在北纬35°（东京的纬度）南中天时的太阳高度	
春分、秋分	：90°		春分、秋分	：90° − 35° = 55°
夏至	：90° ＋ 23° 27′ ＝ 113° 27′	⇒	夏至	：113° 27′ − 35° ＝ 78° 27′
冬至	：90° − 23° 27′ ＝ 66° 33′		冬至	：66° 33′ − 35° ＝ 31° 33′

2-2 太阳位置

太阳位置可用太阳方位角与太阳高度角来表示。

太阳高度角（h）：地平线与太阳投射光线所形成的仰视夹角。

太阳方位角（α）：从正南向所见太阳投射光线的水平投影方向的角度。

- 东侧为正值“＋”
- 西侧为负值“－”

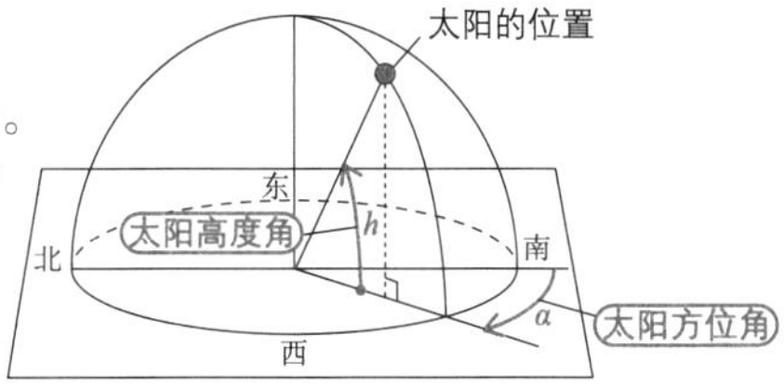

太阳方位角

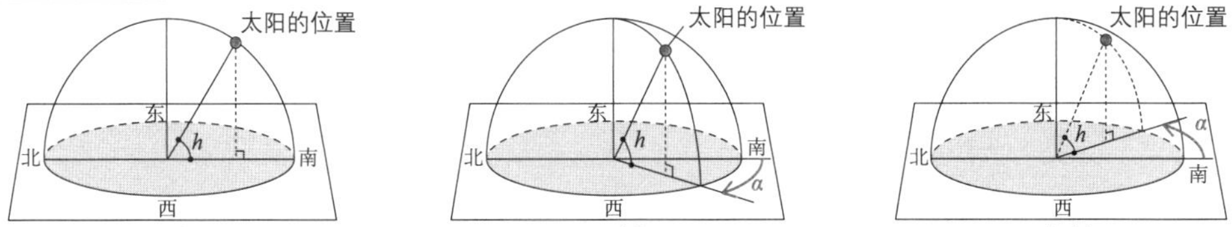

正南 太阳方位角：0°

西侧 太阳方位角（α）：正值“＋”

东侧 太阳方位角（α）：负值“－”

2-3 太阳位置图

太阳位置图：在天球上太阳轨迹与平面的投影图

※ 采用真太阳时，不管在哪个季节，12点太阳的位置都在正南方。

真太阳时：
将某地点的南中天时设定为正午，到次日南中天时，这24小时所表示的时间

北纬35° 的太阳位置图

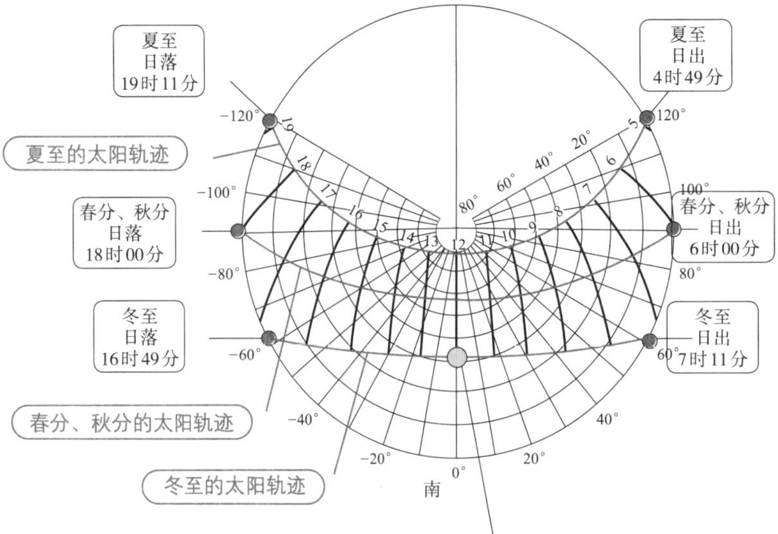

此时状况点的太阳位置

冬至
12时00分
太阳高度角：32°
太阳方位角：0°

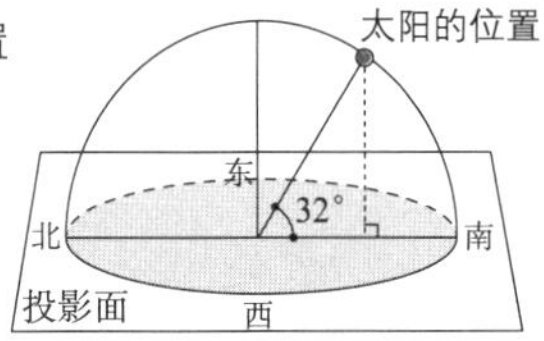

读图的方法

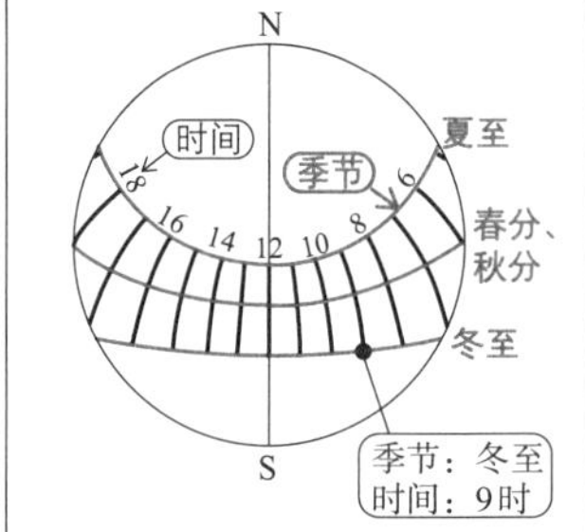

季节与时间的表示

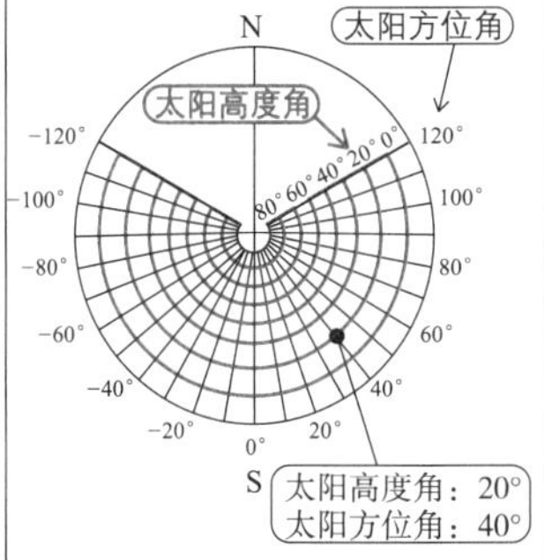

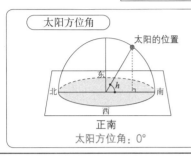

太阳高度角与太阳方位角的表示

2-4 太阳位置的求解方法

太阳位置按下列的①～④内容来计算求解。（计算过程省略）

① 日赤纬

日赤纬：太阳在天球上的纬度

※ 日赤纬为太阳运行一年所产生的连续变化。

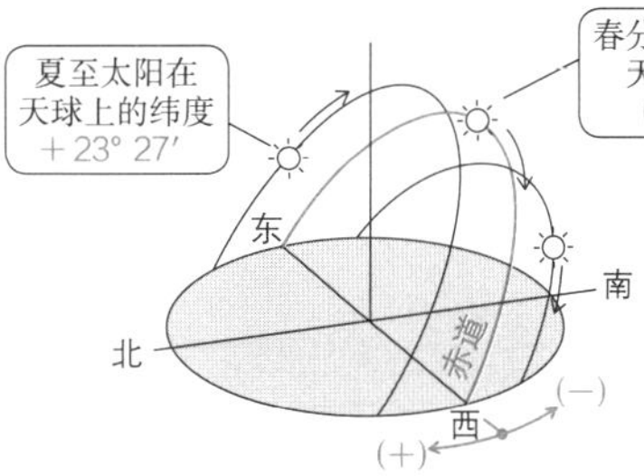

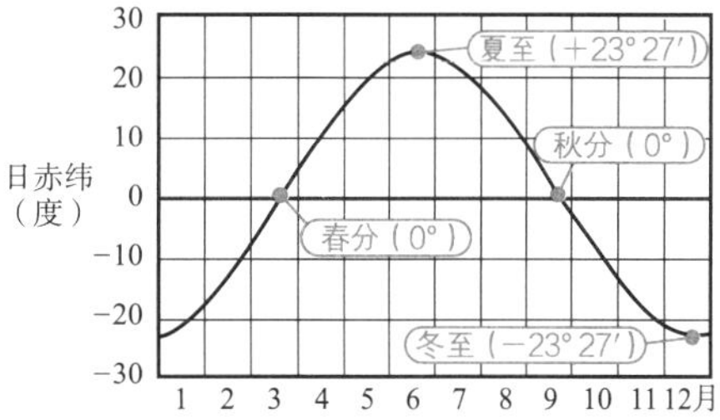

② 时角

时角：以15°作为1h，将时间进行角度换算所得的角度值

※ 时角的计算采用真太阳时。

⇧

不是中央标准时间！

360（°）/ 24（h）= 15（°/h）

※ ⇨因为以24h为一周（360°），所以1h为15°！

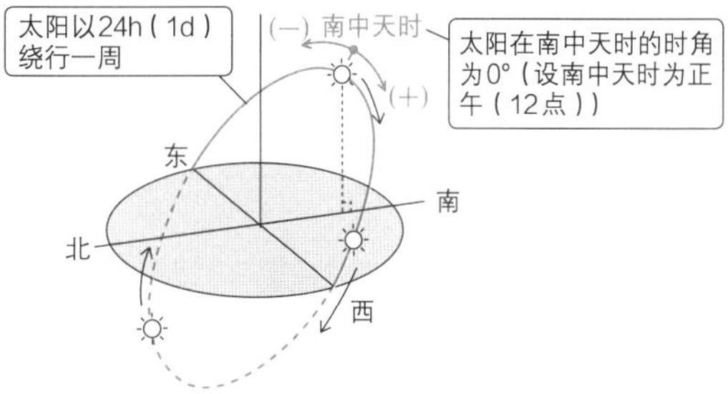

③ 平均太阳时

真太阳时（参照前页）的1天时间长短，会根据季节而有所差异。

时间长短差异的原因：
- 地球的公转轨道为椭圆形。
- 地球的自转轴与公转轨道所交并非直角。

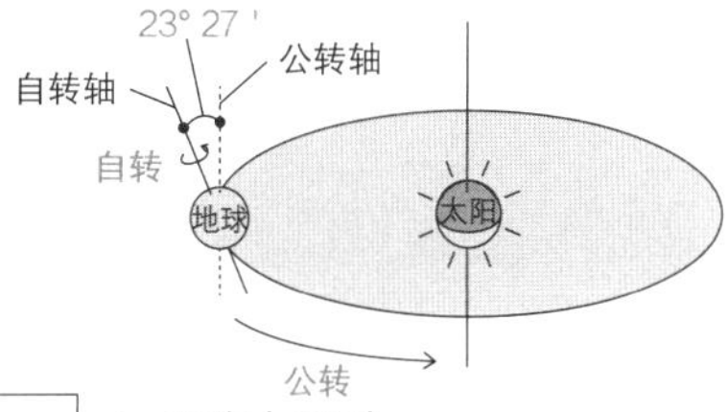

将一年时间平均，使一天的长度均等，以它的1/24定义为1小时。⇦ 平均太阳时

⇩

日本的平均太阳时：以东经135度（明石市）作为标准。⇦以此作为日本的中央标准时间。
因此，要求解东经135度以外地区的平均太阳时，就需要进行修正。

将该地点的东经设为L

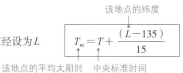

$$T_m = T + \frac{(L-135)}{15}$$

该地点的纬度（指 L）；该地点的平均太阳时（指 T_m）；中央标准时间（指 T）

每当考量建筑物实际的日射时，用真太阳时来考虑问题是较少的，事实上常使用此公式。

④ 均时差

均时差：真太阳时与平均太阳时的时差

$$T = T_m + \frac{e}{60（分）}$$

这天的均时差（指 e）；此地点的真太阳时（指 T）；此地点的平均太阳时（指 T_m）

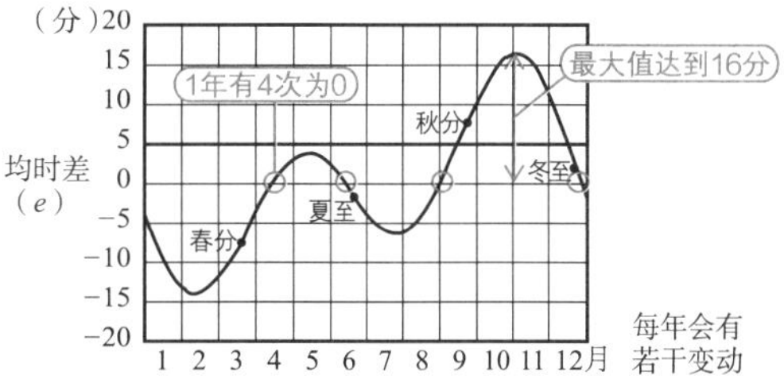

3 日照

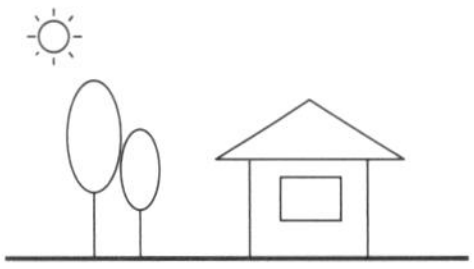

日照：直接获得太阳光的现象。

为了塑造人们舒适且健康的生活，日照是不可或缺的。

➩ 太阳辐射从光的方面来考虑时称作“日照”，从热的方面来考虑时则称为“日射”。

3-1 可照时间与日照时间

可照时间：从日出到日落的时间（理论值） —— 会因纬度与季节而有所差异。

日照时间：除去周围建筑物等受到日照遮避（日影影响）时间后的时间

$$日照率=\frac{日照时间}{可照时间}\times 100\ (\%)$$

事实上，日照时间会受到当日天气状况的影响，但这里所谓的日照时间，则被认为不受天气状况影响。

4 日影

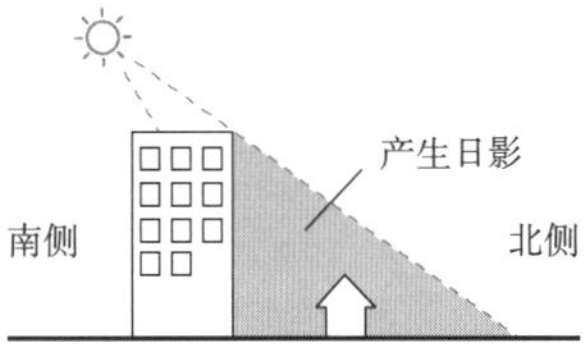

构建建筑物时，应针对北侧日影的遮蔽情况进行调查，不允许设置在会对周围生活产生影响的限制范围内。

建物的日影检讨，以冬至日作为标准！ —— 因为冬至时日影最长

4-1 日影曲线

针对建物周边（北侧）成影的评断，可利用日影曲线。

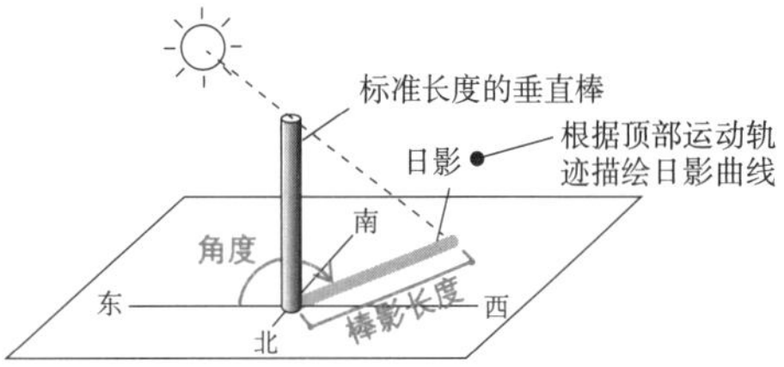

日影曲线：在地上竖立垂直棒（标准长度的垂直棒）所形成的日影轨迹线，可表示每个时间日影的角度和长度。

可以采用日影曲线图，绘制每个季节的日影图（参照次页）。

现在，常使用CAD等软件绘制日影图，求出日影时间。

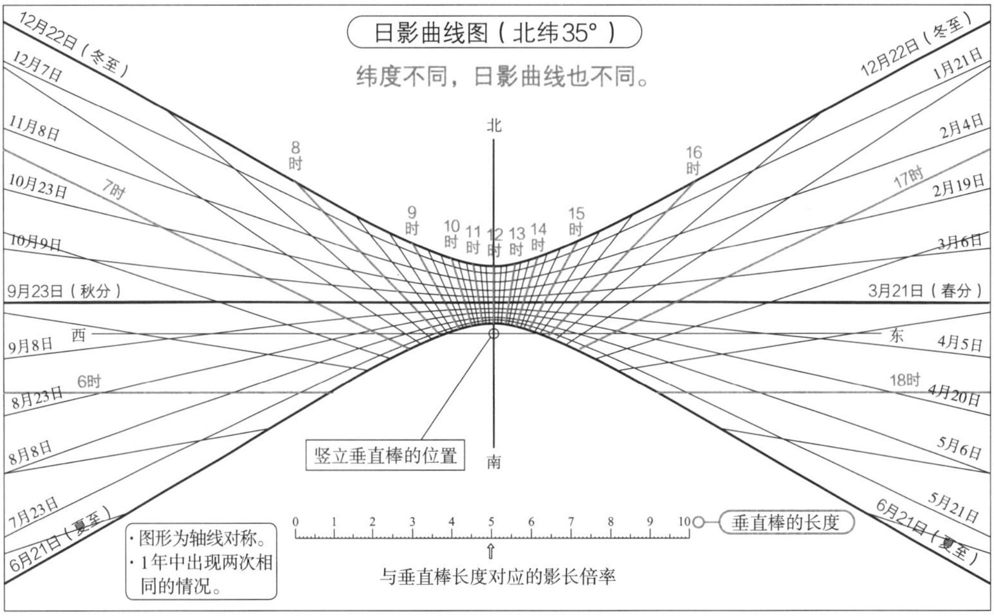

4-2 日影图与日影时间图

绘制每间隔1小时的日影图，以确认若干时间所产生日影的范围。

描绘每间隔1小时的日影图。

⇩

描绘每间隔1小时的日影图的等时日影线。

⇩

求出所形成的日影邻接时间带与范围。

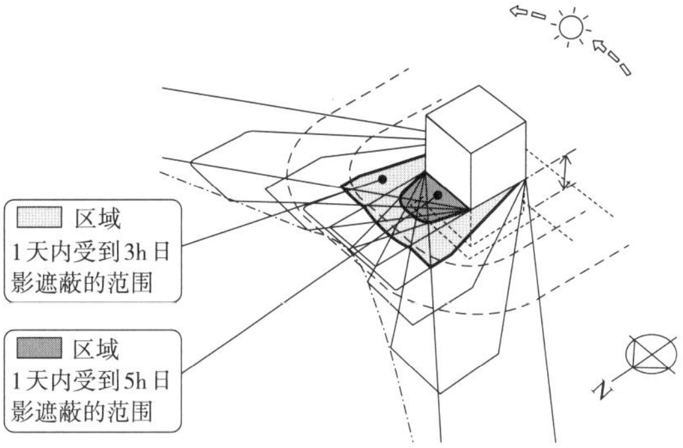

每间隔1h的日影图

所示为每个小时所产生的日影范围。

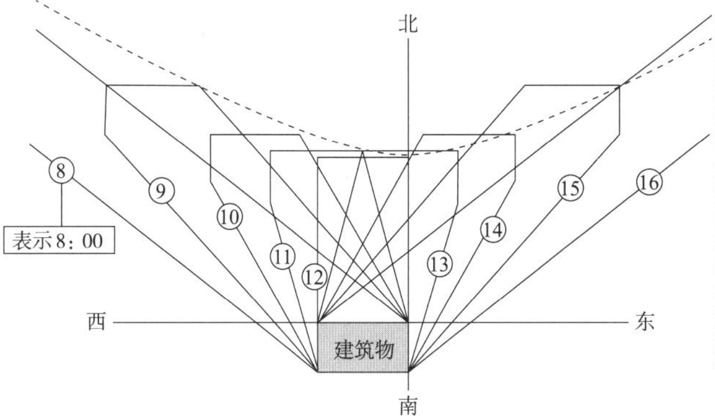

例：9点时产生的日影范围

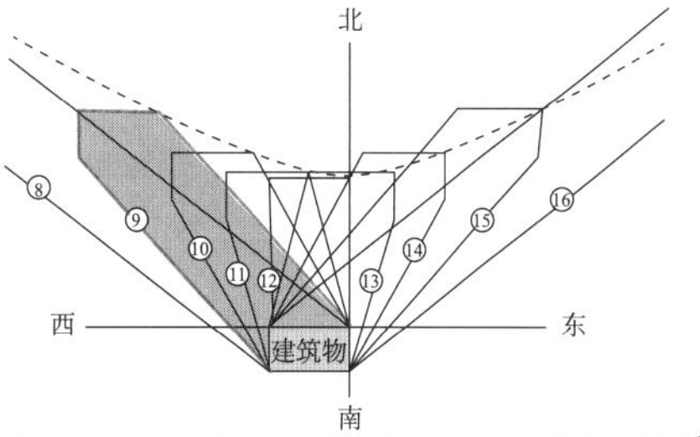

日影时间图

表示建筑物北侧产生的日影时间与范围。

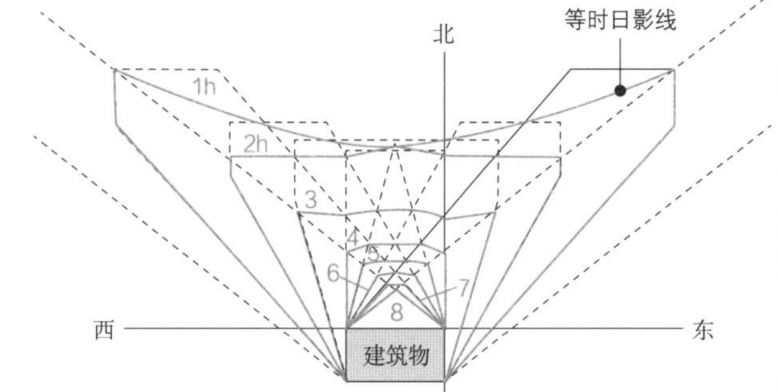

将每个时间以颜色区分就可得到下图。

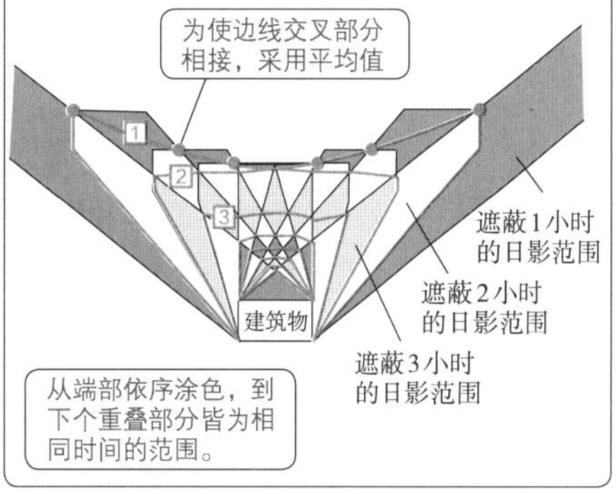

（问 题）太阳的位置为高度角60°、方位角30°时，求垂直竖立长度为1m棒的影长。

$$\frac{\text{棒的长度（m）}}{\text{影的长度（}L\text{）}} = \tan 60° \quad ※\ \tan 60° = \sqrt{3}$$

$$L = 1 \times \frac{1}{\tan 60°} = \frac{1}{\sqrt{3}} \approx \frac{1}{1.73} \approx 0.58$$

因此，影长为 0.58 m

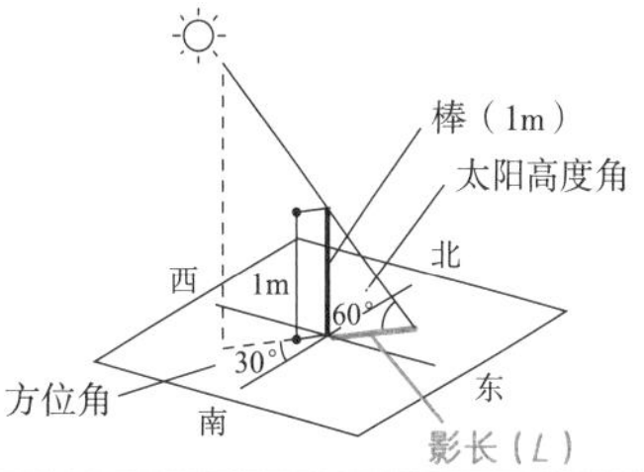

4-3 终日日影与永久日影

① 终日日影

终日日影：1天当中，所形成的日影重叠部分

※ 季节会使得重叠有所差异。

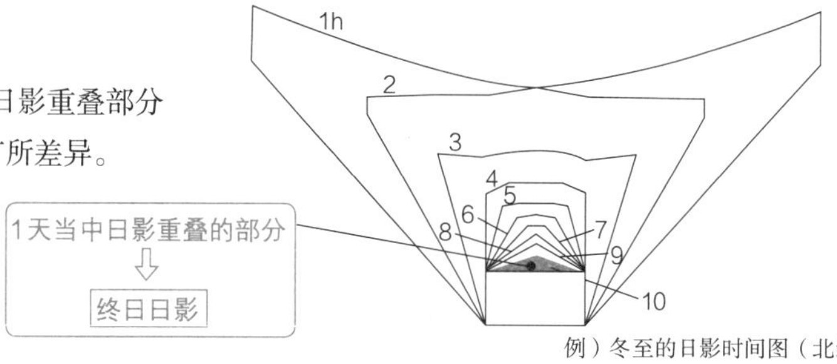

例）冬至的日影时间图（北纬35°）

② 永久日影

永久日影：1年当中，所形成的日影重叠部分

会因建筑凹凸、形状和角度，而产生永久日影的重叠不同。

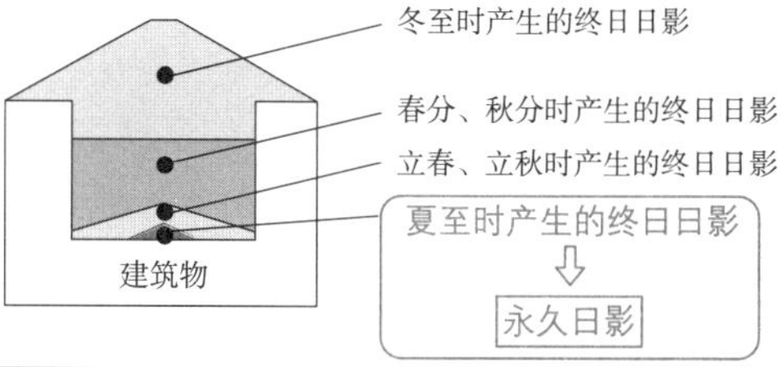

不会产生永久日影的案例

右图的建筑物，由于下列的原因，不会产生永久日影。

· 夏至的太阳高度角很高。

· 夏至时建筑物的北侧会有日照。

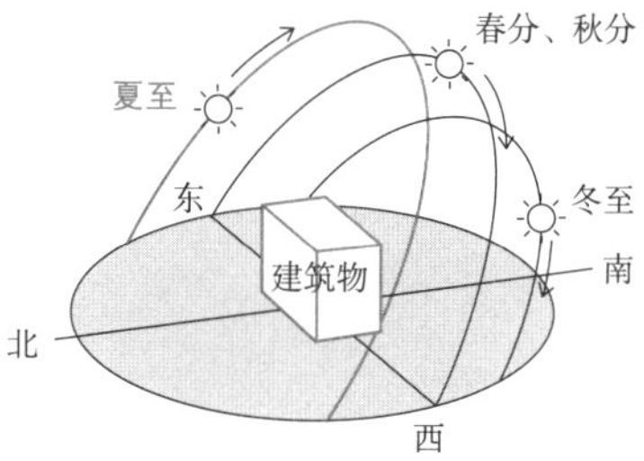

4-4 建筑物设置对日影的影响

建物相互邻接时，由于二者日影会产生重叠而形成宽范围的重叠日影，因此尽量与邻近的建筑保证间距。

南北建筑物相邻接的状况

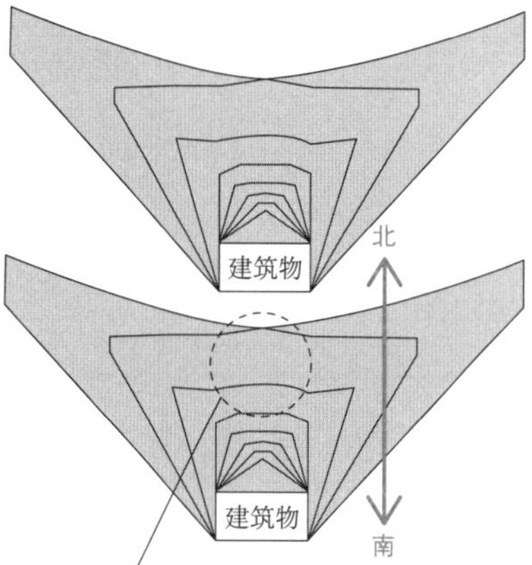

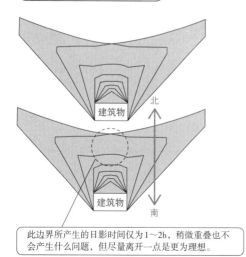

此边界所产生的日影时间仅为1～2h，稍微重叠也不会产生什么问题，但尽量离开一点是更为理想。

⇩

纬度越高，南北间距就需要设置得越大！

东西建筑物相邻接的状况

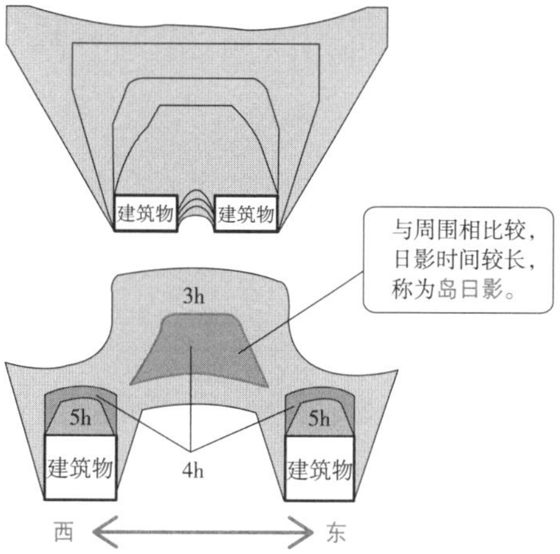

即使建筑物间隔相当的距离，仍会产生日影时间长的现象。

4-5 建筑标准法中的日影规定【法 56 第 2 条】

建筑标准法中规定，在每个用地分区内建造一定规模以上的建筑物时，须限定所产生的日影范围与日影时间。

※・建筑标准法中的日影时间，是由冬至日所求得的。
・日影的范围，并非由场地范围所决定，而是由在用地上的使用范围所决定。

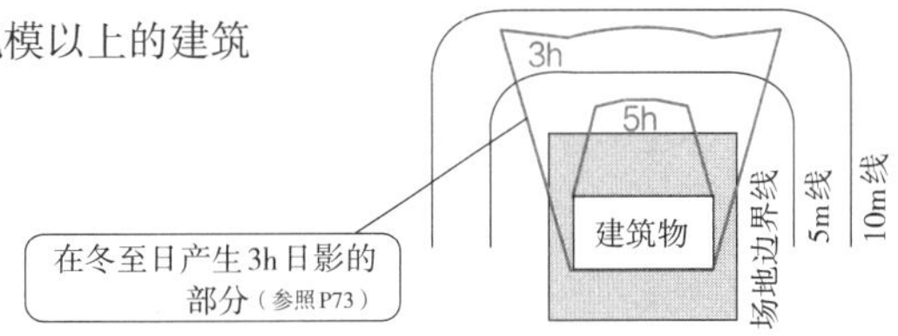

用地分区	建筑物的限制	离平均高度的场地面高（设定面）	规定的日影时间		
				距场地边界线的水平距离（l）	
				5m < l ≤ 10m	10m < l
第一种、第二种低层居住用地	檐口高度>7m 或 楼层数≥3（除去地下室）	1.5m	（1）	3（2）	2（1.5）
			（2）	4（3）	2.5（2）
			（3）	5（4）	3（2.5）
第一种、第二种中高层居住用地	建筑物高度>10m	4m 或 6.5m	（1）	3（2）	2（1.5）
			（2）	4（3）	2.5（2）
			（3）	5（4）	3（2.5）
第一种、第二种居住用地、准居住用地、邻近商业用地、准工业用地	建筑物高度>10m	4m 或 6.5m	（1）	4（3）	2.5（2）
			（2）	5（4）	3（2.5）
未指定用途的用地	檐口高度>7m 或 楼层数≥3（除去地下室）	1.5m	（1）	3（2）	2（1.5）
			（2）	4（3）	2.5（2）
			（3）	5（4）	3（2.5）
	建筑物高度>10m	4m	（1）	3（2）	2（1.5）
			（2）	4（3）	2.5（2）
			（3）	5（4）	3（2.5）

※ 表中（1）～（3）的任一项，为地方公共团体指定条例。

（单位〔时间〕）

（ ）表示北海道时间

限定日影时间的范围与设定面

a. 第一种、第二种居住用地的情况

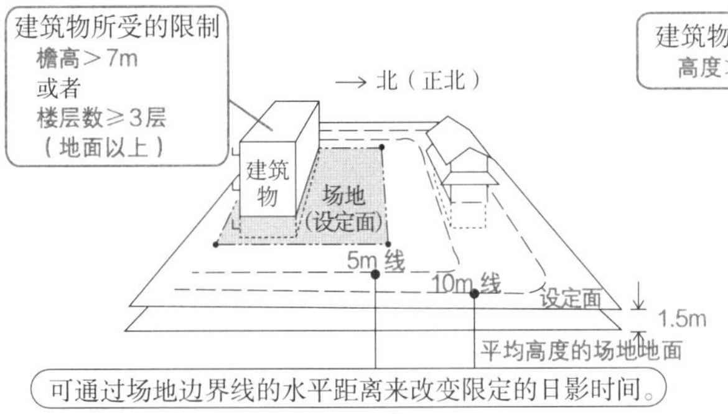

b. 其他用地（无指定用途的场地）

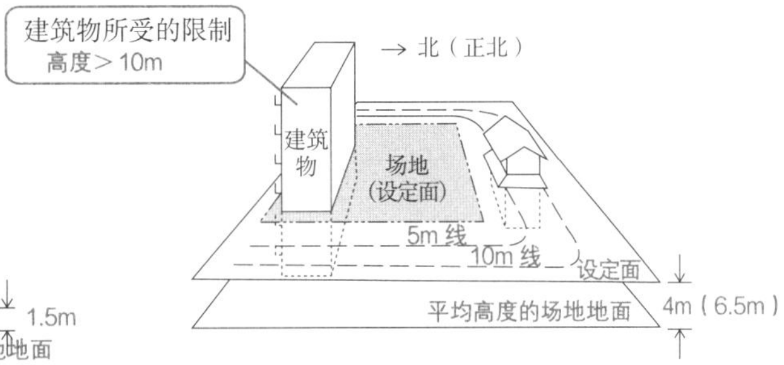

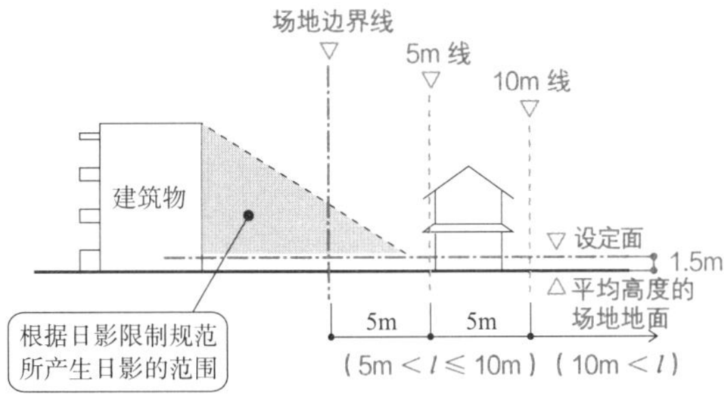

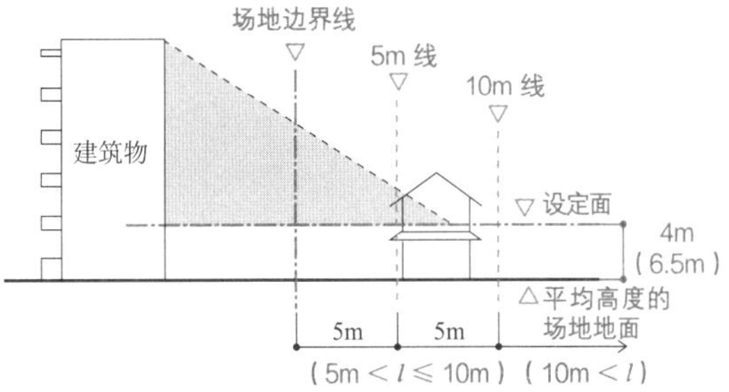

5 日射

5-1 从太阳辐射的热能

从太阳辐射的热能（日射），可透过地表面覆盖的大气而产生散射、吸收，并传达到地表。

① 太阳辐射的热能

太阳常数（J_0）：在大气圈外与太阳射线的直交面上，单位面积所受到的太阳辐射热能（日射）强度。

※ 大气圈内的太阳辐射会被散射与吸收，因此以大气圈外的状况来考量。

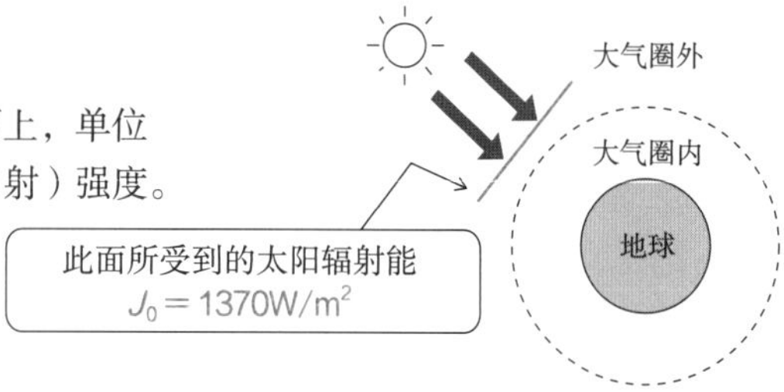

② 地表所观测的日射量

从太阳辐射的热能，在进入大气圈内（空气层）时会被大气中的水蒸气、灰尘等散射与吸收，最后到达地球表面的量会比太阳常数为小。

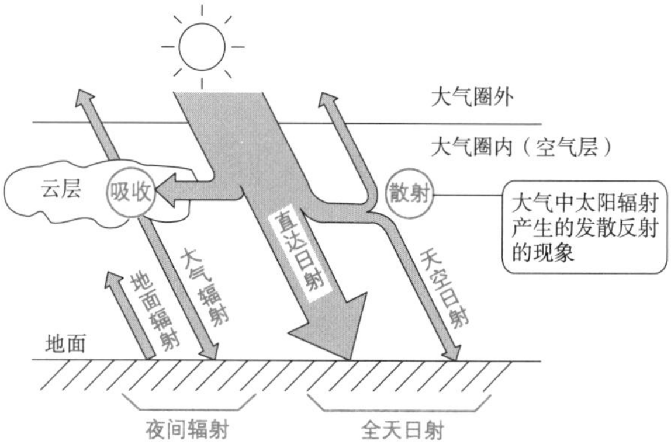

全天日射量＝直达日射量＋天空日射量

直达日射：从太阳辐射热能中，除去散射与被吸收的部分，直接传达到地球表面的热能

天空日射：从太阳辐射的热能，被大气中的空气分子、云层粒子等散射后传达到地球表面的热能

阴天时传达到地球表面的日射为天空日射

有效辐射量（夜间辐射量）＝地面辐射量－大气辐射量

大气辐射：大气中的水蒸气、二氧化碳、灰尘、云等辐射热能，会转变成大气辐射（红外线）而传达到地表。白天夜晚皆有。

地面辐射：与天空相对应，地面的温度也会以辐射热能（红外线）的形式放出。白天夜晚皆有。

到达地面的直达日射量可根据布及尔（Bouguer）公式计算出数值，天空日射量则常用贝尔拉盖（Berlage）公式计算。

③ 大气透过率

大气透过率：表示太阳辐射能透过大气透明度的比率

- 透过率变高 → 直达日射变强。→ 天空日射变弱。
- 所含水蒸气增多，大气透过率会降低。

透过率：夏季 < 冬季

由于冬天的空气较为干燥

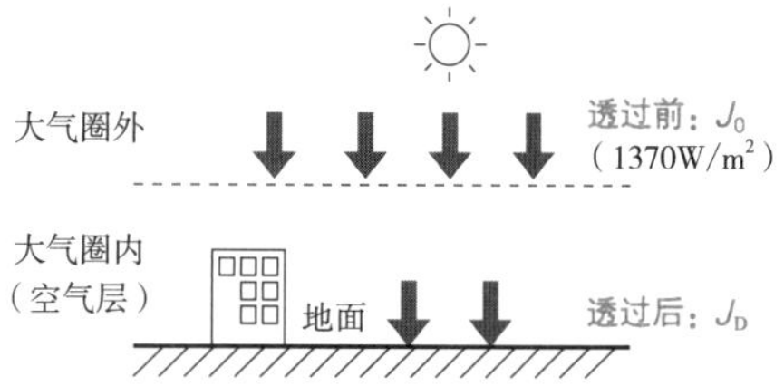

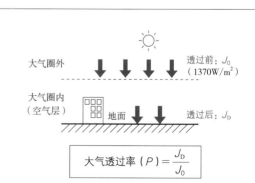

$$\text{大气透过率}(P) = \frac{J_D}{J_0}$$

5-2 接受从太阳辐射所产生热能

① 不同角度的日射受热量比较

对于日射受热面，越接近直射，单位面积日射受热量越多。

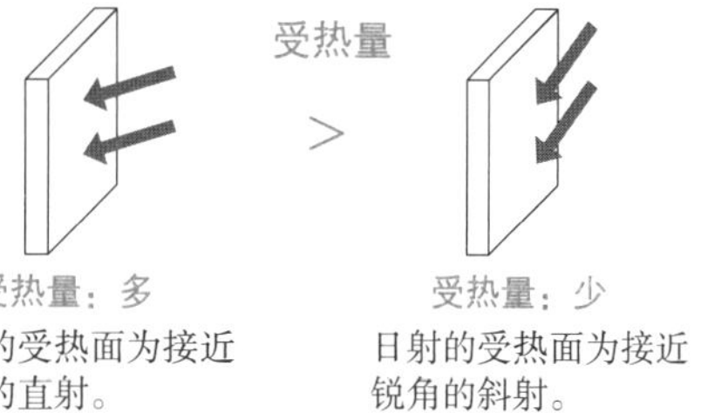

② 方位影响日射受热量的特性

建筑物和地面受日射影响所产生的单位面积受热量，会因为方位和季节而有所差异。

夏至：南面的日射量约为东西面的1/2

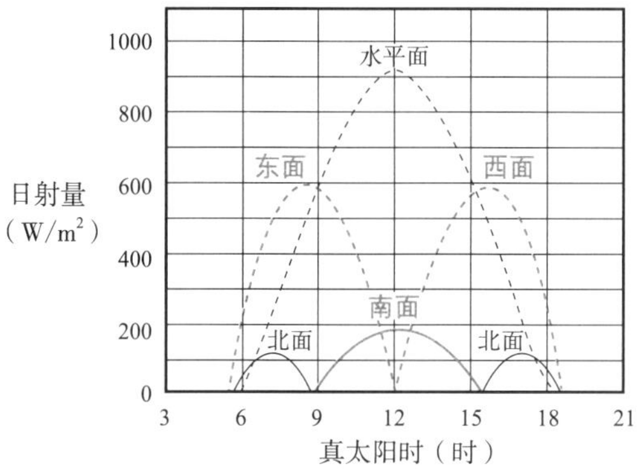

夏至时建筑物各面的直达日射量（北纬35°）

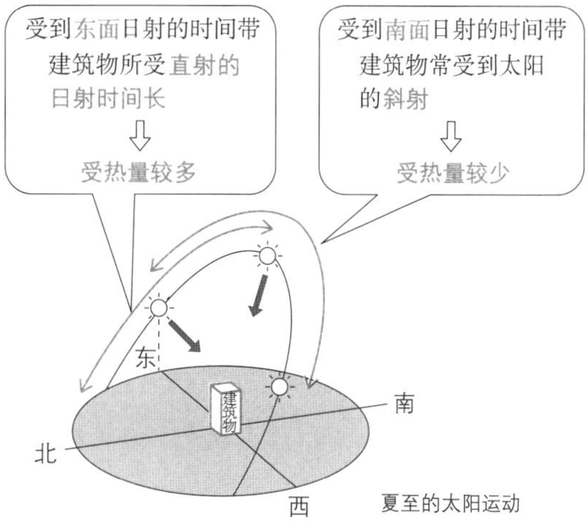

夏至的太阳运动

若东西面有窗，则制冷负荷会变大！

⇩

窗户应避开东西面，尽可能开在南面。

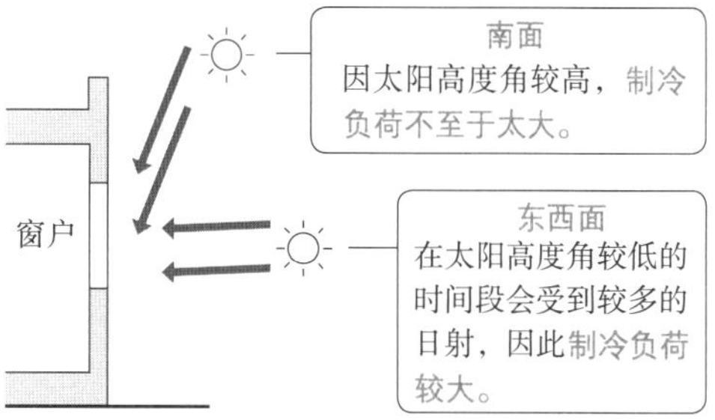

冬至：南面的日射量较水平面为多。

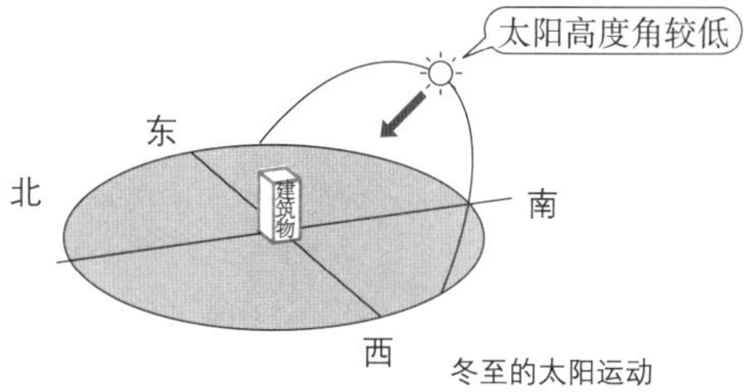

冬至的太阳运动

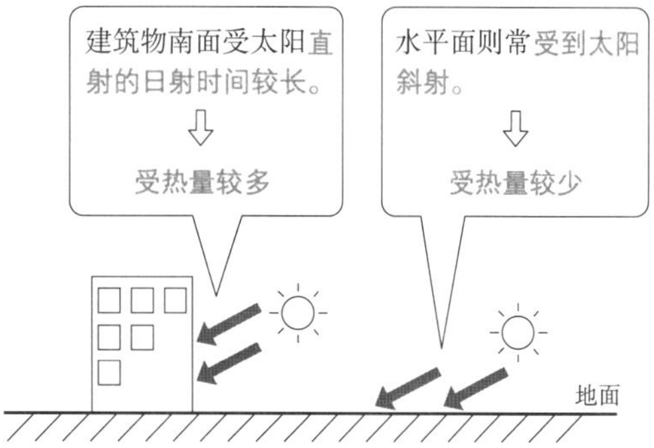

③ 季节影响日射受热量的特性

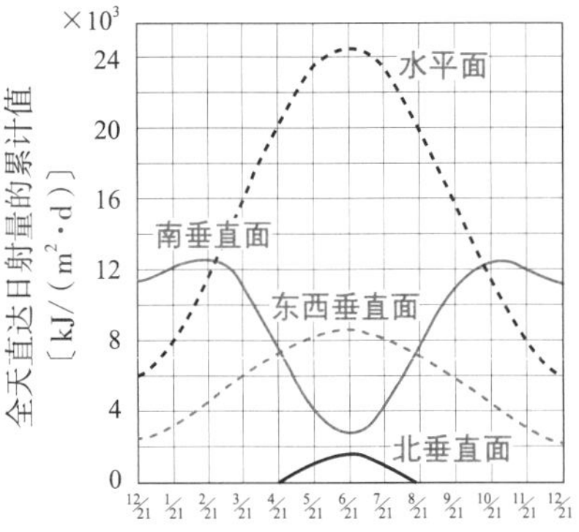

建筑物各面的终日日射量（北纬35°）

◎ 南垂直面夏季与冬季所受到的日射量

冬季：日射量较多。
夏季：日射量较少。

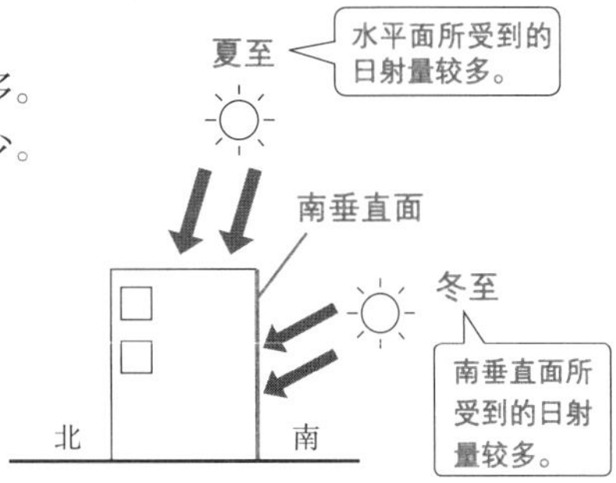

对于日本的气候，南面开窗为较佳的方法！

5-3 日射的调节与利用

① 日射调节

为了营造舒适的生活，对于建筑物日射，最理想的处理方式是进行夏季遮挡、冬季导引利用的调节。

利用树木调节

在建筑物南侧种植落叶树，夏季时树叶遮挡日射，冬季时树叶掉落，日射从树枝间射入。

※ 夏季时太阳的高度角较高，即使没有树木，只要在窗户上设置较小的水平遮阳即能达到日射遮挡。

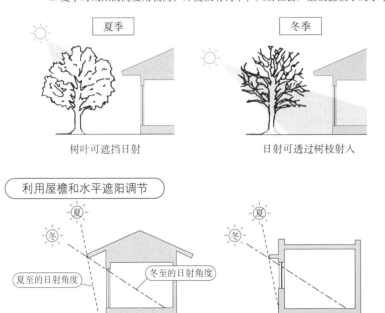

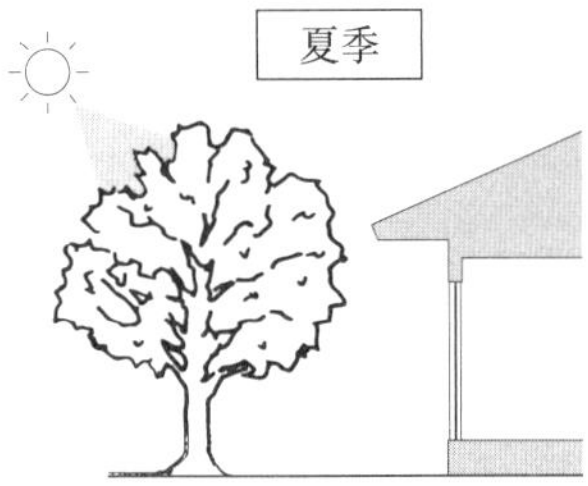

树叶可遮挡日射

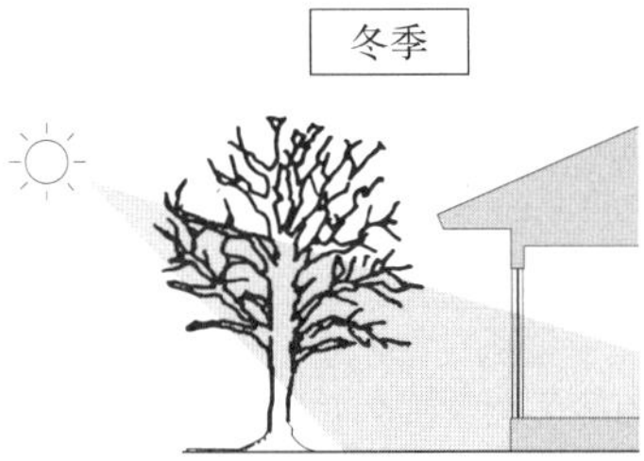

日射可透过树枝射入

利用屋檐和水平遮阳调节

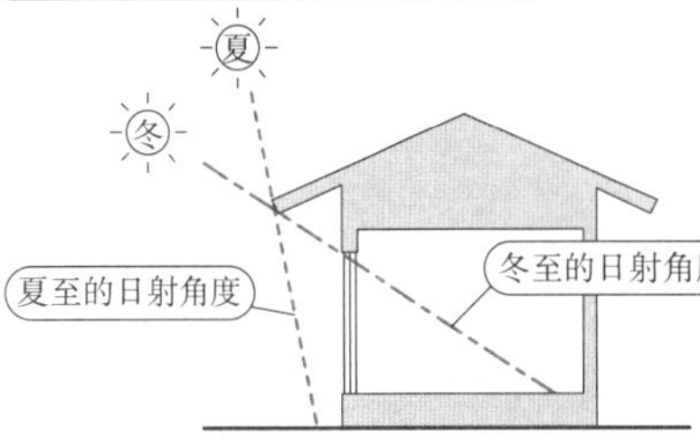

屋檐的状况

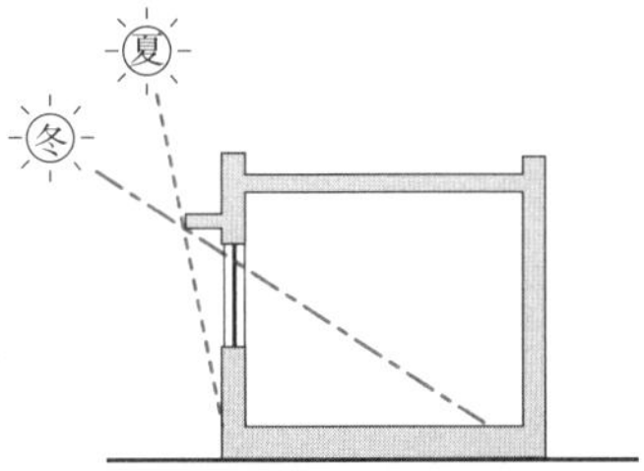

水平遮阳的状况

从前，屋檐的出挑很深，能针对日射进行调节。另外，由于屋檐很深，为了防止建筑物周边地面的反光还可设置檐廊板，可提供人们纳凉的平台。

※ 屋檐和水平遮阳在南面开口具有日光调节的效果，但在东西面开口，由于一年当中太阳在日出日落时透过横向射入的时间较长，因此很难说是有效果的。

在窗户上装设可拆卸的百叶板和挂帘等是具有效果的

利用外墙色彩调节

结合地域特性设定外墙颜色，可减少制冷供暖房负荷。

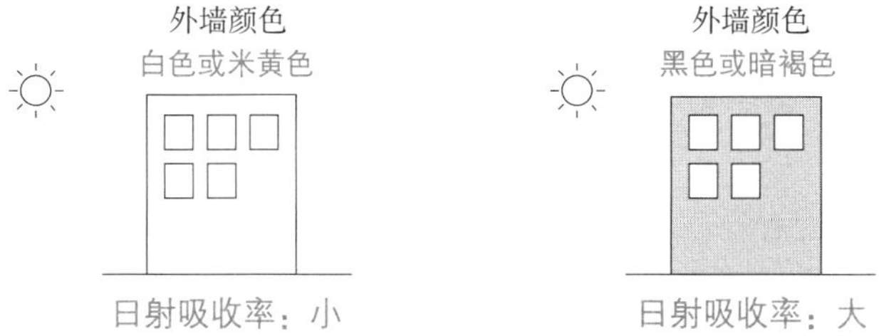

温暖（炎热）地区：选择日射吸收率低的颜色
寒冷地区　　　　：选择日射吸收率高的颜色

涂布白色涂料墙壁的辐射能吸收率
红外线的长波域＞可见光的短波域（日射）

红外线与可见光
参照P9

利用外壁来调节

由于日射会造成外墙受热，若使热不传入室内，则需采取手段。

- 设置中空层，通过换气，将热排出。
- 加厚保温隔热材料，以提高隔热效果。
- 中空层的一侧铺贴铝膜，用来隔断热量。

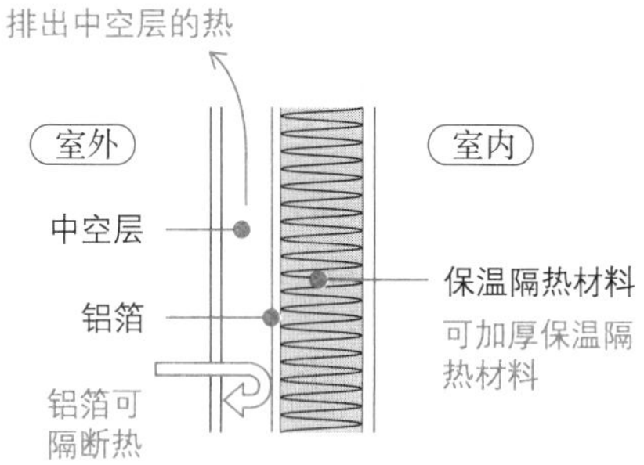

外墙受到日射作用时，外气温度可考虑假设成上升温度的“相当室外气温”（参照P45）。

② 日射的利用

在冬季获取日射，对于室内环境和采暖负荷方面均为有利。

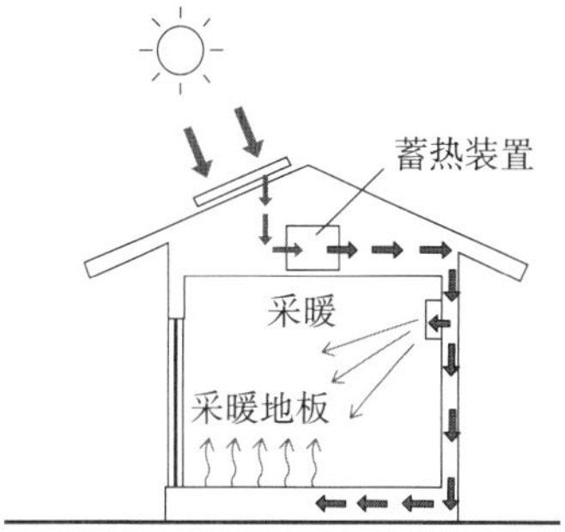

主动式太阳房

太阳房

合适利用日射来设计住宅的大多数采暖，主要可分为以下两种：

◎ 主动式太阳房

为了集热、热流动而使用机械设备。

◎ 被动式太阳房

主要根据设计者的手段，不使用机械而形成舒适的室内环境。

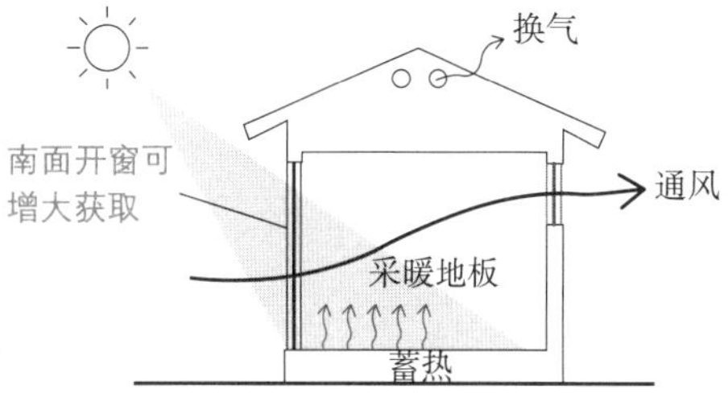

被动式太阳房

※ 日射热获得特性、隔热与气密性、蓄热特性，无论哪个都很重要。

5-4 日射的获得与遮挡

夏季遮挡日射，对于室内环境和制冷负荷方面较为有利。

⇩

为了控制从窗户射入的日射，安装百叶板和窗帘等是有效的。

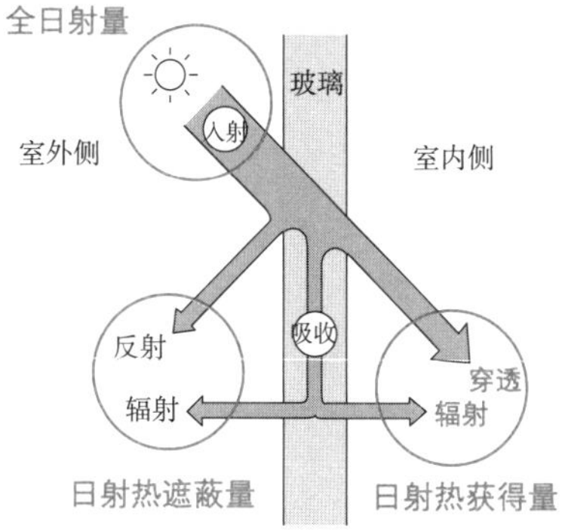

从窗户射入的日射，可按被遮蔽状况分成穿透室内所获得的辐射日射，与室外反射的辐射日射。

对于窗户玻璃的日射得热率与日射遮蔽率，可参见下表。

⇩

求解方法参照下页

	窗户种类	玻璃厚度（mm）	日射得热率	日射遮蔽率
单设玻璃	透明玻璃	3	0.86	1.0
	透明玻璃	6	0.82	0.95
	双层夹合透明玻璃	3＋3	0.76	0.87
	热吸收玻璃（青铜系）	6	0.63	0.72
	热反射玻璃（青铜系）	6	0.25	0.29
玻璃＋遮阳	透明玻璃＋百叶板	3	0.50	0.58
	透明玻璃＋窗帘（中性色）	3	0.40	0.47
	透明玻璃＋推拉纸窗	3	0.46	0.54
	透明玻璃＋反射格栅	3	0.77	0.89
	外置可调节水平格栅＋透明玻璃	3	0.11	0.13

⇩

6mm透明玻璃与百叶板，安装在室内侧或室外侧时，日射热获得量的比较

◎ 未设百叶板的状况

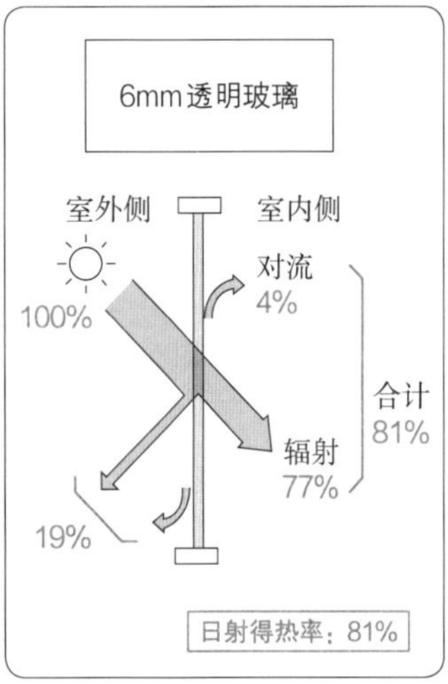

◎ 设有百叶板的状况

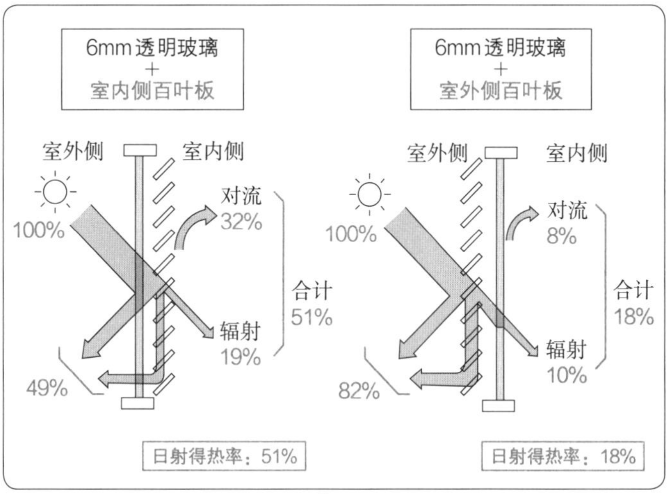

⇩

遮阳设在室外侧会比设在室内侧获得更佳的效果。

① 日射得热率

日射得热率：为窗面所接受的日射量（全日射量）与射入室内的比例

$$\text{日射得热率}=\text{日射透过率}+\frac{\text{室内侧表面换热系数}}{\text{室内侧表面换热系数}+\text{室外侧表面换热系数}}\times\text{日射吸收率}$$

日射吸收率：被玻璃吸收的日射量比例

② 日射遮蔽率

日射遮蔽率（系数）：以3mm厚普通透明玻璃的日射得热率（约为0.88）作为标准的日射遮蔽性能的指标

$$\text{日射遮蔽率}=\frac{\text{实际使用玻璃的日射得热率}}{\text{3mm厚普通透明玻璃的日射得热率（约为0.88）}}$$

⇩

与标准玻璃相比较，实际使用的玻璃，会尽可能使热通过。

⇩

日射遮蔽率的数值越大，遮蔽的效果就越小！

③ 遮阳的种类

设置安装遮阳时，须按日射的角度考量，选择适合窗面的遮阳为妥。

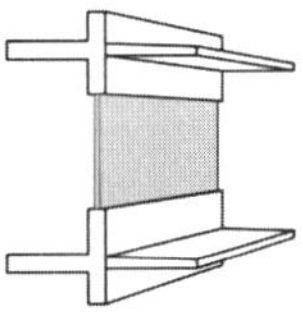

a. 屋檐、阳台

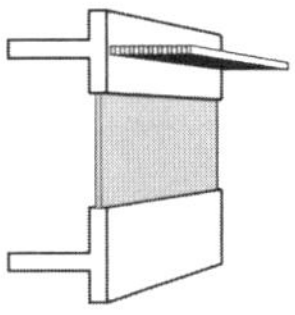

b. 水平檐板

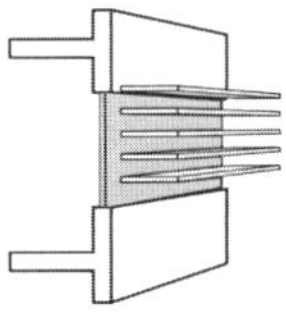

c. 水平百叶板

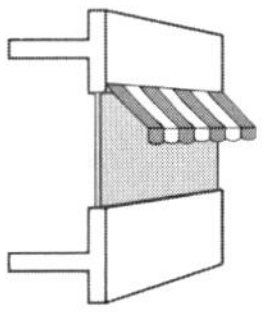

d. 遮篷

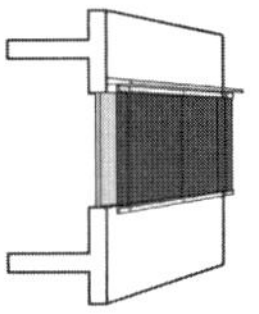

e. 遮阳罩、帘

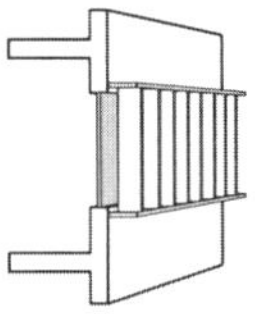

f. 垂直百叶板

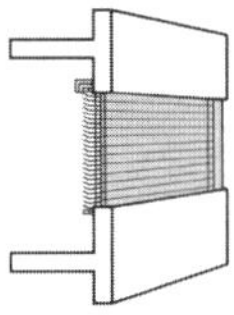

g. 威尼斯式百叶

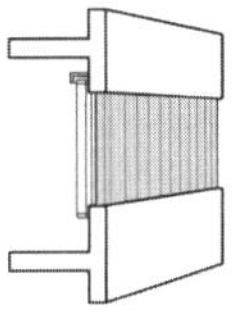

h. 垂直型遮帘

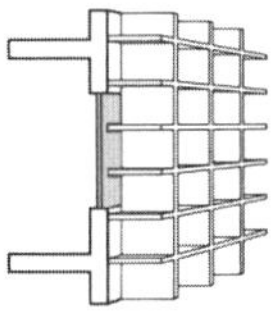

i. 格状百叶板

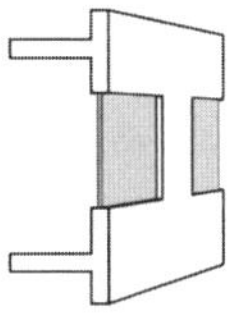

j. 吸收玻璃、反射玻璃

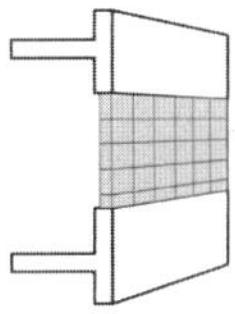

k. 玻璃砖

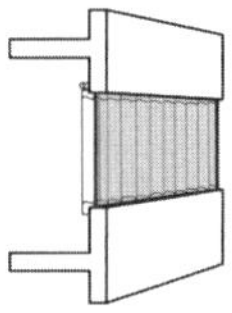

l. 窗帘

热吸收玻璃与热反射玻璃

玻璃的种类	对日射的反应	制造方法
热吸收（板）玻璃	20% ～ 60% 吸收	在玻璃原料中混入某种金属
热反射（板）玻璃	30% 前后侧反射	在玻璃表面镀上某种金属薄膜

※ 无论哪种状况，单板玻璃的隔热性能与透明玻璃并无不同。 ⇦ 由于传热系数较高（参照P42）

④ 其他的日射遮蔽

遮阳板墙（brise soleil）

为了遮挡日射，将建筑物的外墙与百叶板一体化设置

在室外侧接受日射，将热向室外（外气）扩散，因而能防止日射对室内的影响。

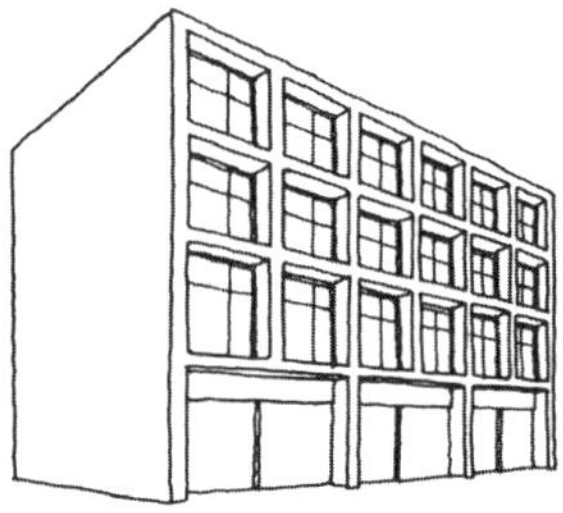

屋顶绿化

在建筑物最顶层，为防止日射热从顶棚流入，屋顶绿化是有效的。

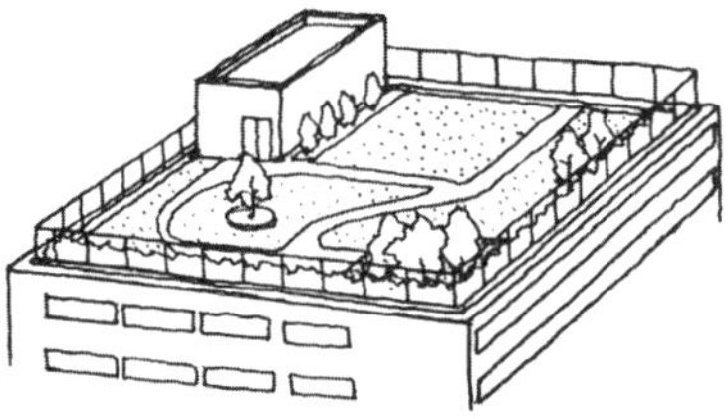

5-5 玻璃所对应的日射透过率

① 根据波长域所得的透过率

透过率

短波域（日射）＞ 长波域

可见光　　红外线

※ 一般的透明玻璃板，会由于热辐射的波长域不同，而使得透过率（透过的能量比例）有所差异。

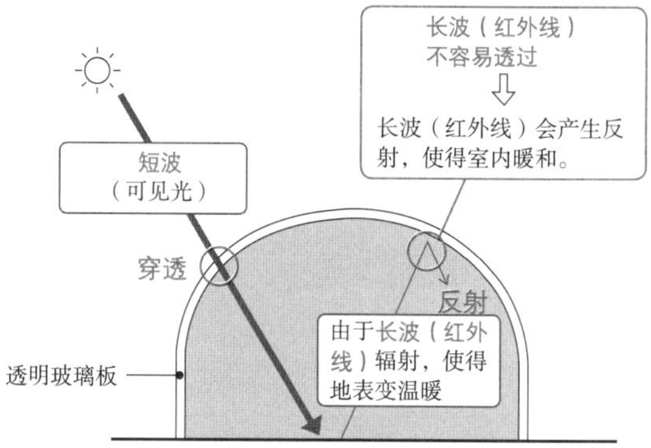

温室暖和正是这原因！

② 根据入射角所得的透过率

直达日射所对应的透明玻璃的透过率

入射角在0°～30°之间

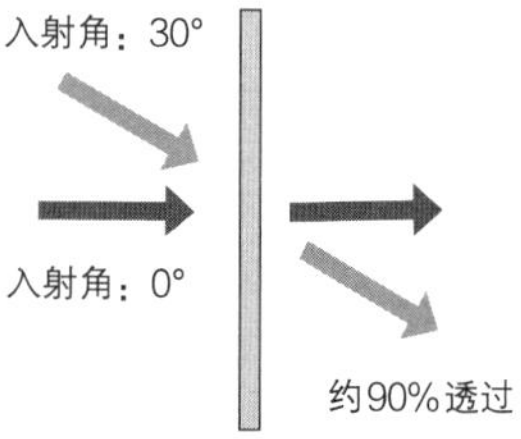

透过率约为90%

入射角在40°以上

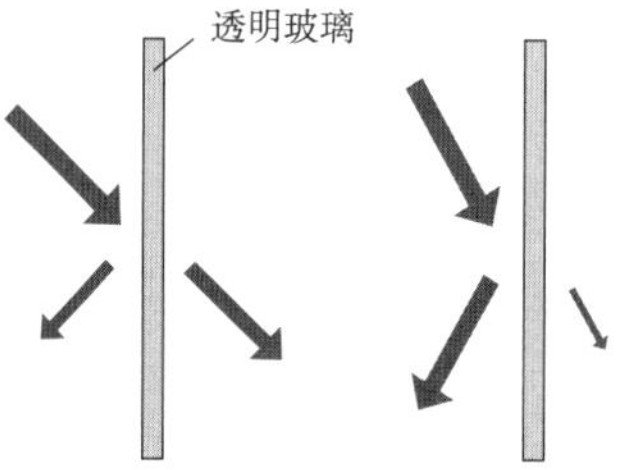

入射角越大，则透过率越低。

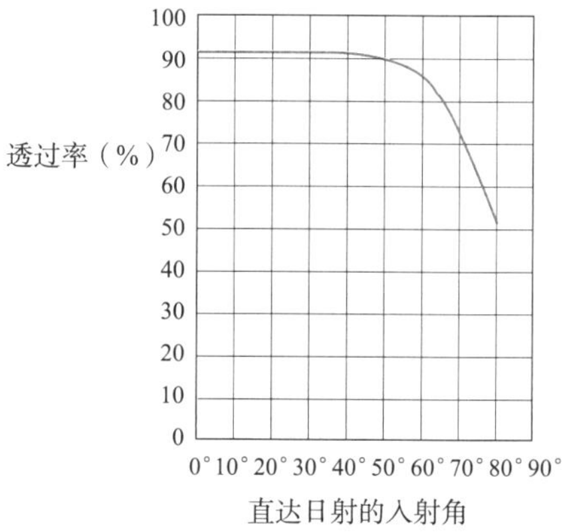

习题	温度与热流（传热）	○或×
①	3种基本热流动的形态：传导、对流和辐射。 提示！P36“热流动”	
②	墙面与它相接的空气之间，主要以辐射与对流的热流动方式进行热传递。 提示！P37“热传递”	
③	墙壁表面的换热系数，因墙壁表面的风速而有所差异。 提示！P37“对流热传递”	
④	由于辐射所产生的热流动，空气是必要的。 提示！P38“辐射热传递”	
⑤	由于铝箔的辐射率很小，将它铺贴在墙壁表面能减少辐射产生的传热量。 提示！P38“辐射热传递”	
⑥	导热系数是表示材料内部传热容易程度的固定值，数值越大，表示材料的隔热性能越好。 提示！P39“导热”	
⑦	建筑材料导热系数的大小关系，一般为木材＞普通混凝土＞金属。 提示！P40“主要材料的导热系数”	
⑧	半密闭中空层的热阻，会比同厚度密闭中空层的热阻为小。 提示！P41“中空层的热传递”	
⑨	中空层的热阻值，会根据中空层的密闭度、厚度与热流方向等而有所差异。 提示！P41“中空层的热传递”	
⑩	墙体热阻会由于填充墙体的保温隔热材料结露，或其他原因导致水分含量增多而变大。 提示！P41“保温隔热材料（玻璃棉）”	
⑪	玻璃棉的导热系数，相对密度为24kg/m^{3}的不如相对密度为10kg/m^{3}的导热系数大。 提示！P41“隔热材（玻璃棉）”	
⑫	传热系数是传热阻值的倒数。 提示！P42“传热系数、传热流量的求解方法”	
⑬	传热阻值是墙体两侧表面的换热阻值与各层导热阻值的合计值。 提示！P42“① 传热阻”	
⑭	中空间层以外的各层导热阻值，可由材料导热系数除以该材料的厚度来求解。 提示！P42“① 传热阻”	
⑮	传热系数是表示墙体热量通过的难易程度，其值越大表示墙体的隔热性能就会越差。 提示！P42“② 传热系数”	

解答 ①（○）②（○）③（○）④（×）辐射产生的热流动与空气无关。⑤（○）⑥（×）导热系数的值越大，越容易传热。⑦（×）金属、混凝土、木材的顺序逐渐变小。⑧（○）⑨（○）⑩（×）若保温隔热材料含水分，则导热系数变大，导热阻会变小。⑪（×）玻璃棉的导热系数为比重越大者其值就越大。⑫（○）⑬（○）⑭（×）导热阻值用材料厚度除以该材料的导热系数来求得。⑮（○）

习题	室温与热负荷（隔热性、气密性） ※ P47的问题也请确认一下吧！	○或×
①	假如提高外墙的隔热性和气密性，从窗户获得的日射对室温上升的影响就会变大。 提示！P45“热获得”	
②	热损耗系数可用于评价建筑物的隔热性和保温性。 提示！P46“热损耗系数”	
③	提高气密性，则热损耗系数的值就会变大。 提示！P46“热损耗系数”	
④	外墙隔热对于接受夏季日射的外墙向室内减少热辐射是有效果的。 提示！P48“隔热性能”	
⑤	一般来说，提高外墙隔热性能，供暖负荷与制冷负荷都会减少。 提示！P48“隔热性能”	
⑥	热容量是物体的比热与质量的乘积值，数值越大，表示它能蓄积的热量越多。 提示！P49“热容量与隔热性”	

解答 ①（○）②（○）③（×）气密性提高，则热损耗系数变小。④（○）⑤（○）⑥（○）

习题	湿度（空气线图） ※ P56的问题也请确认一下吧！	○或×
①	若干球温度增加，则饱和水蒸气压也会变高。 提示！P52“湿度与结露”	
②	若绝对湿度相同，加热空气，则空气的水蒸气压不会产生变化。 提示！P52“绝对湿度”	
③	若绝对湿度相同，冷却空气到露点温度，则相对湿度会提高。 提示！P54“露点温度”	
④	尽管干球温度产生高低变化，当在相对湿度相同时，相同体积所含的水蒸气量也是相同的。 提示！P53“相对湿度”/P55“空气线图”	
⑤	当干球温度相同时，绝对湿度越高，相对湿度也就越高。 提示！P55“空气线图”	
⑥	当绝对湿度相同时，即使对空气加热，露点温度也不会产生变化。 提示！P55“空气线图”	
⑦	将空气冷却到露点温度，温度会随相对湿度降低。 提示！P53“相对湿度”/P55“空气线图”	

解答 ①（○）②（○）③（○）④（×）根据空气线图，当相对湿度相同时，由于温度（干球温度）的变化会使得绝对湿度产生改变。因此水蒸气量也会随之发生（变化）。⑤（○）⑥（○）⑦（×）根据空气线图，气温降低，相对湿度反而会升高。

习题	结露	○或×
①	结露是滋生霉菌和壁虱的重要原因。 提示！P57“结露”	
②	室内的表面温度上升，对于防止室内表面结露具有效果。 提示！P58“③ 表面结露的防止方法”	
③	在窗户下设置采暖器，能有效防止窗玻璃室内侧表面的结露。 提示！P58“防止窗玻璃的结露”	
④	为了防止双层窗外侧窗的内侧结露，内侧窗框不应比外侧窗框的气密性高。 提示！P58“防止窗玻璃的结露”	
⑤	当在保温性能较高建筑物的采暖与非采暖房间，非采暖房间较容易产生结露。 提示！P59“其他的结露防止对策”	

⑥	为了防止结露，沿着与外气接触的墙面不要设置储柜等家具。 提示！P59“其他的结露防止对策”	
⑦	在与外气接触的窗户垂挂窗帘，会使得室内侧表面的玻璃容易产生结露。 提示！P59“其他的结露防止对策”	
⑧	为了能防止与外气接触的壁橱内表面结露，提高推拉门的隔热性是有效的。 提示！P59“其他的结露防止对策”	
⑨	冬季混凝土结构的建筑物，采用外隔热工法，能防止热桥，对防止结露具有效果。 提示！P59“热桥”	
⑩	外墙室内侧所产生的表面结露，可藉由设置防潮层来防止。 提示！P60“② 内部结露的防止方法”	
⑪	木造建筑物中，在外墙隔热层的室内侧设置防潮层，并在隔热层的室外侧设透气层，对防止外墙的内部结露是具有效果的。 提示！P60“② 内部结露的防止方法”	
⑫	在夏季，为了防止卫生器具的给水管结露，设给水管隔热表层是具有效果的。 提示！P58“③ 表面结露的防止方法”	
⑬	在冬季，为了防止浴室结露，将室内的空气引入、浴室水蒸气直接排出室外是具有效果的。 提示！P58“③ 表面结露的防止方法”	
⑭	若使用开放式油暖炉采暖，则会产生大量水蒸气，从而产生结露。 提示！P58“③ 表面结露的防止方法”	

解答 ①（○） ②（○） ③（○） ④（×）内层侧框的气密性提高是具有效果的。 ⑤（○） ⑥（○） ⑦（○） ⑧（×）若提高推拉门的隔热性，则壁橱内降温，容易产生表面结露。 ⑨（○） ⑩（×）对于防止墙体内的结露是有效的，但对于墙壁的表面结露就并非有效。 ⑪（○） ⑫（○） ⑬（○） ⑭（○）

习题　　体感温度　　○或×

①	影响体感的四个物理温热因素，为温度、湿度、气流与辐射。 提示！P61“影响人体冷热感的因素”	
②	气压与温度并列为温热感觉的主要因素。 提示！P61“影响人体冷热感的因素”	
③	由于气流速度的不同，会使得同样温度的体感温度产生变化。 提示！P61“影响人体冷热感的因素”	
④	提高温度，可降低湿度和减少不适感。 提示！P61“影响人体冷热感的因素”	
⑤	当在阿斯曼通风干湿温度计中的干球温度相同时，干球温度与湿球温度的差值越大，则相对湿度值就会越低。 提示！P63“② 湿度”	
⑥	空调设备所使用的室内相对湿度值，一般为40%～70%的范围标准。 提示！P64“⑥ 关于建筑管理法的标准”	
⑦	PMV（预测平均冷热感）是一种考量温度、湿度、气流、辐射四个温热因素，及着衣量和作业量的温热指标。 提示！P67“PMV”	
⑧	舒适的温度范围，在夏季与冬季是有所差异的。	

解答 ①（○） ②（×）气压不包含在温热因素中。 ③（○） ④（○） ⑤（○） ⑥（○） ⑦（○） ⑧（○）

习题	太阳与日射（日照与日射）	○或×
①	在北纬35度地区，冬至日南中天时的太阳高度角约为30度。 提示！P69“太阳运动与南中天高度”	
②	在北纬35度地区，夏至日南中天时的太阳高度角约为80度。 提示！P69“太阳运动与南中天高度”	
③	在某地一天中的太阳高度角以南中天时为最高。 提示！P69“太阳运动与南中天高度”	
④	纬度不同的两地在同一天南中天时的太阳高度角，以偏北位置地区的较低。 提示！P69“太阳运动与南中天高度”	
⑤	日照率为日照时间与所对应可照时间的比值。 提示！P72“可照时间与日照时间”	
⑥	检验与日照相关的邻栋建筑的间距时，以冬至日的状况来考虑。 提示！P72“日影”/P74“建筑物配置对日影的影响”	
⑦	被大气中的微粒子散射后而达到地面的日射，称为天空日射。 提示！P76“② 地表所观测的日射量”	
⑧	多云天时的日射，基本都是天空日射。 提示！P76“② 地表所观测的日射量”	
⑨	在直达日射中，包括人眼无法看见的红外线。 提示！P76“② 地表所观测的日射量”	
⑩	无法接受直达日射的玻璃窗，则无法得到日射热获得。 提示！P76“② 地表所观测的日射量”	
⑪	在日本，晴天的大气透过率，一般夏季比冬季为小。 提示！P76“③ 大气透过率”	
⑫	一般情况下，大气透过率越高，则天空日射量越少。 提示！P76“③ 大气透过率”	
⑬	为减少夏季的制冷负荷，南面采光较东西面采光具有效果。 提示！P77“② 方位影响日射受热量的特性”	
⑭	冬至晴天正午的直达日射量，南向垂直面较水平面为多。 提示！P77“② 方位影响日射受热量的特性”	
⑮	晴天日南向垂直面所受到的1天直达日射量，夏至日会较冬至日为多。 提示！P78“③ 季节影响日射受热量的特性”	
⑯	涂布白色涂料的墙壁，日射能量的吸收率，“可见光短波域”较“红外线长波域”为小。 提示！P79“利用外墙色彩调节”	
⑰	窗户的日射遮蔽率，数值越大则日射的遮蔽效果就越佳。 提示！P81“② 日射遮蔽率”	
⑱	一般透明玻璃板的分光透过率，“红外线长波域”较“可见光短波域”为大。 提示！P82“① 根据波长域所得的透过率”	
⑲	平板透明玻璃板的直达日射透过率，在直达日射的入射角为0～30度范围时，一般不会发生变化。 提示！P82“② 根据入射角所得的透过率”	

解答　①（○）②（○）③（○）④（○）⑤（○）⑥（○）⑦（○）⑧（○）⑨（○）⑩（×）在无法接受到直达日射的北侧开窗，也能获得天空日射所产生的日射热获得。　⑪（○）⑫（○）⑬（○）⑭（○）⑮（×）根据“建筑物各面的终日日射量”表，南垂直面的直达日射量以冬季为多。　⑯（○）⑰（×）窗户的日射遮蔽率，数值越大，遮蔽的效果就越小。　⑱（×）对于热能的光透过率，以红外线为小。　⑲（○）

第3章　空气环境

1 室内空气的污染物

1 换气目的

1-1 室内污染物

室内的空气会由于各种因素而被污染。

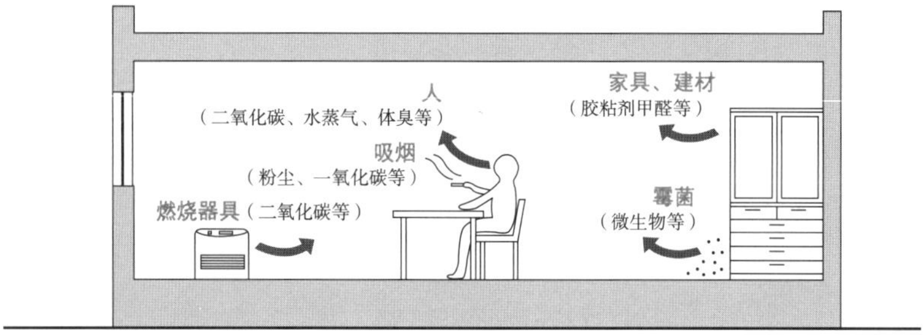

污染物的主要组成

注意氮本身不属于污染物（参照P95）

热、水蒸气、有害气体（一氧化碳、二氧化碳、氮氧化物等）、粉尘、臭气

· 细菌、放射性物质（氡气等）、石棉纤维、臭氧

· 挥发性有机化合物（VOC） 等

建材和家具所挥发的甲醛等。

病态建筑（Sick-house）综合症 （参照P93～94）

甲醛等挥发性有机化合物和驱除害虫所用的有机磷酸系列杀虫剂是引发病态建筑综合症的原因之一。

为了保证人们的健康，必须维持室内空气的清洁！

1-2 换气目的

换气目的

· 将室内污染物向室外排出（空气质量的改善）

· 使用燃烧器具时供给氧气（O_2）

· 排出水蒸气，调整室内湿度 等

换气的目的不仅仅只是排出室内的污染物

换气与通风 ※ 通风可参照P106

然而，必须要严格区分换气与通风的区别。

◎ “换气”

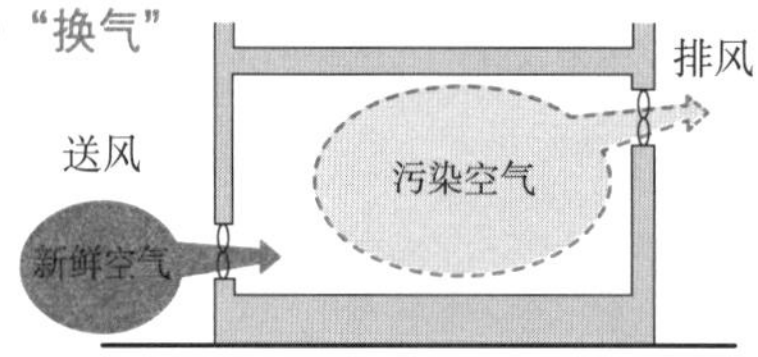

居住者应有意识地进行室内换气。

※ 有各种换气方法。

（参照P97～105）

◎ “通风”

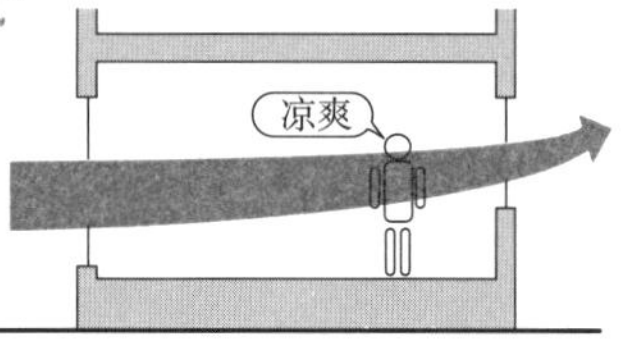

当有大面积的开窗时，气流会快速地流入室内。

与空气质量改善相比，温热环境改善才是主要目的！

· 当气流流过身体，会使得体感温度降低

· 热负荷的减少

· 夏季的建筑物冷却

① 换气次数

换气次数：对于室内空间在1小时所更换容积空气的比率。

换言之，要更换室内所有的空气需要花多少时间

$$\text{换气次数（次/h）}=\frac{\text{换气量（m}^3\text{/h）}}{\text{室容积（m}^3\text{）}}$$

⇩ 相反地，可从换气次数与室容积求解换气量！！

$$\text{换气量（m}^3\text{/h）}=\text{换气次数（次/h）}\times\text{室容积（m}^3\text{）}$$

24小时换气系统针对病态建筑的对策，必需使用机械进行换气（参照P94）。

※建筑标准法规定，住宅等房间的换气次数要达到0.5次/h以上。

【令20第8项】

全部空气在两小时内更换完成（1小时换1/2=0.5次）。

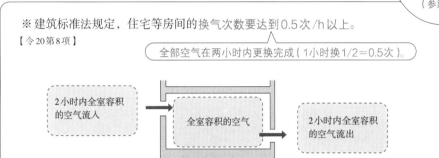

② 容许浓度的标准

容许浓度：空气中所含污染物的容许浓度

对于不同环境，容许浓度的标准可分成多种。

- 建筑物环境卫生管理标准 ⇦ 关于确保建筑物卫生环境的相关法律（通称：建筑管理法）
- 对于大气污染的标准 ⇦ 根据环境基本法
- 室内空气污染物设计标准浓度 ⇦ 根据空调·卫生工学会规格的换气标准

建筑物环境卫生管理标准

物质名称	容许浓度
一氧化碳	10ppm 以下
二氧化碳	1000ppm 以下
浮游粉尘	0.15mg/m^3 以下
甲醛	0.1mg/m^3 以下
室温	17～28℃ 室内室温较室外气温低时，这种差异不明显
相对湿度	40%～70%
气流	0.5m/s 以下

体积浓度
ppm：体积浓度的单位
1m^{3}空气所含污染物的体积（m^3）
※参照P91

重量浓度
mg/m^3：重量浓度的单位
1m^{3}空气所含污染物的重量（mg）

室内污染物浓度一定不能超过容许浓度的标准值。

⇧

求出室内污染物的浓度（参照P90～92）

⇧

确保污染物在容许浓度下的换气很重要！（参照前页）

1-3 室内污染物浓度

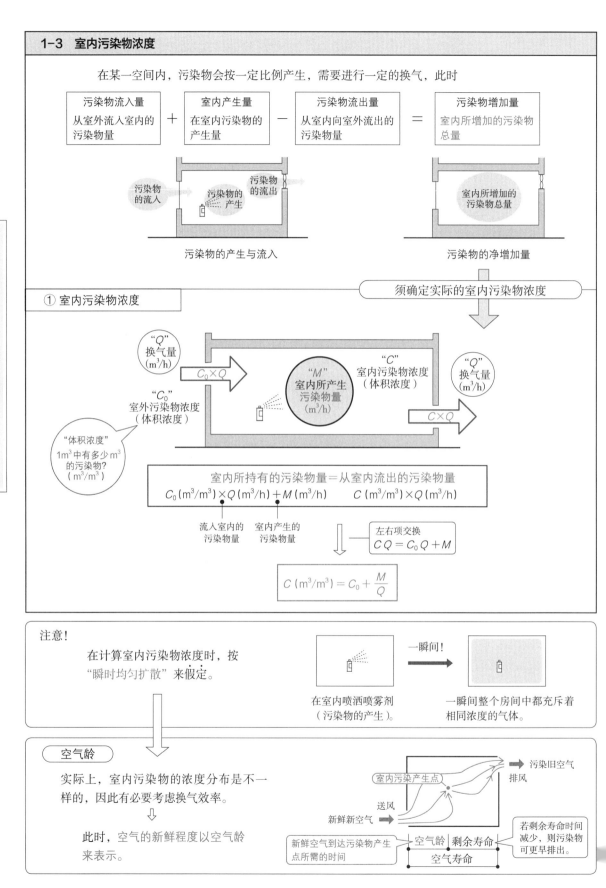

在某一空间内，污染物会按一定比例产生，需要进行一定的换气，此时

污染物流入量		室内产生量		污染物流出量		污染物增加量
从室外流入室内的污染物量	+	在室内污染物的产生量	−	从室内向室外流出的污染物量	=	室内所增加的污染物总量

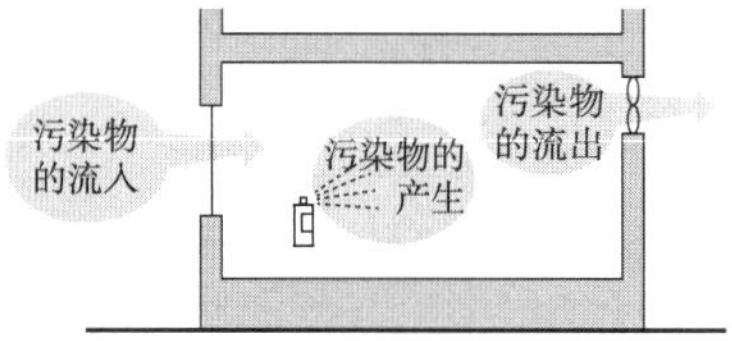

污染物的产生与流入

污染物的净增加量

须确定实际的室内污染物浓度

① 室内污染物浓度

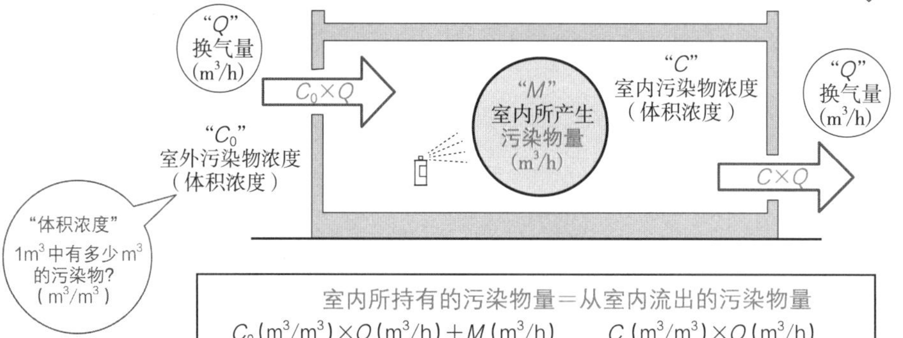

室内所持有的污染物量＝从室内流出的污染物量

$C_0\,(m^3/m^3)\times Q\,(m^3/h)+M\,(m^3/h)\qquad C\,(m^3/m^3)\times Q\,(m^3/h)$

流入室内的污染物量　室内产生的污染物量

左右项交换

$CQ=C_0Q+M$

$$C\,(m^3/m^3)=C_0+\frac{M}{Q}$$

注意!

在计算室内污染物浓度时，按“瞬时均匀扩散”来假定。

在室内喷洒喷雾剂（污染物的产生）。

一瞬间整个房间中都充斥着相同浓度的气体。

空气龄

实际上，室内污染物的浓度分布是不一样的，因此有必要考虑换气效率。

⇩

此时，空气的新鲜程度以空气龄来表示。

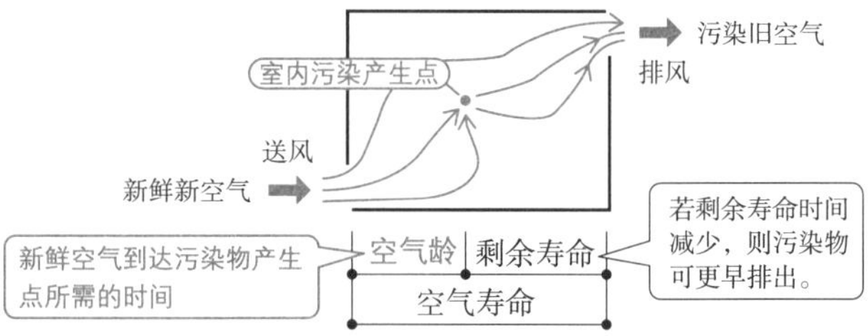

② 必要换气量

必要换气量：维持室内污染物浓度在容许浓度以下所需的换气量

根据前页①中的计算式可求出必要换气量。 ⇨ $Q\ (m^3/h) = \dfrac{M}{C - C_0}$

1-4 污染物的容许浓度和必要换气量

① 呼吸所产生的二氧化碳量与必要换气量

即使在有害物质产生较少的房间，一旦有很多人使用，空气的成分会变差，从而引发人们头疼。

此外，油暖炉在使用长时间后，也会引发同样的症状。

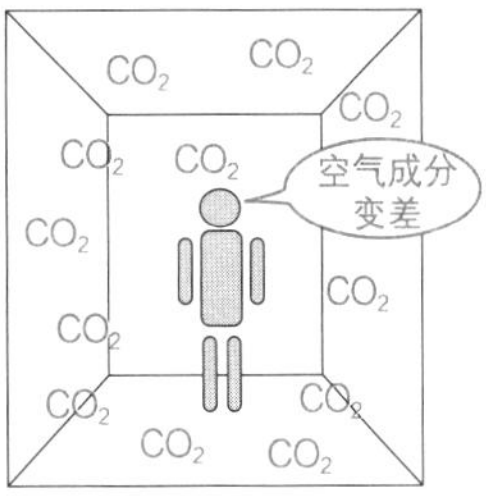

二氧化碳的浓度变高，会对人体产生不好的影响！

室内二氧化碳的容许浓度为1000ppm（0.1%）！（参照P89）

呼吸所产生的二氧化碳量，会因为作业程度而有所差异。

作业程度	二氧化碳产生量
安静时	0.0132
极轻度活动	0.0132～0.0242
轻度活动	0.0242～0.0352
中等活动	0.0352～0.0572
重度活动	0.0572～0.0902

［m^3/(h·人)］

必要换气量的计算

换气计算按0.02m^3/（h·人）的标准来计算。

房间的二氧化碳容许浓度：1000ppm

外气的二氧化碳浓度　：350ppm

$$必要换气量 = \frac{0.02}{0.001 - 0.00035} \approx 30.8\,m^3/(h·人)$$

“必要换气量”（参照上段②）对照公式 $Q\ (m^3/h) = \dfrac{M}{C - C_0}$

⬇ 计算出

在房间内的每个人需要约为30m^3/h的换气量。

对于居住空间，此数值为必要换气量的标准值。

当房间内人数增加，换气量也必须增加。

1000ppm是指1m^3的空气中含有0.001m^3的二氧化碳。

“体积浓度”表示1m^3中有多少m^3的污染物？（m^3/m^3）

		100%	⇨	1m^3中	1m^3	的CO_2
		10%	⇨	1m^3中	0.1m^3	的CO_2
		1%	⇨	1m^3中	0.01m^3	的CO_2
1000ppm	=	0.1%	⇨	1m^3中	0.001m^3	的CO_2
100ppm	=	0.01%	⇨	1m^3中	0.0001m^3	的CO_2
10ppm	=	0.001%	⇨	1m^3中	0.00001m^3	的CO_2
1ppm	=	0.0001%	⇨	1m^3中	0.000001m^3	的CO_2

※ %为百分之一
ppm为百万分之一

② 燃烧设备所产生的二氧化碳量与必要换气量

油暖炉等开放型燃烧设备所产生的二氧化碳量是人体呼吸的10～20倍。

⬇

室内在使用开放型燃烧设备时，必要换气量必须得增加。

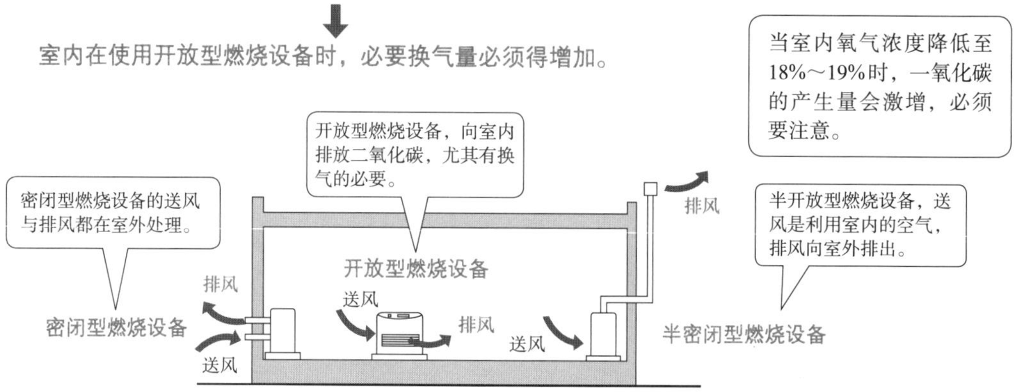

当室内氧气浓度降低至18%～19%时，一氧化碳的产生量会激增，必须要注意。
开放型燃烧设备，向室内排放二氧化碳，尤其有换气的必要。
密闭型燃烧设备的送风与排风都在室外处理。
半开放型燃烧设备，送风是利用室内的空气，排风向室外排出。
排风
开放型燃烧设备
排风
送风
密闭型燃烧设备
送风
排风
送风
半密闭型燃烧设备

③ 浮游粉尘量与必要换气量

吸烟会产生各种污染物，特别是会提高浮游粉尘的产生量。

每支烟的必要换气量：130m³/h。

浮游粉尘对人体的影响

对人产生影响的浓度	浓度
多数人能接受的浓度	0.075 ～ 0.1
少数人视为污染的浓度	0.1 ～ 0.14
多数人认为污染的浓度	0.14 ～ 0.2

（mg/m³）

1-5 有效换气量

换气扇的有效换气量：尽管换气扇本身是没有换气量的，但与通到室外的烟囱和管道相连时就可视为具有换气量。

⇩ 就这一情况

管道的粗细、长度和形状等，会使得换气量有所差异。

使用燃气灶的厨房，在设计换气扇和燃烧设备等进行换气量计算时，须采用“理论废气量”。

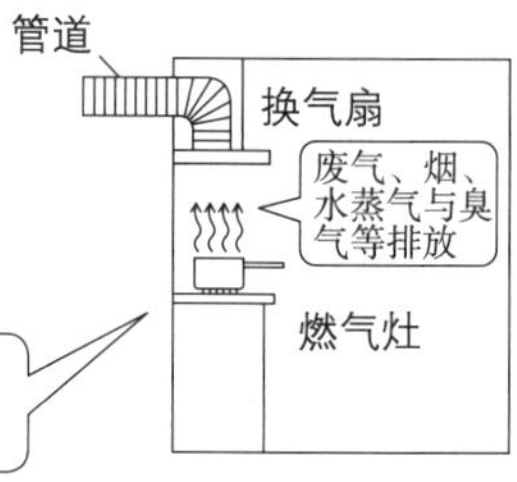

（问题）核算下列室空间的最低限度必要换气次数。

室 容 积：100m³

室内人数：6人

室内每个人呼吸所产生的二氧化碳量：0.02m³/h

室内二氧化碳的容许浓度：0.10%（＝1000ppm，1m³中有0.001m³）

外气的二氧化碳浓度：0.04%（＝400ppm，1m³中有0.0004m³）

（参照P91）

◎ 核算必要换气量（参照P91）。

$$必要换气量=\frac{室内每个人的二氧化碳产生量}{室内二氧化碳的容许浓度-外气的二氧化碳浓度}\times 室内人数=\frac{0.02}{0.001-0.0004}\times 6\approx 200.0$$

必要换气量：200.0m³/h

◎ 求换气次数（参照P89）。

$$换气次数=\frac{必要换气量}{室容积}=\frac{200.0}{100}=2.0$$

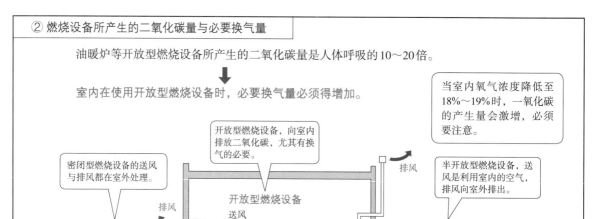

换气次数：2次/h

2 病态建筑综合征

建材、涂料、胶粘剂、家具等会产生有害的化学物质。
+
建筑物的气密性越高，化学物质越容易在室内聚积。

→

会产生下列的症状

- 对皮肤及眼睛、鼻、喉咙的刺激
- 晕眩、恶心想吐、头痛
- 注意力下降

→

病态建筑综合征

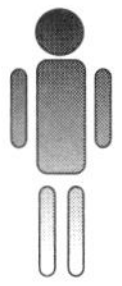

2-1 引发病态建筑综合征的化学物质

引发病态建筑综合症的主要化学物质：挥发性有机化合物（VOC）

在常温常压下容易挥发的物质

※ 室内温度上升，就会增加扩散。

挥发性有机化合物的种类

- 甲醛
- 甲苯
- 二甲苯
- 乙基苯
- 苯乙烯
- 二氯苯
- 氯丹（氯苯乙烯） 等

2000年时日本国土交通部针对全日本住宅所含有的化学物质进行调查，在30%的住宅中，甲醛的浓度超过社会福利卫生部所认定的指标值。

↓

社会福利卫生部规定，甲醛容许浓度的指标值为 $0.1mg/m^3$（25℃时的体积浓度0.08ppm）

※ 在建筑标准法中规定，对于有人停留一定时间的房间，须设定“甲醛”与“氯丹”的限制（参照下页）。

2-2 病态建筑综合征的预防

对于病态建筑综合征的预防，下列的对策很重要。

减少含有有害化学物质的建材、涂料、胶粘剂与家具等的使用。 + 在建造过程中和使用建筑前，须进行换气。

※ 在使用后有症状出现，进行充分换气后症状仍没有缓和的情况下，则必须寻找产生的原因，并采取对策将此建材除去。

2-3 建筑标准法相关规定

针对使用者停留一段时间的房间所制定的规定。
进一步地说，房间与空气流通的走廊等均为限定的对象。

【法28条之2第3号】
从2003年7月开始实施

直到2003年6月为止，对于病态建筑的对策，皆无规范限制。

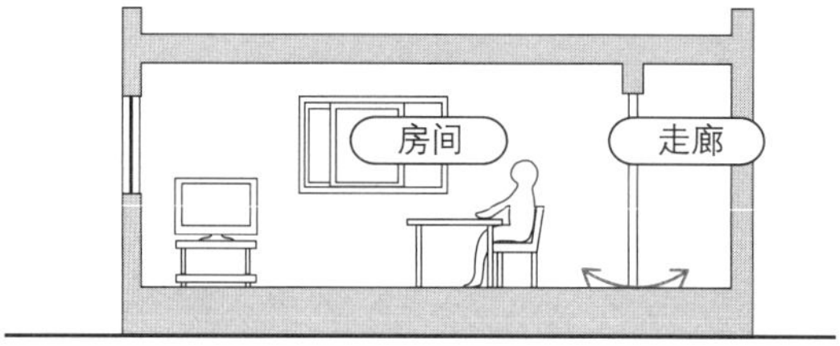

化学物质的使用限制

引发病态建筑综合征的化学物质

- 氯丹（白蚁驱除剂）⟹ 禁止使用
- 甲醛（黏着剂、涂料中含有）⟹ 限制使用

会造成甲醛扩散的建筑材料的使用限制

建筑材料的分类	甲醛的扩散速度	JIS、JAS等的表示符号	内装修作业的限制
建筑标准法的限制对象以外	5μg/（m^2·h）以下（少）	F☆☆☆☆	使用的限制
第3种甲醛挥发的建筑材料	5～20μg/（m^2·h）	F☆☆☆	使用面积受限制
第2种甲醛挥发的建筑材料	20～120μg/（m^2·h）	F☆☆	使用面积受限制
第1种甲醛挥发的建筑材料	120μg/（m^2·h）以上（多）	从前的E_2、F_{C2}没有表示	禁止使用

换气次数的规范限制

使用可挥发甲醛建材的环境，由于家具等材料的挥发，原则上需要在整体建筑物中装设机械换气设备（24小时换气系统）。

居室的种类	换气次数
住宅等的居室	0.5次/h以上
上述外的居室	0.3次/h以上

$$n = V/Ah$$

n：每小时的换气次数
V：机械换气设备的有效换气量
A：居室的地板面积
h：居室的顶棚高度

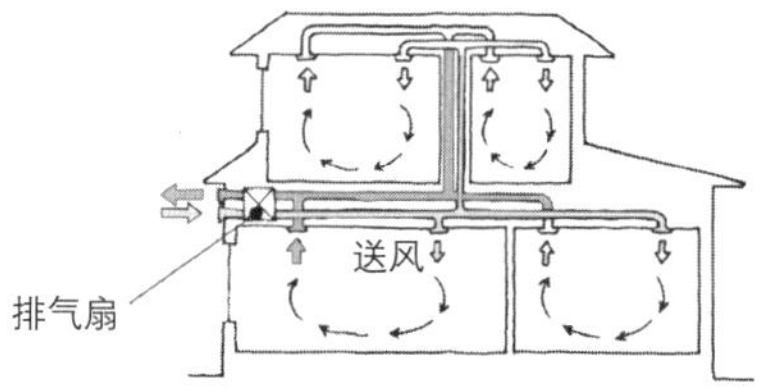

24小时换气系统示例

3 空气的性质

3-1 空气的性质

空气

- 无色透明
- 空气的成分 氧气：大约占20%
  氮气：大约占80% ※ 水蒸气除外

空气密度

空气密度：1.293kg/m^3 ※ 表示1m^3空气的质量（标准状态：0℃、1个大气压）。

↓

在一定体积中，水蒸气的含量越多，则空气的密度就越低。

↓

湿度越高，空气密度越低。

⇧

空气就越轻。

空气压力

当气压降低时，空气密度就会减小！

※ 因此对于建筑物，一般为按一定的气压来计算。

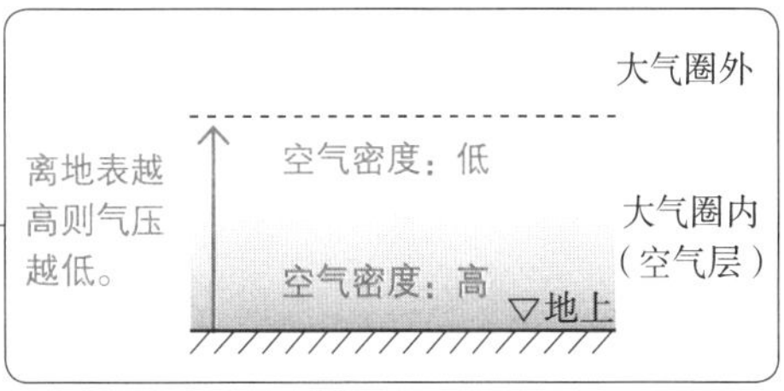

3-2 其他气体的性质与相对密度

	密度（kg/m^3）	相对密度	气体特征（常温常压）
氧气	1.429	1.105	无色、无味、无臭的气体
氢气	0.0899	0.0695	无色、无臭的气体
氮气	1.250	0.0967	无色、无味、无臭的气体
一氧化碳	1.250	0.0967	无色、无味、无臭的气体，但有剧毒
二氧化碳	1.977	1.529	无色、无臭、不可燃的气体。与一氧化碳不同的是少量有毒
二氧化氮	—	—	红褐色，有刺激性臭味。为大气污染的一个因素。0℃时为液体，21.15℃时成为气体
二氧化硫	2.2926	2.264	无色、刺激性臭味。为大气污染的一个因素

相对密度：相对于空气密度的比值。
小于1.0：比空气轻的气体
大于1.0：比空气重的气体

“氮”与“氮氧化合物”是不同的！

氮

在空气中大约占78%。是多种生物体所含有的氨基酸来源，是生物所必需的。

氮氧化合物 氮与氧的化合物（NO_X）

※ 代表物是：一氧化氮（NO）、二氧化氮（NO_2）

氮氧化物是在高温燃烧的过程中，首先生成NO，当排放到大气后与氧气结合生成NO_2。

◎ 二氧化氮（NO_2）对人体的影响

二氧化氮（NO_2）是引发哮喘等呼吸器官疾病的原因。

3-3 空气流动的基础方程

当空气流量不会随着时间变化而呈稳定流动的状况

↓

入口与出口的开口大小产生差异时，以同量的空气流通。

↓ 空气的流动如图所示，空气的流动可设定成流管（想象中的管）的形式。

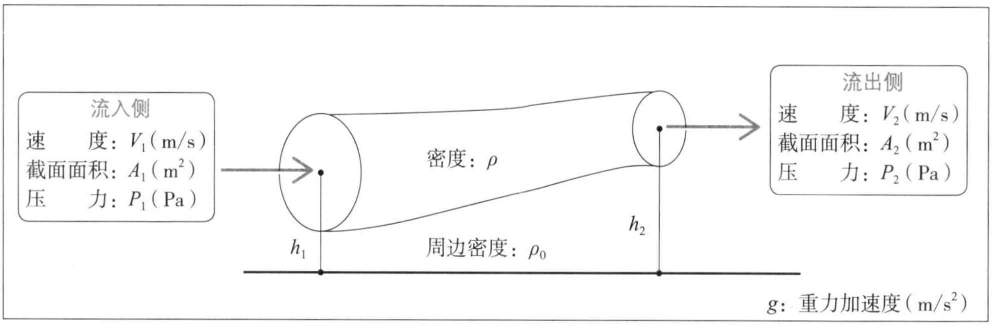

↓ 因此

稳定状态，为单位时间内从流管的两侧断面流入与流出的质量相等的状态（质量守恒定理）。

$$\rho \cdot V_1 \cdot A_1 = \rho \cdot V_2 \cdot A_2$$

⇦ 所谓的“连续方程”

伯努利公式

在流管壁所产生的摩擦无能量损失的状况

↓

流过流管两截面的总能量是相等的（能量守恒定理）。

实际上，由于摩擦阻力和实际管的形变阻力（形抗），所产生能量的损失，即所谓的压力损失。

↓ 因此

$$\frac{1}{2}\cdot\rho\cdot V_1^2+\rho\cdot gh_1+P_1=\frac{1}{2}\cdot\rho\cdot V_2^2+\rho\cdot gh_2+P_2$$

动压（速度压）　位置压　静压　全压

⇧

全压为稳定的　※ 以压力单位（Pa）表示。

伯努利（Bell Noui）（1700—1782年）
荷兰出生
瑞士物理学家、数学家

层流与紊流

层流：分层流动的流体（空气和水等）

紊流：众多振动漩涡混合的不规则流动的流体（空气和水等）

⇧

我们所能见到的流体大多数为紊流

层流与紊流的表示

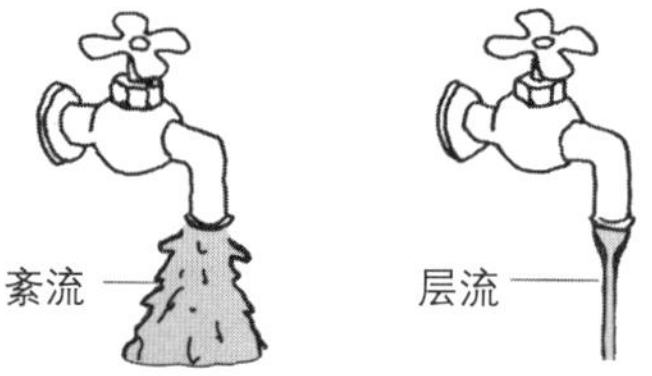

2 自然换气

自然换气，主要是由“室外风压”与“室内外温差”产生的。
实际上，同时产生的情况居多。

1 风压所产生的换气

风力换气：空气从受风侧流入、背风侧流出的空气流动

受风侧：从建筑物外部向内部形成压力扩散。
※ 为正压

背风侧：从建筑物内部向外部形成压力扩散。
※ 为负压

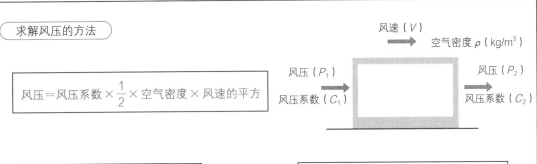

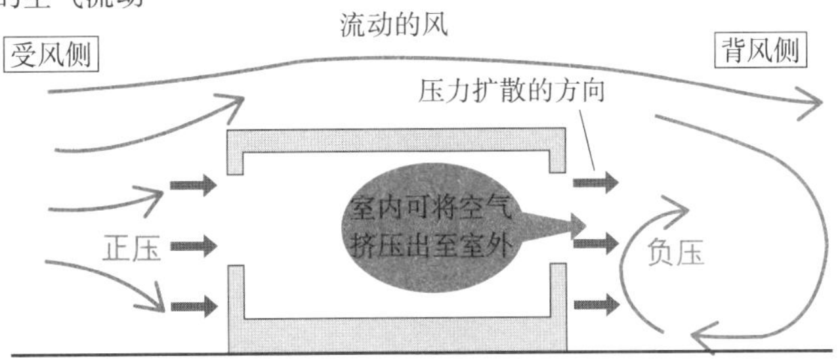

求解风压的方法

风压＝风压系数×$\frac{1}{2}$×空气密度×风速的平方

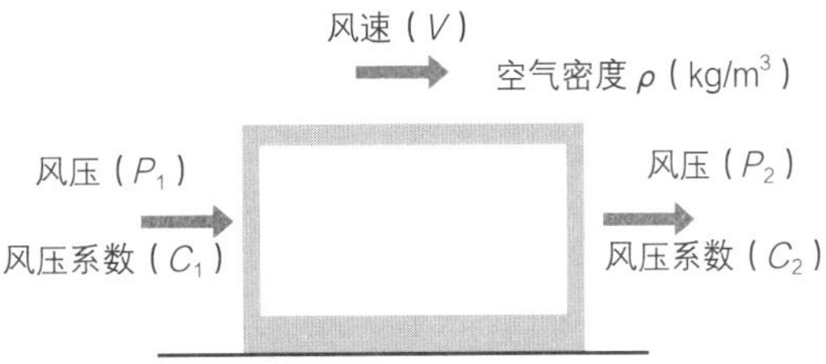

◎ 受风侧风压

$$P_1 = C_1 \cdot \frac{1}{2} \cdot \rho \cdot V^2$$

◎ 背风侧风压

$$P_2 = C_2 \cdot \frac{1}{2} \cdot \rho \cdot V^2$$

将这两式归纳！

◎ 受风侧与背风侧的风压压差

此数值为风压换气的驱动力！

风压系数差　空气密度　风速的平方

$$P_1 - P_2 = \frac{(C_1 - C_2) \cdot \rho \cdot V^2}{2}$$

压力差越大，风压所产生的换气量就越多！

风压系数示例　※ 由于建筑物形状的不同，建筑物周边风压系数的数值也有所差异。

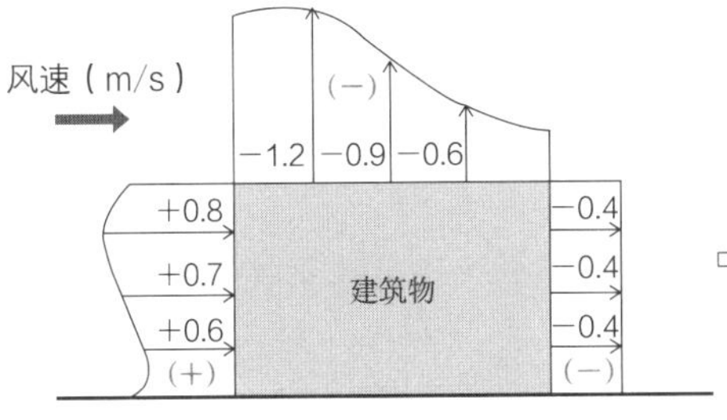

建筑物周边的风压系数

根据左图，可得到建筑物开口的风压系数。

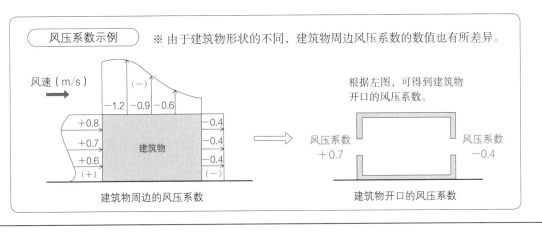

建筑物开口的风压系数

2 温差所产生的换气

空气由于温度而产生密度差异。

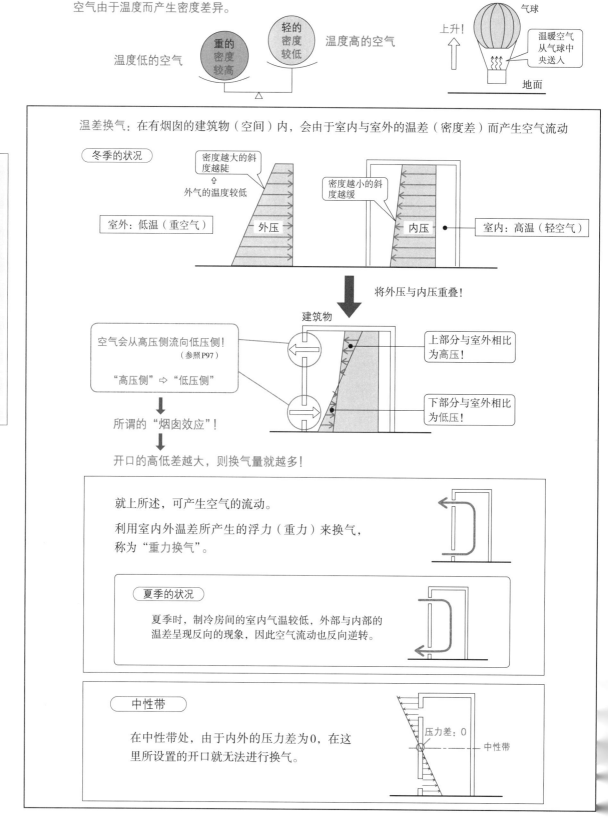

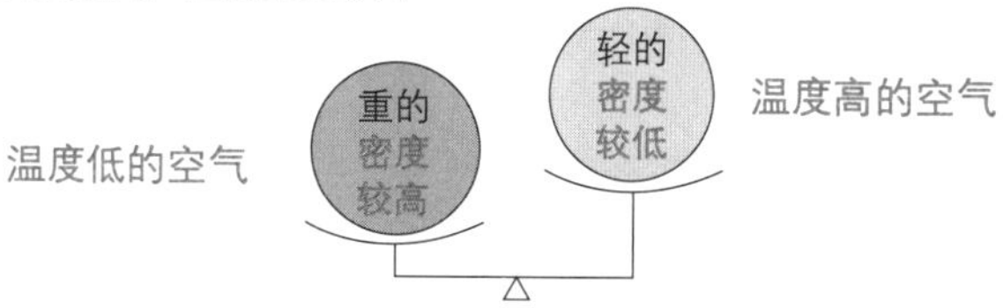

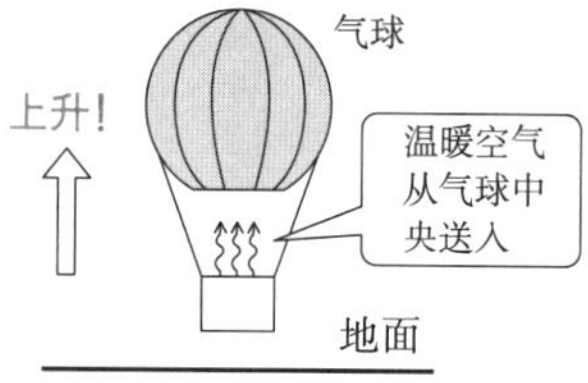

温差换气：在有烟囱的建筑物（空间）内，会由于室内与室外的温差（密度差）而产生空气流动

冬季的状况

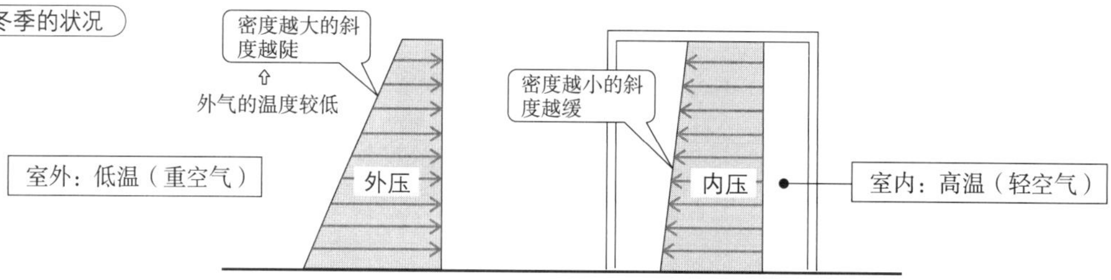

将外压与内压重叠!

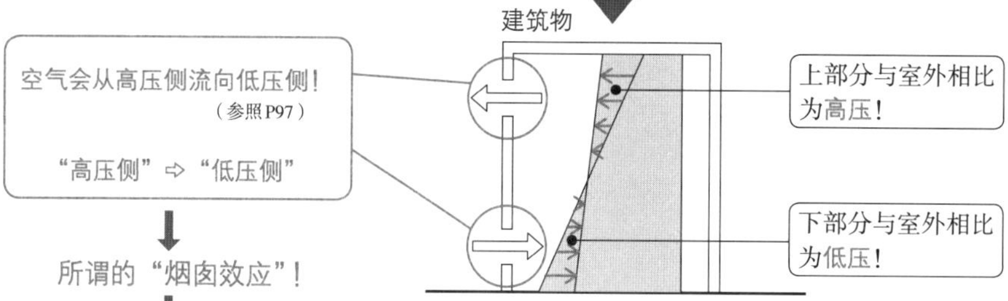

所谓的“烟囱效应”!

开口的高低差越大，则换气量就越多!

就上所述，可产生空气的流动。

利用室内外温差所产生的浮力（重力）来换气，称为“重力换气”。

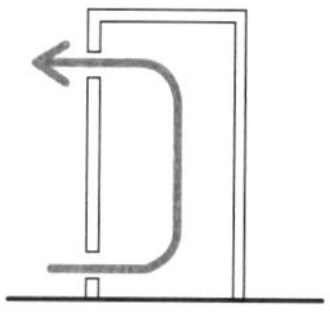

夏季的状况

夏季时，制冷房间的室内气温较低，外部与内部的温差呈现反向的现象，因此空气流动也反向逆转。

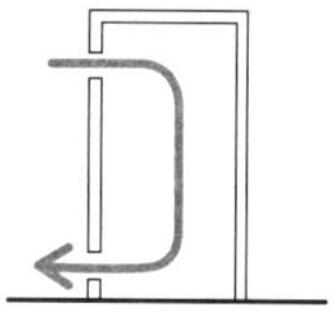

中性带

在中性带处，由于内外的压力差为0，在这里所设置的开口就无法进行换气。

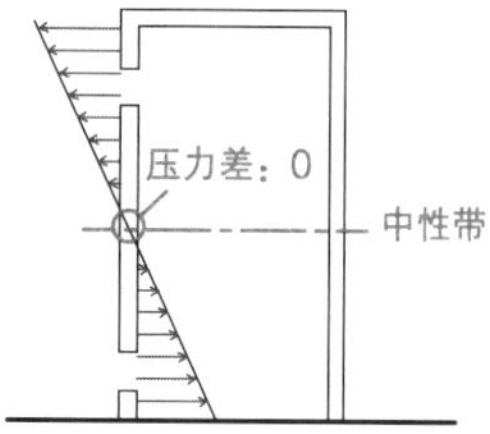

① 作用在开口内外的压力差

开口内侧与外侧的压力差，可由下列计算式核算。
此外，上下开口的数值差，成为温差换气的驱动力。

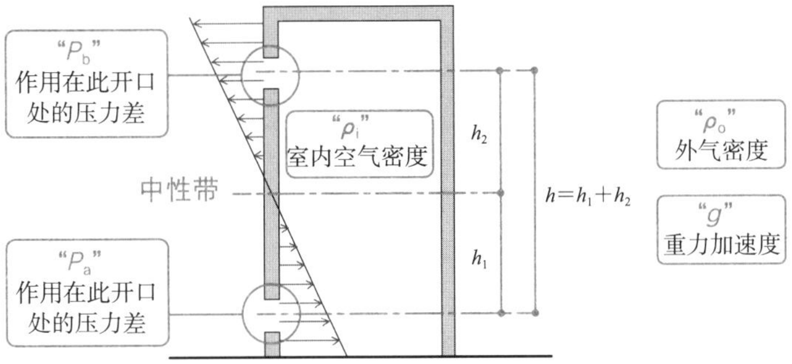

◎ 下侧开口的内外压力差

$$P_a=(\rho_o-\rho_i)\cdot g\cdot h_1$$

◎ 上侧开口的内外压力差

$$P_b=-(\rho_o-\rho_i)\cdot g\cdot h_2$$

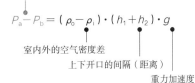

将这两式合并！

◎ 上下开口的内外压力差

此数值为温差换气的驱动力！

$$P_a-P_b=(\rho_o-\rho_i)\cdot(h_1+h_2)\cdot g$$

室内外的空气密度差
上下开口的间隔（距离）
重力加速度

开口部位的内外压差
- 室内外的空气密度差
- 距中性带距离

呈比例关系！

② 中性带与开口大小

开口大小产生差异时，中性带就会向较大的开口接近。

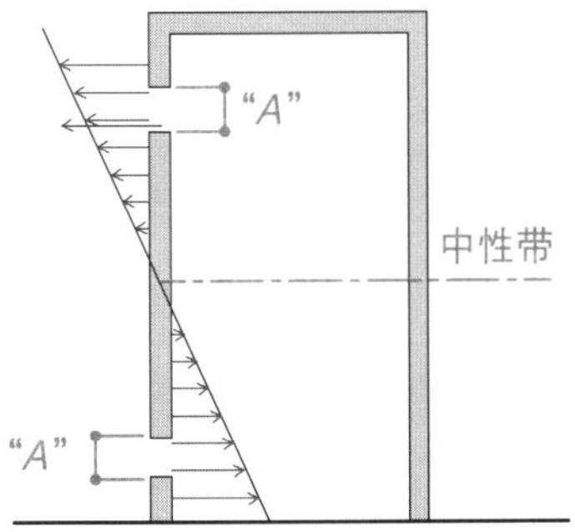

开口大小：为相同大小

⇩

中性带的位置在上下开口的中心

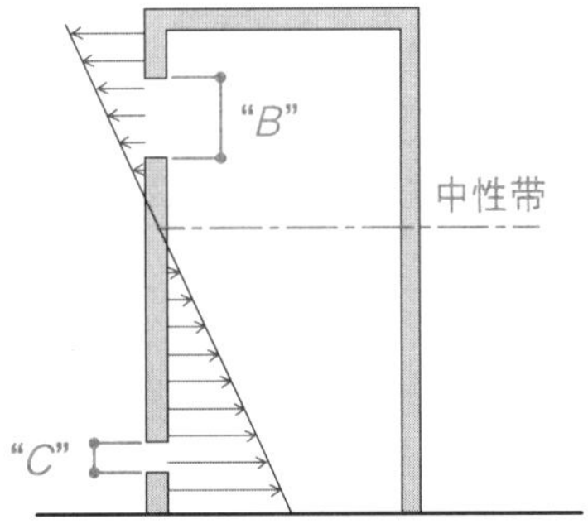

开口大小："B" > "C"

⇩

中性带位置，离开口较大的"B"近。

3 换气风量的计算

3-1 换气风量的计算式

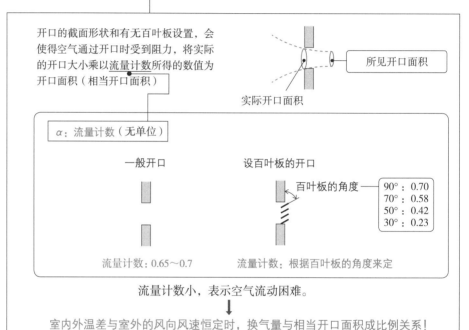

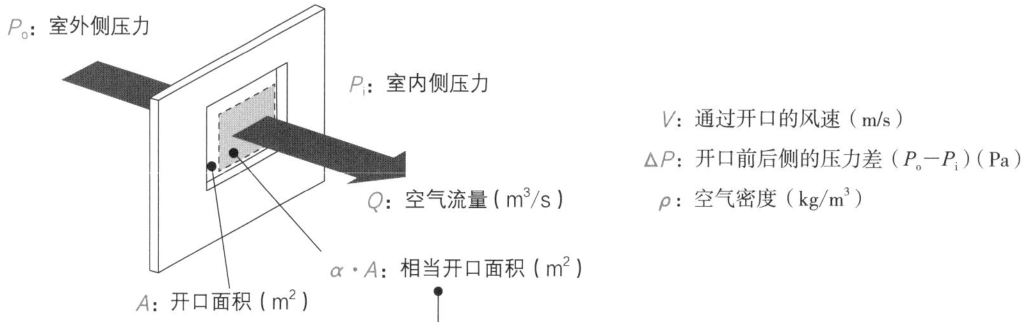

开口的截面形状和有无百叶板设置，会使得空气通过开口时受到阻力，将实际的开口大小乘以流量计数所得的数值为开口面积（相当开口面积）

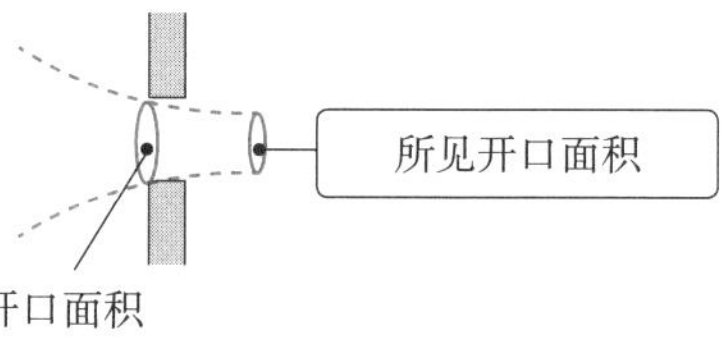

α：流量计数（无单位）

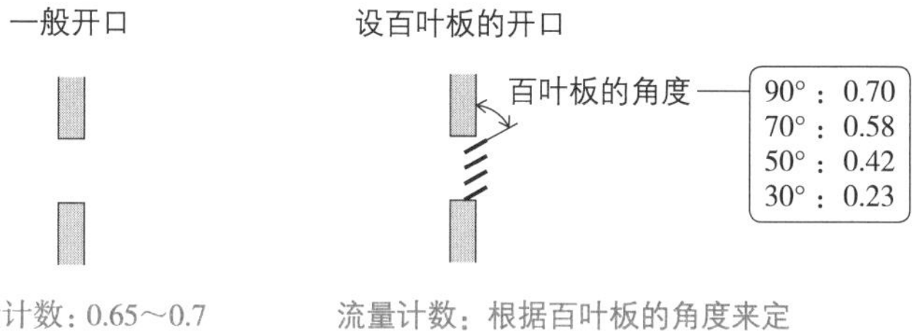

流量计数小，表示空气流动困难。

↓

室内外温差与室外的风向风速恒定时，换气量与相当开口面积成比例关系！

求通过开口的空气流量

面积A（m²）开口所通过的空气流量Q（m³/s）

$$Q = V \cdot A = \alpha \cdot A \cdot \sqrt{\frac{2 \cdot \Delta P}{\rho}}$$

↓

空气流量 ＝ 风速 × 开口面积

或者

$$空气流量 = 流量计数 \times 开口面积 \times \sqrt{\frac{2 \times 开口前后侧的压力差}{空气密度}}$$

① 风力换气的状况

风力换气的压力差

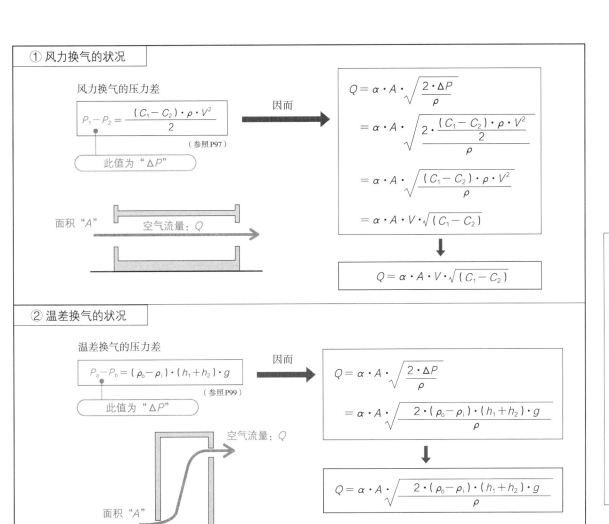

$$P_1-P_2=\frac{(C_1-C_2)\cdot\rho\cdot V^2}{2}$$

（参照P97）

此值为“ΔP”

因而

$$Q=\alpha\cdot A\cdot\sqrt{\frac{2\cdot\Delta P}{\rho}}$$

$$=\alpha\cdot A\cdot\sqrt{\frac{2\cdot\frac{(C_1-C_2)\cdot\rho\cdot V^2}{2}}{\rho}}$$

$$=\alpha\cdot A\cdot\sqrt{\frac{(C_1-C_2)\cdot\rho\cdot V^2}{\rho}}$$

$$=\alpha\cdot A\cdot V\cdot\sqrt{(C_1-C_2)}$$

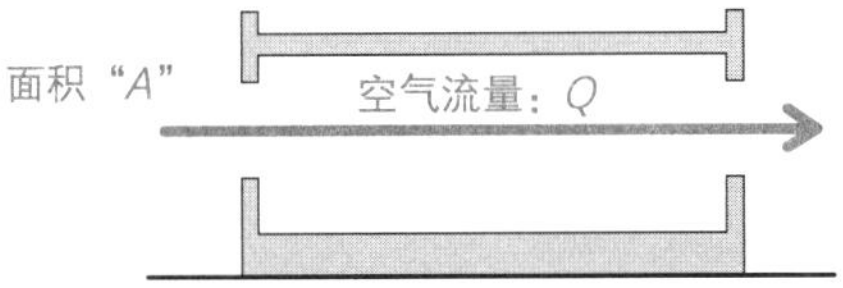

↓

$$Q=\alpha\cdot A\cdot V\cdot\sqrt{(C_1-C_2)}$$

② 温差换气的状况

温差换气的压力差

$$P_a-P_b=(\rho_o-\rho_i)\cdot(h_1+h_2)\cdot g$$

（参照P99）

此值为“ΔP”

因而

$$Q=\alpha\cdot A\cdot\sqrt{\frac{2\cdot\Delta P}{\rho}}$$

$$=\alpha\cdot A\cdot\sqrt{\frac{2\cdot(\rho_o-\rho_i)\cdot(h_1+h_2)\cdot g}{\rho}}$$

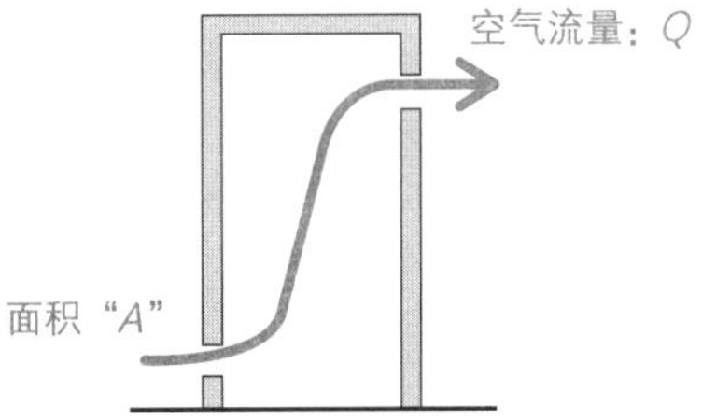

↓

$$Q=\alpha\cdot A\cdot\sqrt{\frac{2\cdot(\rho_o-\rho_i)\cdot(h_1+h_2)\cdot g}{\rho}}$$

3-2 开口的合并

在有多个开口的情况下，有必要合并开口。

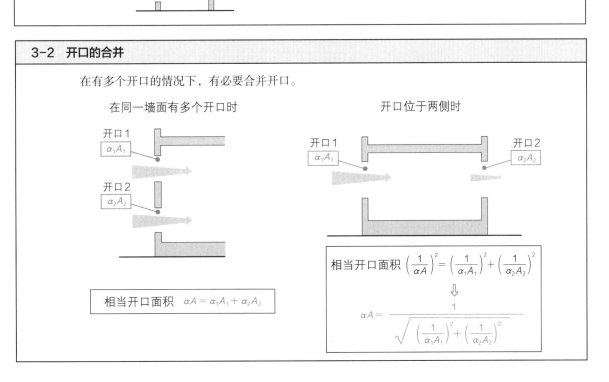

在同一墙面有多个开口时

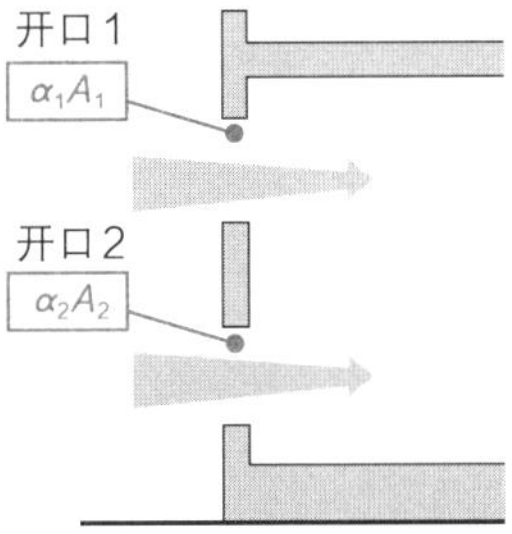

相当开口面积 $\alpha A=\alpha_1A_1+\alpha_2A_2$

开口位于两侧时

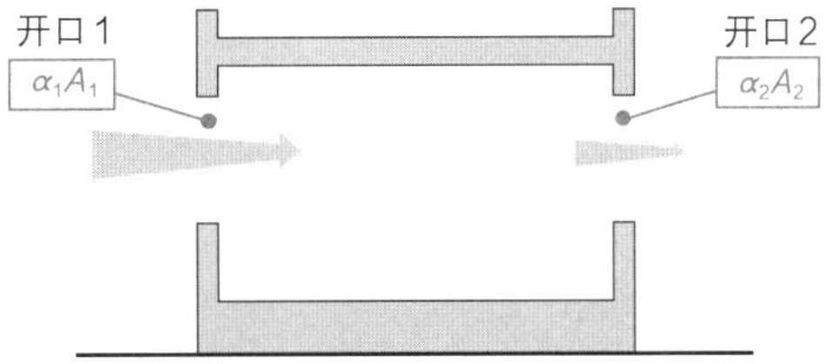

相当开口面积 $\left(\frac{1}{\alpha A}\right)^2=\left(\frac{1}{\alpha_1A_1}\right)^2+\left(\frac{1}{\alpha_2A_2}\right)^2$

⇩

$$\alpha A=\frac{1}{\sqrt{\left(\frac{1}{\alpha_1A_1}\right)^2+\left(\frac{1}{\alpha_2A_2}\right)^2}}$$

3 机械换气

机械换气是针对采用送风机进行机械的强制性换气而言。⇔ 自然换气（参照P97～101）

1 机械换气方式的种类

① 第1种换气方式

送风机 ＋ 排风机

· 可进行稳定的换气。

· 由于送排风的流量平衡可以改变，因此室内压的“正压”“负压”可进行设定。

· 使用范围广泛。

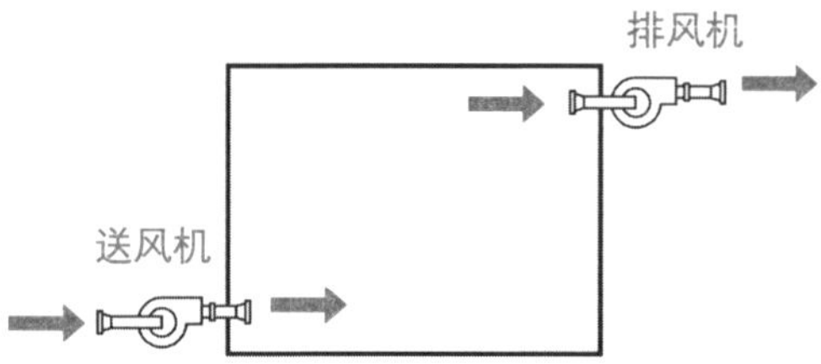

② 第2种换气方式

仅设送风机

※ 排风是从排风口进行自然换气。

· 室内产生“正压”。

· 避免其他空间的污染空气流入室内，适用于室内产生燃烧空气的空间。

例如：

· 洁净室（Clean Room）

控制空气中浮游物质在一定程度以下，进行温度、湿度和压力等环境条件管理的房间。

※ 适用于半导体制造工厂等处。

· 手术室 等

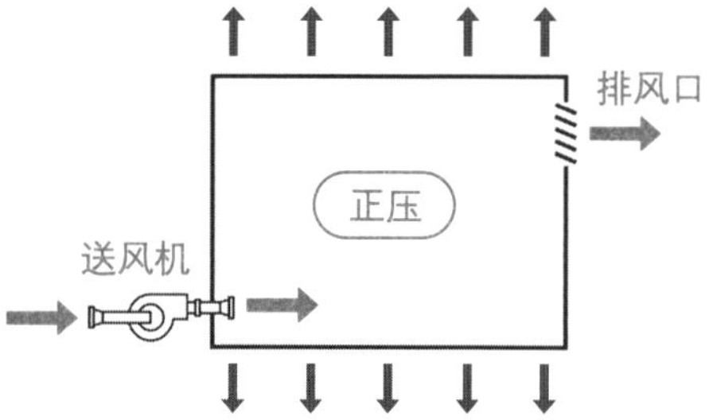

③ 第3种换气方式

仅设排风机

※ 送风是从送风口进行自然换气。

· 室内产生“负压”。

· 适用于室内所产生的污染物不会向其他空间泄漏的房间。

例如：

· 厕所、浴室、厨房

· 产生有毒气体的工厂

· 核电设施

· 治疗SARS（急性呼吸严重综合征）的空间 等

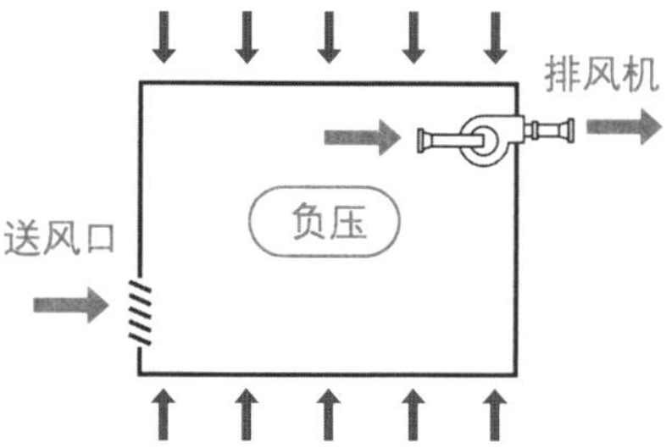

第4种换气方式

有别于自然换气，设置以排风为目的的辅助装置（通风孔和烟囱等）。
这种称为第4种换气方式。
换气量会受到外部风的影响而不稳定。

通风孔（Ventilator）：设在屋面和屋顶的排风筒

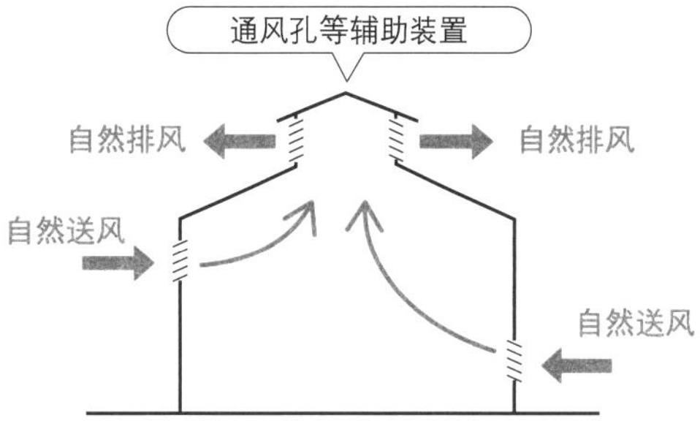

机械换气规划示例

◎ 第1种无管道方式

优　点

· 无需设置管道配管
· 使各房间可确实换气

注意点

· 每个房间所设的送风扇在设计上无法令人满意
· 室外噪声可能会侵入室内
· 送风时会产生风击流的问题

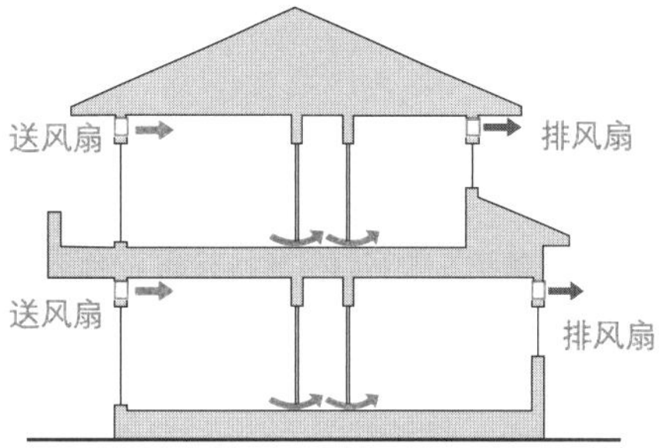

◎ 第3种中央管道方式

优　点

· 作用在房间的运转噪声较小
· 利于室内设计
· 门的底部无需切挖，可确保隐私

注意点

· 需要设置管道配管
· 室外噪声可能会侵入室内
· 送风时会产生风击流的问题
· 须注意确保容易受到外界影响的换气量

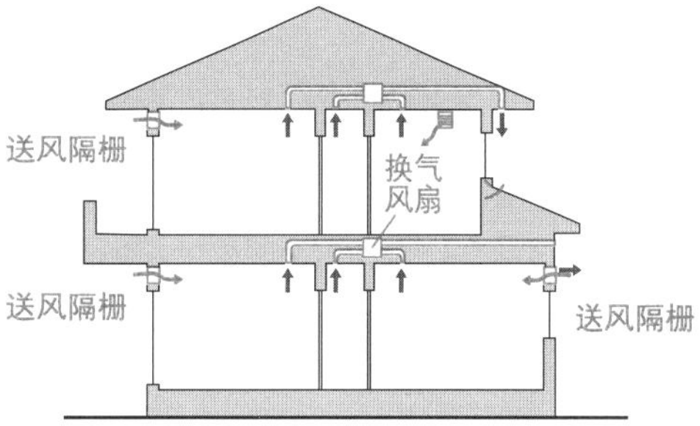

◎ 第1种中央管道方式（热交换型）

优　点

· 作用在房间的运转噪声较小
· 使各房间可确实换气
· 利于室内设计
· 可防止风击流与减轻空调负荷

注意点

· 需要设置管道配管
· 为设定适当换气量，有必要选择机器

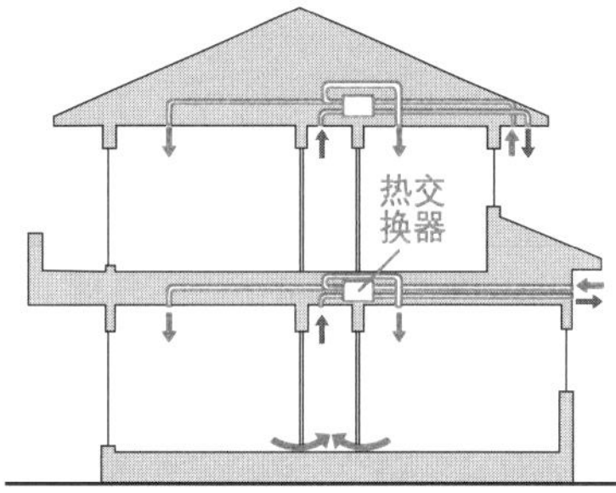

4 换气规划

考虑房间的用途与建筑物的使用目的等，按目的要求实施换气规划。
对于提高建筑物的气密性，换气计划显得特别重要！

1 全面换气与局部换气

考虑房间用途和机械设备的使用场所，可分成“全面换气”与“局部换气”

① 全面换气

考虑室内整体的换气，以降低室内污染物的浓度。

※ 可用于污染物发生源在整个空间中为均匀分布的状况。

使用范例・住宅的房间
・事务所建筑的值班室
・学校的教室 等

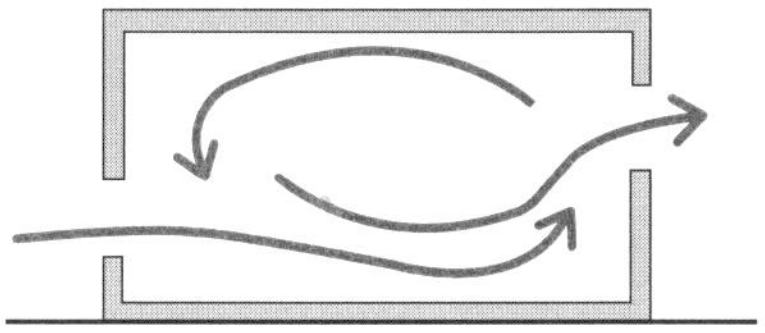

② 局部换气

局部会产生有毒气体、热、水蒸气、臭气等需要排出。

使用范例・工厂
・厨房 等

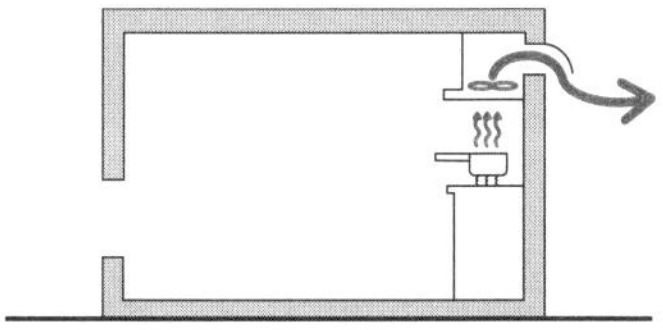

2 换气路径

住宅的换气路径

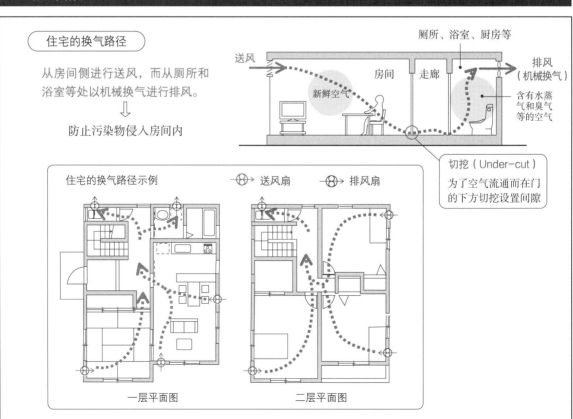

从房间侧进行送风，而从厕所和浴室等处以机械换气进行排风。

⇩

防止污染物侵入房间内

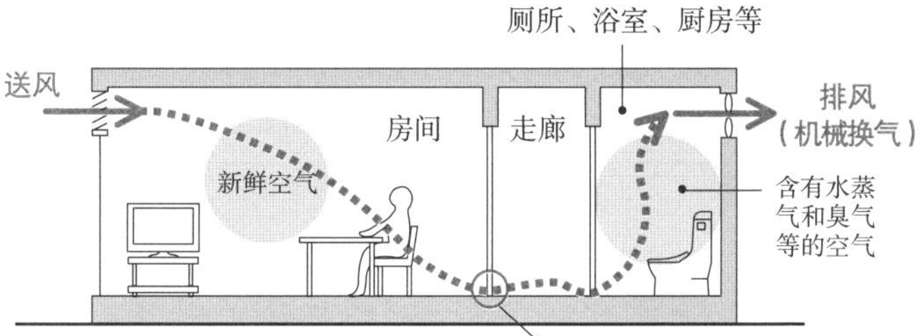

切挖（Under-cut）
为了空气流通而在门的下方切挖设置间隙

住宅的换气路径示例

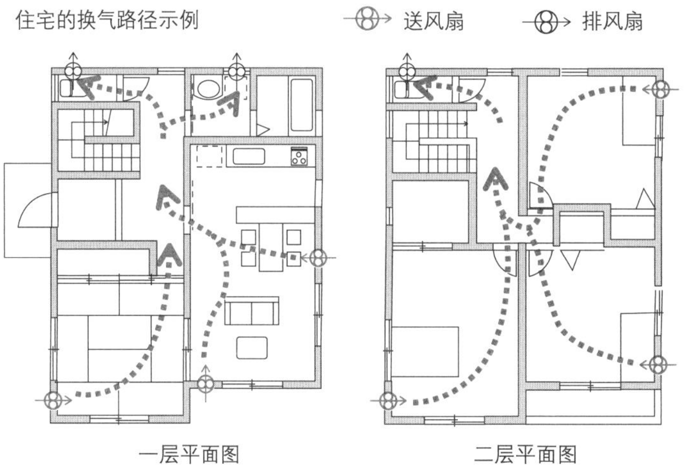

一层平面图　二层平面图

3 其他的换气方式

办公建筑

置换换气方式和从地板上吹送风的空调系统换气方式，是换气效率较高而令人关注的方式。

◎ 置换换气方式

从地板高度吹出较室温为低的新鲜空气，由于人体发热等产生的暖空气会向上飘升，这些暖空气从顶棚等处排出。

※ 教室和商店、作业场所等使用这种方式。

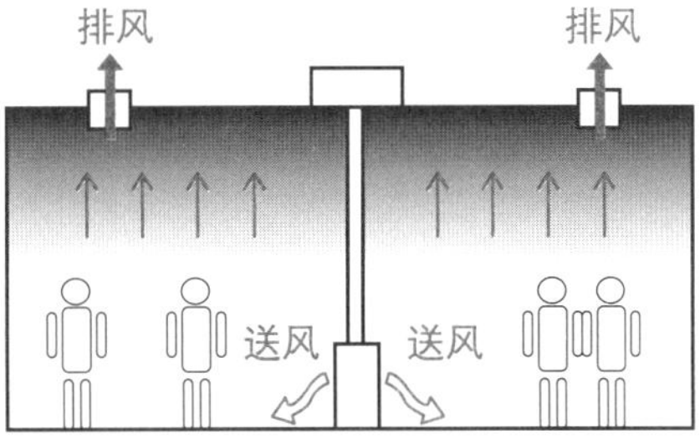

◎ 地板送风空调系统（上吹换气方式）

从设置在地板面的送风口，向室内送风的空调方式。人和办公自动化机器会发散热量，使得温暖的空气上升，从顶棚处排出。

※ 架高地板的地板架高就是利用这原理，办公建筑采用这种方式。

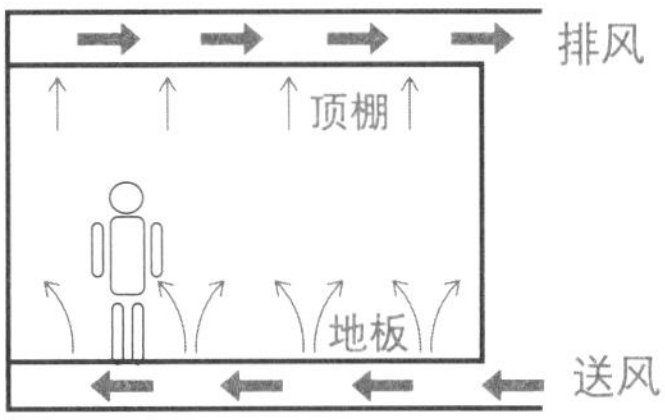

总之，暖空气会使粉尘上升，得以确保空气清洁。

住宅

采用中央供暖方式，以使用不向室外排气的采暖器具（密闭型采暖器具，参照P92）为前提。

中央供暖方式

温水和水蒸气等可通过管道输送到各房间的供暖方式。在建筑物的地下室或屋顶某处，须设置锅炉等热源装置。

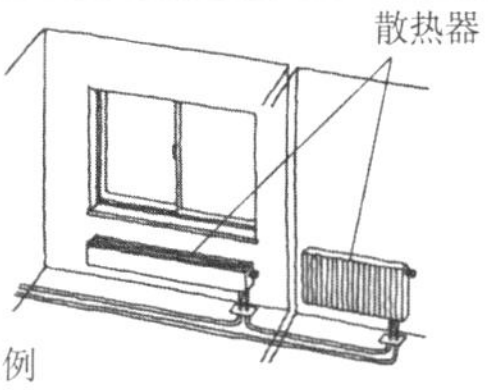

中央供暖的散热器示例

4 气密性能

建筑物气密程度的高低，或以所拥有开口的程度来表示建筑的一种性能（参照P51）。

多以开口的“相当开口面积”来表示。
用C值来表示。

相当开口面积 ＝ 开口面积 × 流量计数　（参照P100）

当室内外温差与风向风速恒定时，换气量与“气密性能（相当开口面积）”成比例关系。

5 通风

主要是适用夏季的环境调整技术，自古以来就使用。

降低体感温度

当身体受风吹袭，体感温度就会降低。

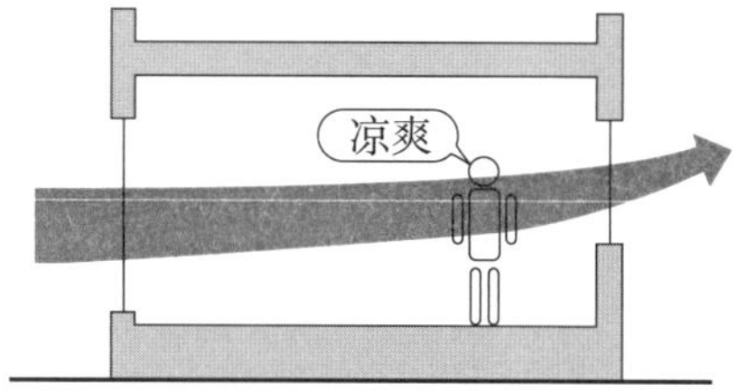

减轻热负荷

在室内会产生各式各样的热负荷。

- 日射产生的热负荷
- 室内所产生的潜热、显热负荷

室内产生热　　：显热
室内产生水蒸气：潜热

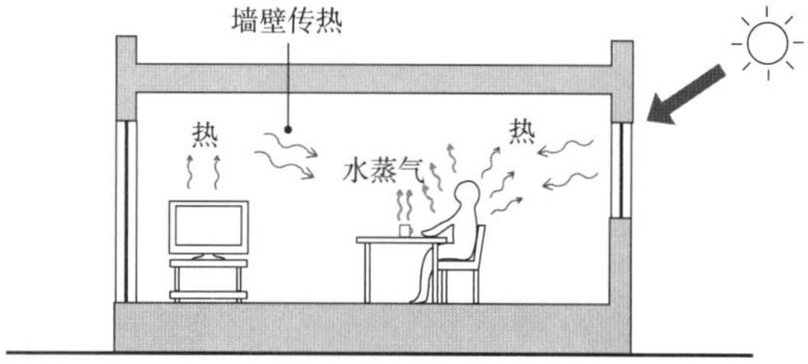

要求快速向室外排出！

室内可导入气流，以减轻热负荷。

⇩

根据夏季大部分季风导入的方向，设置送风的窗户。

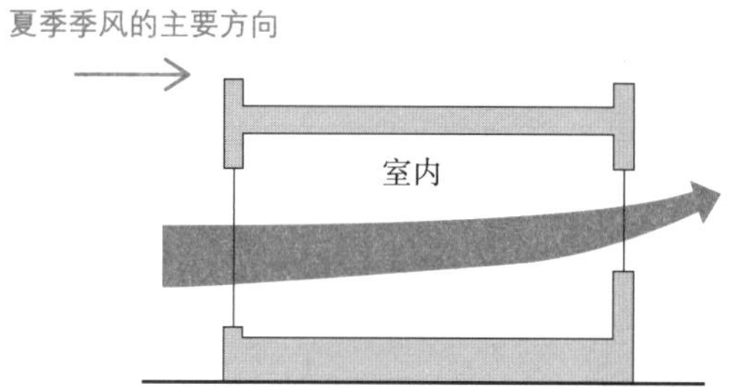

夜间空调

夜间开窗蓄积冷空气。

将较室内空气为冷的夜间外气引入室内降低温度，来减轻第二天的制冷负荷。

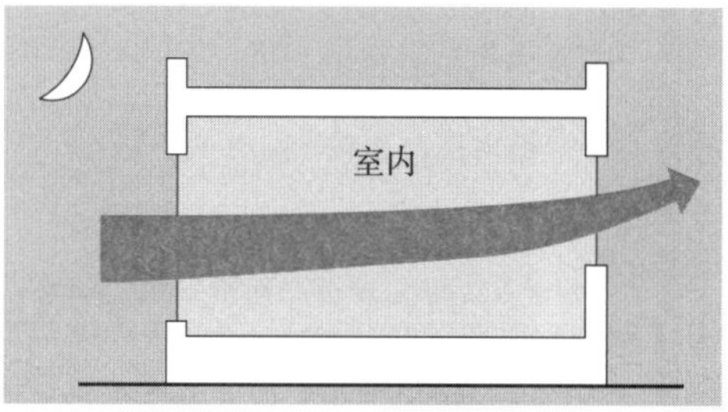

习题	空气环境（室内空气污染与换气）	○或×
①	人体所产生的体臭是空气污染的原因之一。 提示！P88“室内污染物”	
②	氮气、一氧化碳、VOC（挥发性有机化合物）、臭氧、尘埃等物，对室内空气污染影响最少的是尘埃。 提示！P88“室内污染物”	
③	氮氧化合物、石棉纤维、甲醛、氩气、臭氧等物，对室内空气污染影响最少的是氩气。 提示！P88“室内污染物”	
④	换气的主要目的是保证室内空气的清洁，而非加速气流。 提示！P88“换气目的”	
⑤	换气次数为每小时房间的换气量除以室容积所得的值。 提示！P89“①换气次数”	
⑥	室容积为150m^3的房间，换气量为75m^3/h，则房间的换气次数为2次/h。 提示！P89“①换气次数”	
⑦	二氧化碳浓度是室内空气污染的一种指标。 提示！P89“②容许浓度的标准”	
⑧	对于同一房间，换气、排风口位置改变时，室内污染物的浓度分布一般会产生变化。 提示！P90“空气龄”	
⑨	对于产生污染物房间的必要换气量，是由房间的污染物发生量、容许浓度与外气污染物的浓度来决定的。 提示！P91“②必要换气量”	
⑩	对于房间的必要换气量，一般为每个成年人5m^3/h。 提示！P91“①呼吸所产生的二氧化碳量与必要换气量”	
⑪	对于住宅房间，以二氧化碳为标准进行必要换气量计算时，一般二氧化碳的容许浓度为0.1%（1000ppm）。 提示！P91“①呼吸所产生的二氧化碳量与必要换气量”	
⑫	在房间内吸烟量多的情况下，一般每个人的必要换气量为10～20m^3/h。 提示！P92“③浮游粉尘量与必要换气量”	
⑬	在使用煤气灶的厨房，计算设置换气扇的有效换气量，与理论废气量有关。 提示！P92“有效换气量”	
⑭	开放型燃烧器具在正常燃烧时的必要换气量，按理论废气量的标准核算。 提示！P92“有效换气量”	
⑮	对于厨房所用的换气扇，须具有将炊事所产生的烟、水蒸气、臭气等燃烧废气排出的必要排风能力。 提示！P92“有效换气量”	
⑯	内装材料挥发所产生的甲醛，是室内空气污染的原因。 提示！P93“引发病态建筑综合症的化学物质”	
⑰	关于建筑材料中甲醛的挥发量，“F☆☆表示”较“F☆☆☆☆表示”为少。 提示！P94“建筑标准法相关的规定”	
⑱	在住宅中不允许使用含有氯丹的建筑材料。 提示！P94“化学物质的使用限制”	
⑲	对于住宅房间设置机械换气设备的情况，一般机械换气设备的换气次数为0.5次/h以上。 提示！P94“换气次数的规范限制”	
⑳	二氧化碳为无色、无臭、较重的空气。 提示！P95“其他气体的性质与比重”	
㉑	自然换气主要依靠室内外温度差与室外风压来运行。 提示！P97“自然换气”	
㉒	对于有开口的室内，换气量会随着室外的风速变化而变化。 提示！P97“风压系数”	
㉓	对于自然换气，一般在地板附近设置送风口、在顶棚附近设置排风口具有效果。 提示！P98“温差所产生的换气”	

㉔	利用建筑内外温差作为动力所产生自然换气的换气量，与送风口与排风口的面积有关，而与所设的高度差无关。 提示！P98“温差所产生的换气”	
㉕	对于有开口的室内，当室内外的温差产生变化，换气量也会产生变化。 提示！P98“温差所产生的换气”	
㉖	第二种换气方式，适用于相对周围室内处于正压，防止污染空气流入室内的情况。 提示！P102“机械换气方式的种类”	
㉗	第三种换气方式，是机械排风与自然送风结合实施的方式。 提示！P102“机械换气方式的种类”	
㉘	对于厕所与热水间，须保证室内气压较周围气压低，采用排风机进行换气。 提示！P102“机械换气方式的种类”	
㉙	对于提高建筑物的隔热性与气密性，规划换气是重要的。 提示！P104“换气规划”	
㉚	房间的全面换气，是指对房间整体进行换气，以降低室内污染物的浓度。 提示！P104“①全面换气”	
㉛	对于机械换气，须考虑换气路径，一般为向主要房间送风，从浴室和厕所排风。 提示！P104“换气路径”	
㉜	在小屋内进行换气，对防止小屋内部结露和促进夏季排热是具有效果的。 提示！P104“换气规划”	
㉝	为了增加通风效果，须在夏季最多风向的合适方位设置送风窗。 提示！P106“通风”	

解答

①（○） ②（×）关系最少的是氮气。但是，“氮氧化合物”就会成为问题。 ③（○） ④（○） ⑤（○）
⑥（×）房间的换气次数为0.5次/h。 ⑦（○） ⑧（○） ⑨（○） ⑩（×）每个成人为30m³/h。 ⑪（○）
⑫（×）每支香烟需要130m³/h。 ⑬（○） ⑭（○） ⑮（○） ⑯（○） ⑰（×）以“F☆☆表示”表示为多。
⑱（○） ⑲（○） ⑳（○） ㉑（○） ㉒（○） ㉓（○） ㉔（×）自然换气（温差换气）的换气量取决于高差关系。
㉕（○） ㉖（○） ㉗（○） ㉘（○） ㉙（○） ㉚（○） ㉛（○） ㉜（○） ㉝（○）

第4章　声环境

1 声的性质

1 声的原理

1-1 声波与声压

声音会通过空气和固体物，产生振动而形成传播。

⬇ 稍微详细的解释！

声在空气中传播时，会朝向声传播方向的空气（空气粒子）产生振动。 ⇨ 声波

- 通过空气传播的声：空气传播声（空气声）
- 通过物体传播的声：固体传播声（固体声）

平静状态的大气压会从中心产生气压的变动。 ⇨ 声压 ［单位：Pa（帕斯卡）］

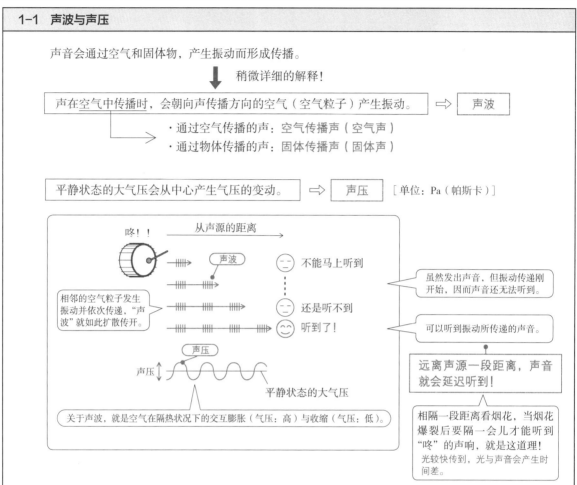

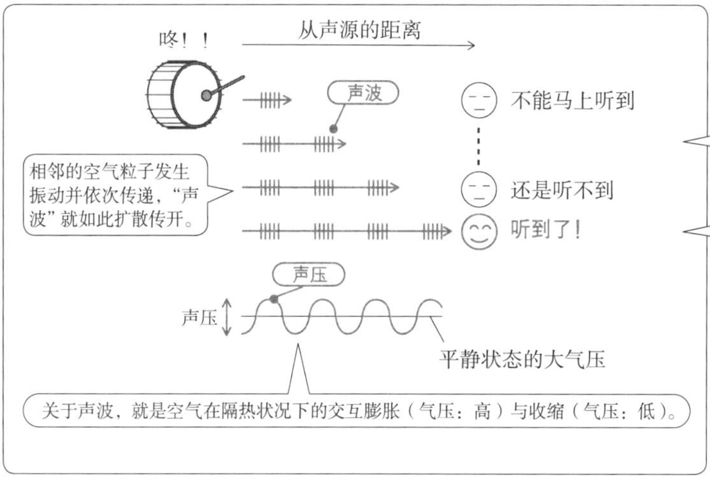

咚！！
从声源的距离
声波
不能马上听到
还是听不到
听到了！
相邻的空气粒子发生振动并依次传递，“声波”就如此扩散传开。
虽然发出声音，但振动传递刚开始，因而声音还无法听到。
可以听到振动所传递的声音。
声压
声压
平静状态的大气压
关于声波，就是空气在隔热状况下的交互膨胀（气压：高）与收缩（气压：低）。

远离声源一段距离，声音就会延迟听到！

相隔一段距离看烟花，当烟花爆裂后要隔一会儿才能听到“咚”的声响，就是这道理！
光较快传到，光与声音会产生时间差。

1-2 声速与波长

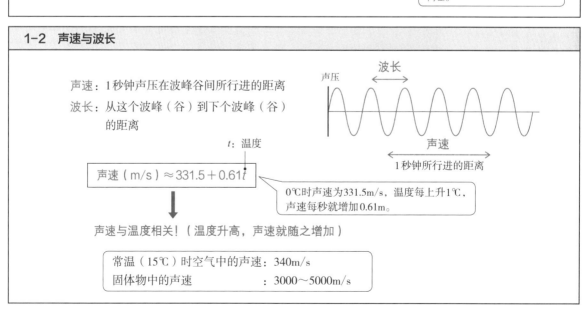

声速：1秒钟声压在波峰谷间所行进的距离

波长：从这个波峰（谷）到下个波峰（谷）的距离

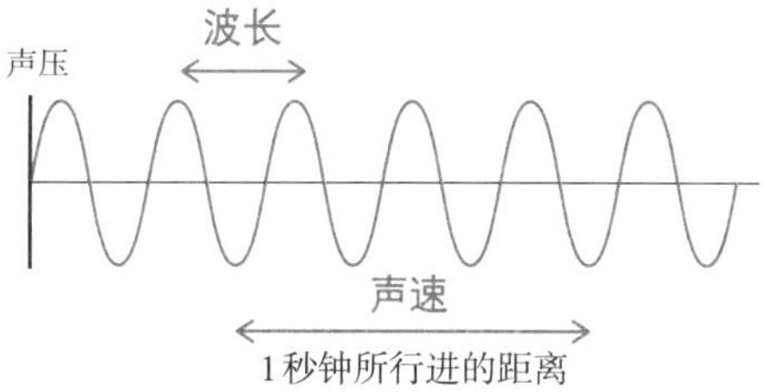

波长
声压
声速
1秒钟所行进的距离

t：温度

声速（m/s）≈331.5＋0.61t

0℃时声速为331.5m/s，温度每上升1℃，声速每秒就增加0.61m。

⬇

声速与温度相关！（温度升高，声速就随之增加）

常温（15℃）时空气中的声速	：340m/s
固体物中的声速	：3000～5000m/s

1-3 频率

频率：1秒钟从波峰到波谷往返振动的次数

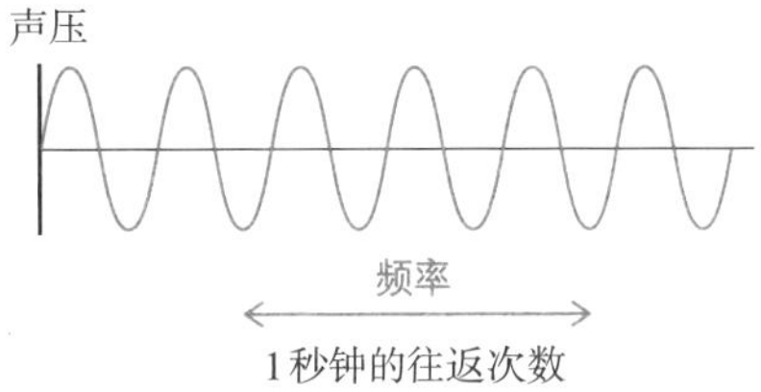

频率：Hz（赫兹）（=次/s）

20岁左右听力正常的人，能够听到声音的频率为20～20000Hz

※ 频率越大则声音会越高（参照P115）。

2 声的单位

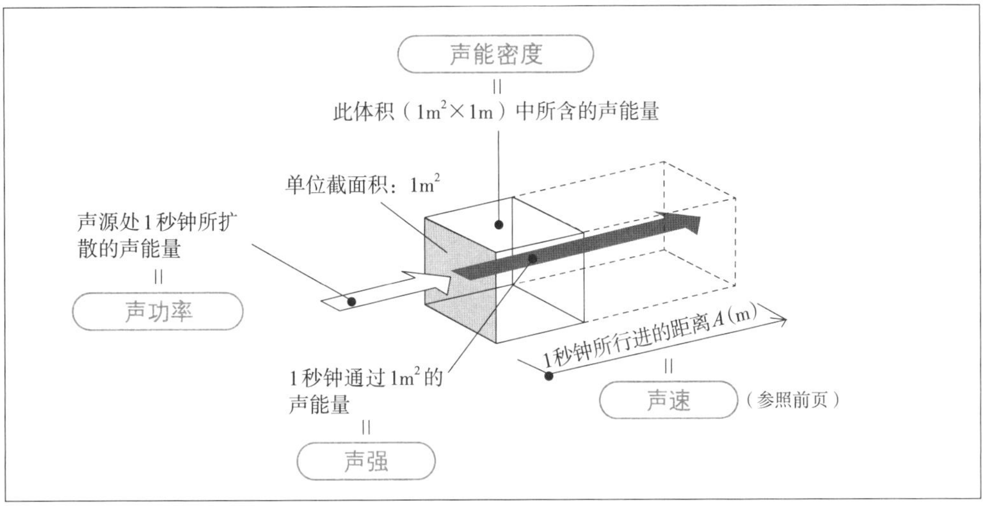

声功率（声响能量）：声源处1秒钟所扩散的声能量

单位：W（瓦） ⇨ J/s

声强：与声音行进方向垂直，单位截面积（$1m^2$）1秒钟通过的声能量

单位：W/m^2

$$声强 = \frac{声压^2}{空气密度 \times 声速}$$

➡ 声强与声压的平方成正比！

声能密度：单位体积所含的声能量

单位：$W \cdot s/m^3$ ⇨ J/m^3

$$声能密度 = \frac{声强}{声速}$$

3 声级的表示

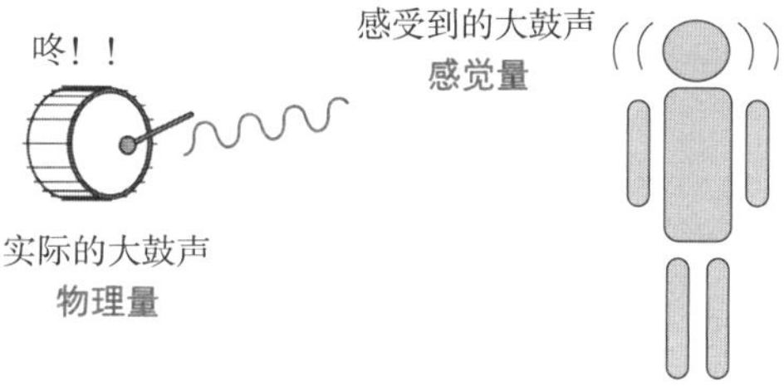

实际的声音：物理量（A）、最低标准值（A_0）
人体感觉的声音：感觉量（L）

“物理量”与“感觉量”成对数比例关系！

↑ “物理量”与“感觉量”不单纯的比例！

举例来说，声压增加2倍而声音的感觉大小却没有增加2倍。声音的物理刺激对人所产生的反应，与所受刺激物理量的对数成比例关系。
这就是“韦伯・费希纳（Weber-Fechner）法则”。人体感受的能量大小呈现对数增长。

因此，求人体感觉声音大小的算式为

$$声级（L）= 10 \cdot \lg \left(\frac{A}{A_0}\right)$$

单位：dB（分贝）

- 自然对数表示为“$\log_e$”
- 常用对数（$\log_{10}$）的10倍
- 替换这部分可求出各种声级（参照P112–114）

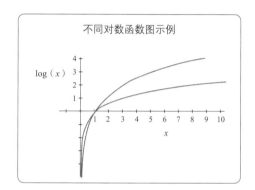

不同对数函数图示例

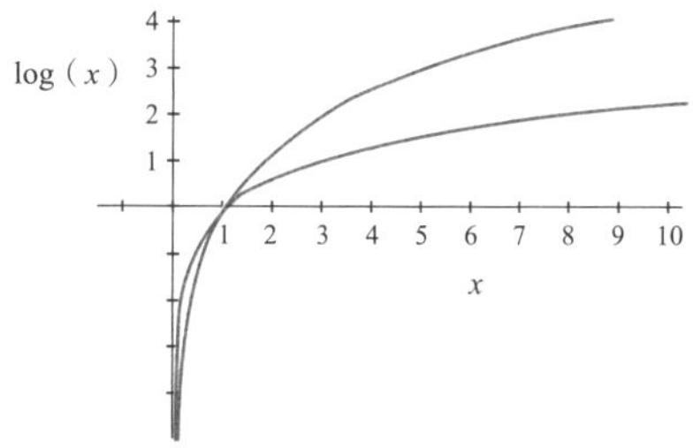

尝试进行实际计算！

例如　A（实际声）：200000μPa
　　　A_0（标准声）：20μPa

$$声级（L）= 10 \cdot \log_{10} \left(\frac{A}{A_0}\right)$$

$$\frac{A}{A_0} = \frac{200000}{20} = \frac{100000}{10} = 10^4$$

⇩ 将数值带入算式中！

$$声级（L）= 10 \cdot \log_{10} 10^4 \quad （\log_{10} 10^4 = 4）$$
$$= 10 \times 4 = 40$$

因此，得到声级量为 40dB 。

3-1 声强级

声强级：将上式中的 $\left(\frac{A}{A_0}\right)$ 替换成以下的内容。

两个声强的比：$\frac{I}{I_0}$

“I”：声强
“I_0”：人所能听到的最小声强（$= 10^{-12}$W/m^2）

$$声强级（L_I）= 10 \cdot \log_{10} \left(\frac{I}{I_0}\right)$$

⇩ 也可求出声强！

$$声强（I）= 10^{\frac{L_I}{10}} \cdot I_0$$

3-2 声压级

声压级：将前页中的 $\frac{A}{A_0}$ 替换成以下的内容。

两个声压的比：$\frac{P}{P_0}$

"P"：声压

"P_0"：人所能听到的最小声压（$=2\times10^{-5}$Pa）

$$声压级(L_P)=10\cdot\log_{10}\left(\frac{P^2}{P_0^2}\right)=20\cdot\log_{10}\left(\frac{P}{P_0}\right)$$

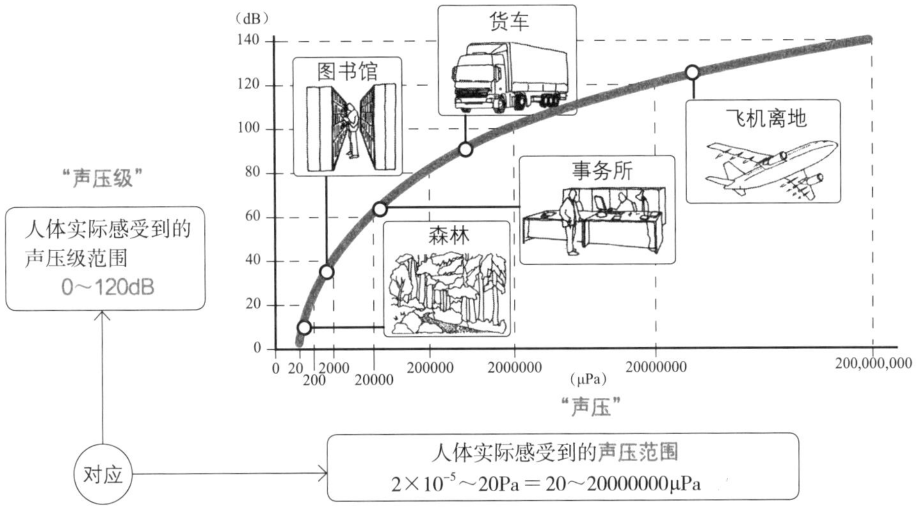

3-3 声能密度级

声能密度级：将前页中的 $\frac{A}{A_0}$ 替换成以下的内容。

两个声能密度的比：$\frac{E}{E_0}$

"E"：声能密度

"E_0"：人所能听到的最小声能密度（$=2.94\times10^{-15}$J/m^3）

$$声能密度级(L_E)=10\cdot\log_{10}\left(\frac{E}{E_0}\right)$$

※ 对于一般音环境来说，$L_I=L_P=L_E$ 是成立的

3-4 声功率级

声功率级：将前页中的 $\frac{A}{A_0}$ 替换成以下的内容。

两个声功率的比：$\frac{W}{W_0}$

"W"：声功率

"W_0"：人所能听到的最小声功率（$=10^{-12}$W）

$$声功率级(L_W)=10\cdot\log_{10}\left(\frac{W}{W_0}\right)$$

3-5 声级合成

在有多个声源的情况下，声强级需要合成。

声强级值不为L_1+L_2！

60dB＋60dB＝120dB ✕

50dB＋60dB＝110dB ✕

并不是简单的相加！

◎ 不同声源的声强级以“L_1”“L_2”来表示。

$$L_1=10\cdot\lg\left(\frac{I_1}{I_0}\right)\qquad L_2=10\cdot\lg\left(\frac{I_2}{I_0}\right)$$

声强级（L_I）＝$10\cdot\lg\left(\frac{I}{I_0}\right)$

（参照P112）

◎ 声强级的合成。

“L_1”与“L_2”为下式。

$$I_1=I_0\cdot10^{\frac{L_1}{10}}\qquad I_2=I_0\cdot10^{\frac{L_2}{10}}$$

代入

$$L_{1+2}=10\cdot\lg\left(\frac{I_1}{I_0}+\frac{I_2}{I_0}\right)$$

$$=10\cdot\lg\left(\frac{I_0\cdot10^{\frac{L_1}{10}}+I_0\cdot10^{\frac{L_2}{10}}}{I_0}\right)$$

$$=10\cdot\lg\left(10^{\frac{L_1}{10}}+10^{\frac{L_2}{10}}\right)$$

将多个声强级合成，可成为下式。

$$L_{1+\sim n}=10\cdot\lg\left(\sum_{k=1}^{n}10^{\frac{L_k}{10}}\right)$$

L_1与L_2为等量的状况

$$L_{1+2}=10\cdot\lg\left(10^{\frac{L_1}{10}}+10^{\frac{L_2}{10}}\right)$$

$$=10\cdot\lg\left(2\times10^{\frac{L_1}{10}}\right)$$

$$=10\cdot\lg2+10\cdot\lg10^{\frac{L_1}{10}}$$

$$=10\times0.3010+10\cdot\lg10^{\frac{L_1}{10}}$$

$$=3.01+L_1$$

两个声强级为相同的情况

将原本的声强级值增加3dB。

60dB与60dB的合成≈60dB＋3dB＝63dB

声级的增加差值可通过下图求得。

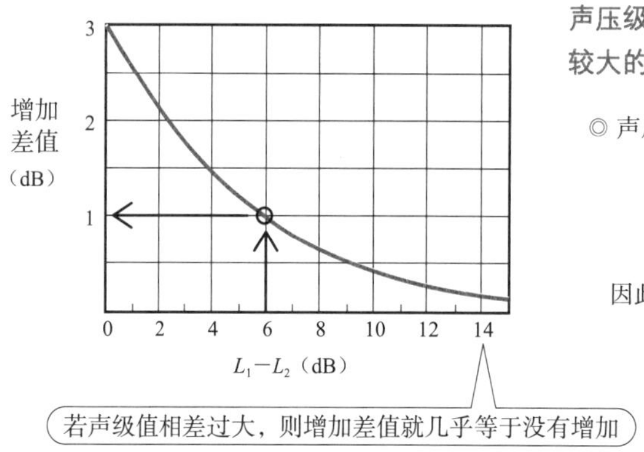

※ 其他声级的合成也用同样方法计算。

※ 将“声压级”＝“声强级”的考虑较妥。

声压级不同的状况，增加差值要加在声压级值较大的值上。

◎ 声压级值为“50dB”与“56dB”的声音合成

$L_1-L_2=6$dB

50dB＜56dB

因此，查阅左图

56＋1＝57dB

合成后的声压级值为 **57dB** 。

4 听觉与声的生理、心理

4-1 声的听感三要素

声的听感三要素："音响""音高""音色"

① 音响

若音响增加，则所听到的声音也会增大，但由于频率的不同，增加的程度也会产生变化。对于听力正常的人，音响与听感相同大小的感觉，可以1000Hz的声压级值来表示。

↓

响度级
单位：phon（方）

人的耳朵所听到的同样声响，会由于频率差异而感觉声音的大小不同！

就40phon来看 1000Hz ⇨ 约为40dB
100Hz ⇨ 约为53dB

⇧

频率越低则会听到越强的声音，而不会听成同样的大小。

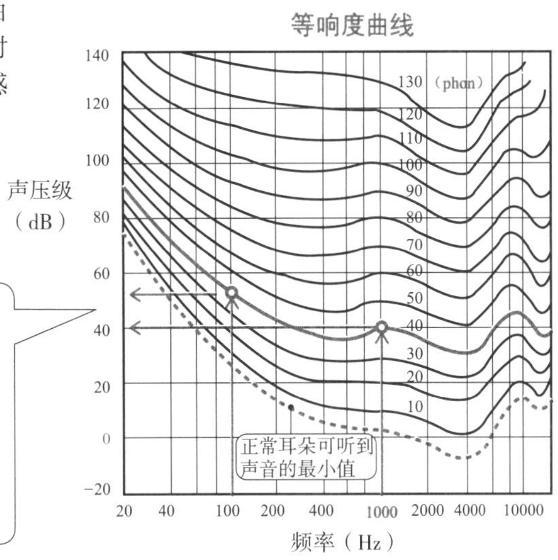

人们可听到大约0～120dB的声音。

② 音高

音高：主要由声的频率来决定。

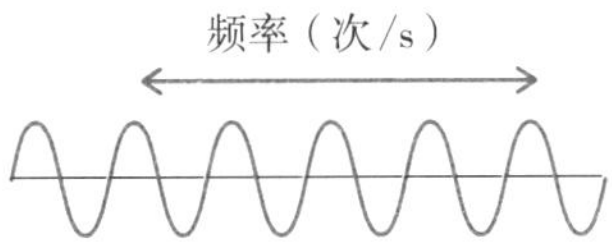

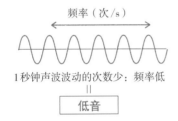

1秒钟声波波动的次数少：频率低

||

低音

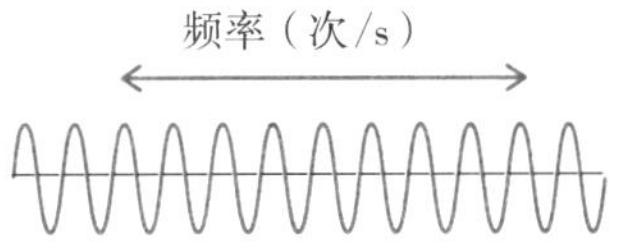

1秒钟声波波动的次数多：频率高

||

高音

人们可听到大约20～20000Hz的声音。

1个八度音：声的频率从1倍到2倍频率

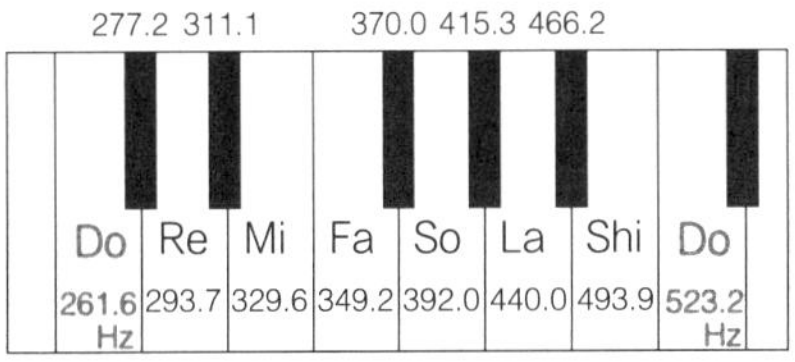

1个八度音

（频率为2倍）

||

高低不同的同八度音（音程）

频率与八度音的表示

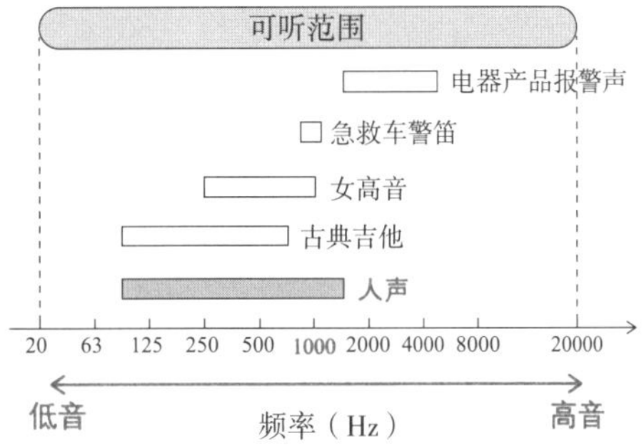

③ 音色

音色：各种频率的声音和各种强度的声音混合时，因混声（波形）的独特差异，而听起来似为乐器的特殊声音。 ⇐ 音强和音高相同的小提琴声与钢琴声就可以听出区别。

频谱：非常窄的频率带的声能量表示

声的种类	声的特征	波形	频谱
纯声	单一频率的声	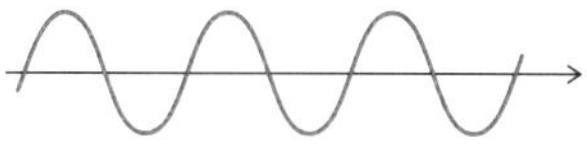	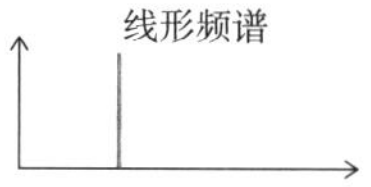 线形频谱
混声	由若干乐器规则的均等混合声	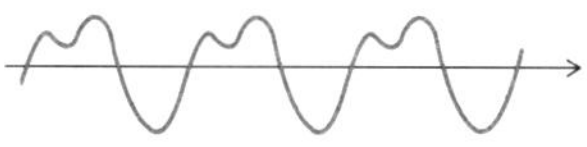	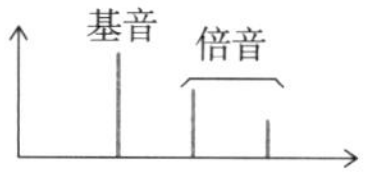 基音 倍音
杂声	不能感受到音程的声		 （白色噪声） 连续频谱

白色噪声（White Noise）

频谱水平在整体的频率中处在均等、相同连续的状况。
与电视节目结束后所发出的“沙沙～”的噪声相近。

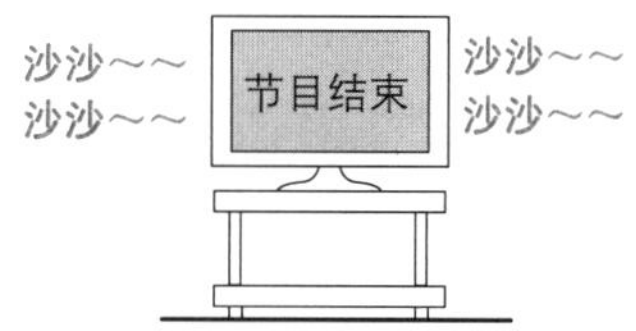

4-2 声的心理、生理效果

① 掩蔽效应

掩蔽效应：
某声音因为其他声音的存在而很难被听到的现象。

② 鸡尾酒会效应

鸡尾酒会效应：
即使周围嘈杂，仍可区别出目标声音的现象。

5 声的传播

声音从声源处扩散在空气中通过振动来传播，离开声源的传递过程。

⇩ 从声源处离开

从声源处散射形成声音扩散，声强从声源处离开后逐渐递减。

‖

距离衰减

衰减的方式有“点声源”与“线声源”的差别。

5-1 点声源

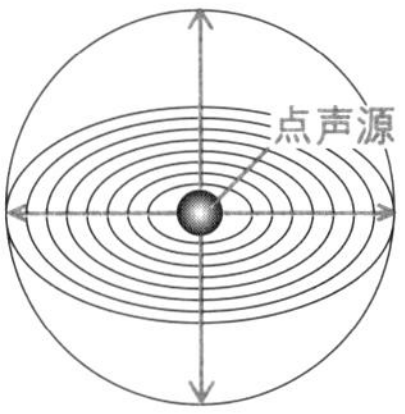

声音呈现球面状扩散！

从点声源朝各方向（球面状）产生均等的扩散。

⇩

声强与离声源距离的平方成反比。

声强级的求解公式（参照P112）

$$声强级(L_1) = 10 \cdot \lg\frac{I}{I_0}$$

- I：某点的声强
- I_0：声源（基本声）的声强

求B点的声强级

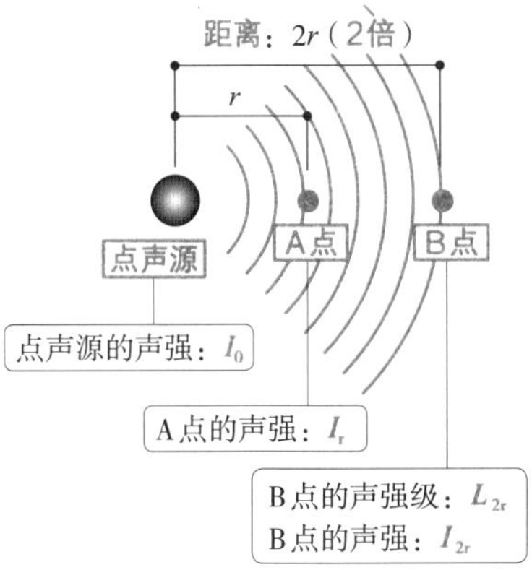

B点的声强级

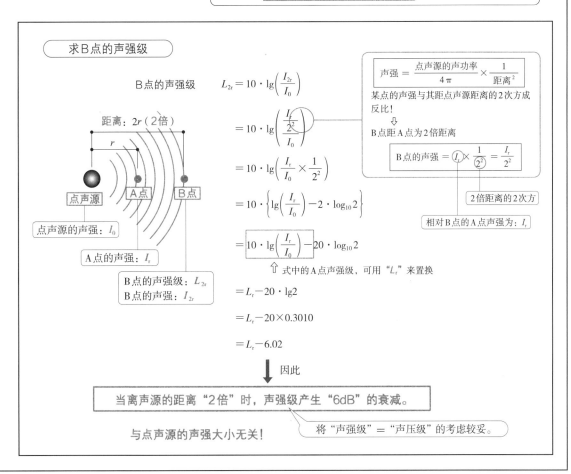

$$L_{2r} = 10 \cdot \lg\left(\frac{I_{2r}}{I_0}\right)$$

$$= 10 \cdot \lg\left(\frac{\frac{I_r}{2^2}}{I_0}\right)$$

$$= 10 \cdot \lg\left(\frac{I_r}{I_0} \times \frac{1}{2^2}\right)$$

$$= 10 \cdot \left\{\lg\left(\frac{I_r}{I_0}\right) - 2 \cdot \log_{10}2\right\}$$

$$= 10 \cdot \lg\left(\frac{I_r}{I_0}\right) - 20 \cdot \log_{10}2$$

⇧ 式中的A点声强级，可用“L_r”来置换

$$= L_r - 20 \cdot \lg2$$

$$= L_r - 20 \times 0.3010$$

$$= L_r - 6.02$$

$$声强 = \frac{点声源的声功率}{4\pi} \times \frac{1}{距离^2}$$

某点的声强与其距点声源距离的2次方成反比！

⇩

B点距A点为2倍距离

$$B点的声强 = I_r \times \frac{1}{2^2} = \frac{I_r}{2^2}$$

- 2倍距离的2次方
- 相对B点的A点声强为：I_r

⬇ 因此

当离声源的距离“2倍”时，声强级产生“6dB”的衰减。

将“声强级”＝“声压级”的考虑较妥。

与点声源的声强大小无关！

5-2　线声源

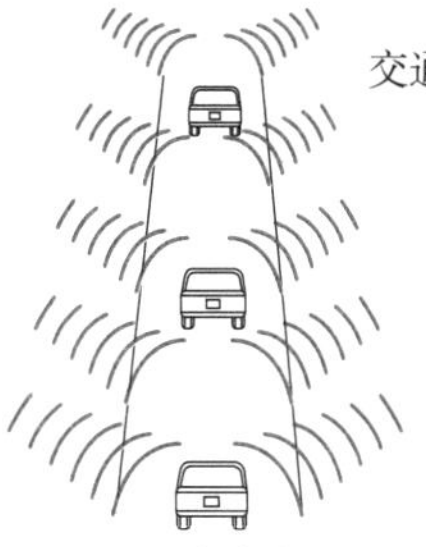

交通量大的道路

声音呈现圆筒形扩散！

从线声源处呈现圆筒状扩散。

⇩

声强与离声源的距离成反比。

声强级的求解公式（参照P112）

$$\text{声强级}(L_1)=10\cdot\lg\frac{I}{I_0}$$

I：某点的声强

I_0：声源（基本声）的声强

求B点的声强级

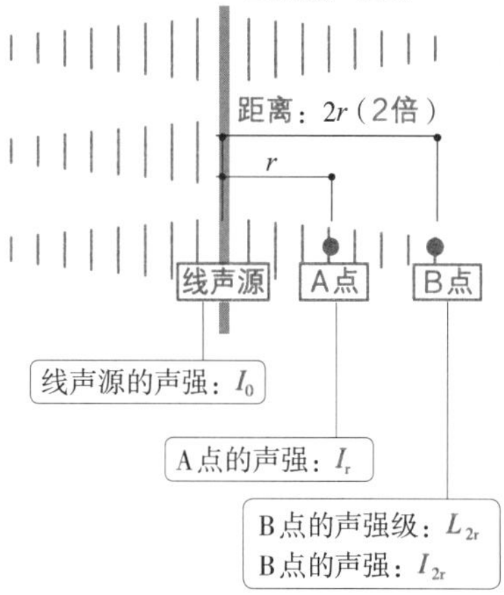

$$L_{2r}=10\cdot\lg\left(\frac{I_{2r}}{I_0}\right)$$

$$=10\cdot\lg\left(\frac{\frac{I_r}{2}}{I_0}\right)$$

$$=10\cdot\lg\left(\frac{I_r}{I_0}\times\frac{1}{2}\right)$$

$$=10\cdot\left\{\lg\left(\frac{I_r}{I_0}\right)-\log_{10}2\right\}$$

$$=10\cdot\lg\left(\frac{I_r}{I_0}\right)-10\cdot\log_{10}2$$

⇧ 式中的A点声强级，可用“L_r”来置换

$$=L_r-10\cdot\lg 2$$

$$=L_r-10\times0.3010$$

$$=L_r-3.01$$

$$\text{声强}=\frac{\text{线声源的声功率}}{2\pi}\times\frac{1}{\text{距离}}$$

某点的声强与其距线声源的距离成反比！

⇩

B点距A点为2倍距离

$$\text{B点的声强}=I_r\times\frac{1}{2}=\frac{I_r}{2}$$

距离的2倍

相对B点的A点声强为：I_r

⬇ 因此

当离声源的距离“2倍”时，声强级产生“3dB”的衰减。

与线声源的声强大小无关！

将“声强级”＝“声压级”的考虑较妥。

5-3　面声源

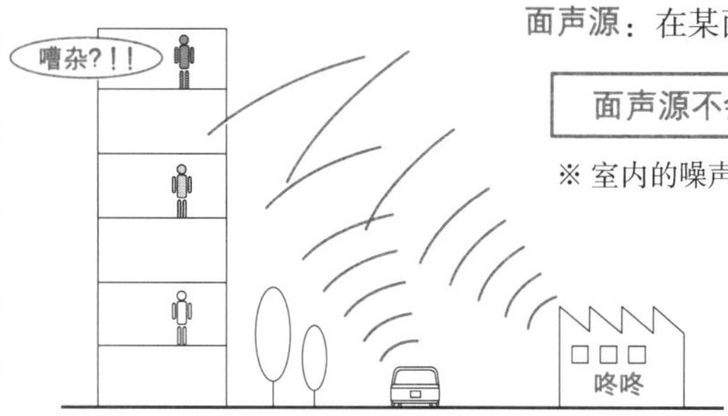

※ 对于建筑低层，车辆所产生的声音为点声源和线声源。因此，树木与屏障等障碍物可隔声音。

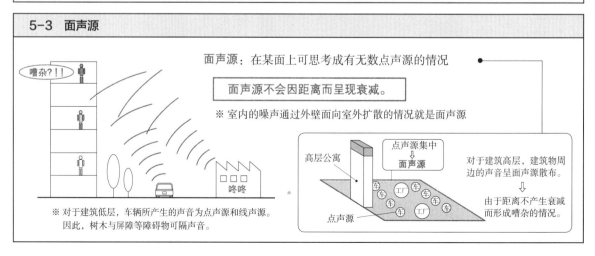

面声源：在某面上可思考成有无数点声源的情况

面声源不会因距离而呈现衰减。

※ 室内的噪声通过外壁面向室外扩散的情况就是面声源

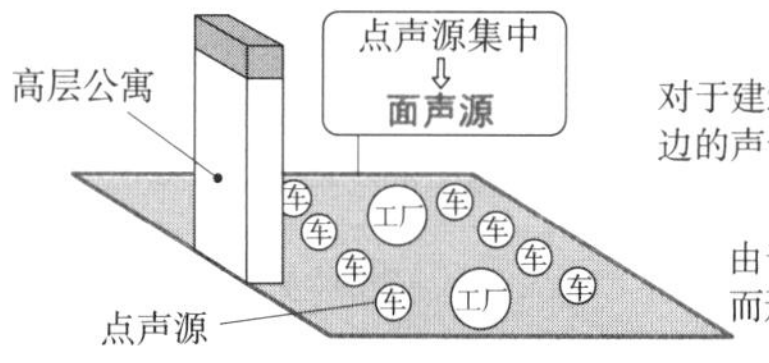

对于建筑高层，建筑物周边的声音呈面声源散布。

⇩

由于距离不产生衰减而形成嘈杂的情况。

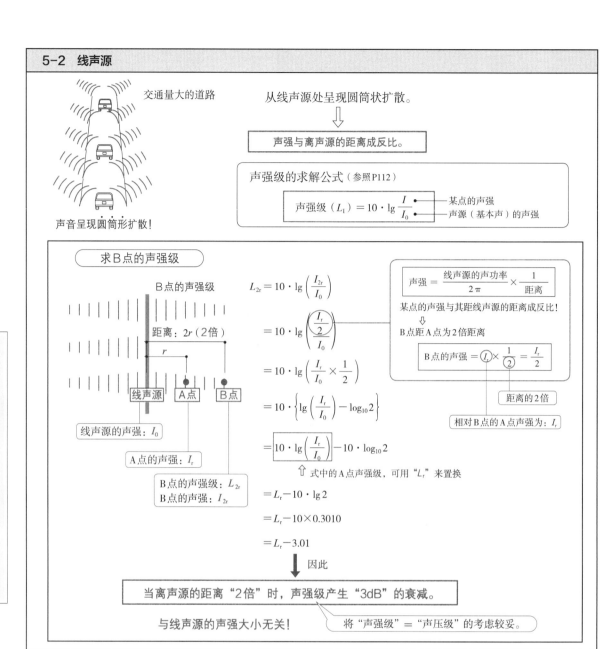

2 室内声

1 室内发声的种类

在建筑物中，有从室外传来的声音和室内所产生的声音等，由于各种原因而使得声音存在。

空气声与固体声

室内所产生的声音，可分为“空气声”与“固体声”。

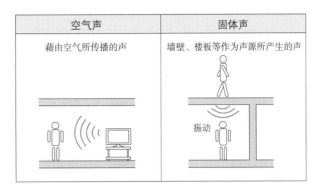

空气声	固体声
藉由空气所传播的声	墙壁、楼板等作为声源所产生的声
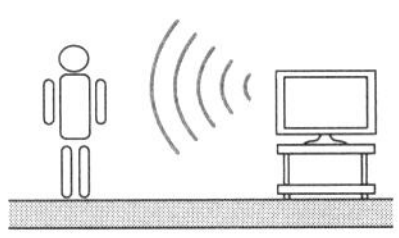	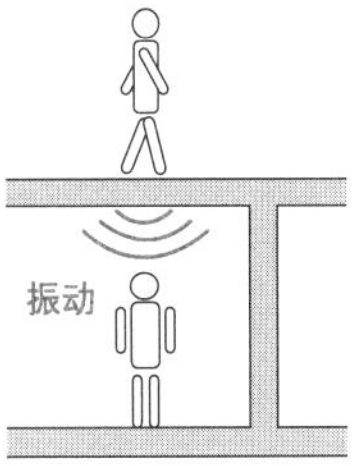

室内产生声音的原因示例

为了让人们在室内过得舒适，设置隔声、防振等的对策是必要的!

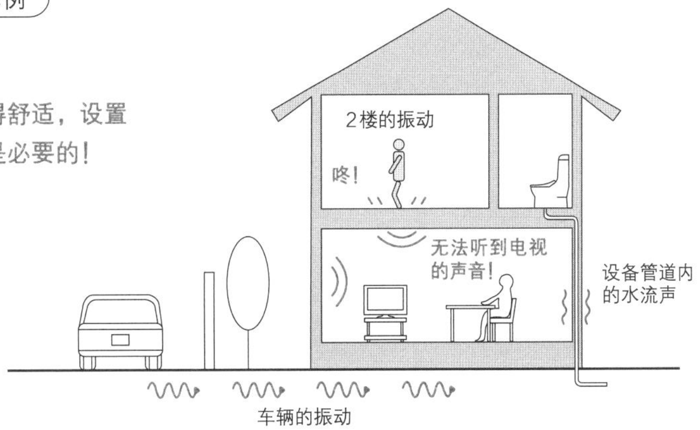

2 室内声传播方式

室内所产生的声音，会受到墙壁的“吸收”、“反射”与“透过”。

在理解各种性质后，采取面对室内噪声的适当处理对策是必要的!

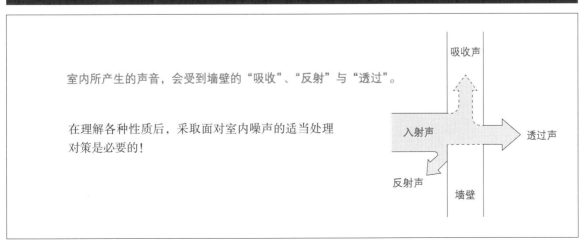

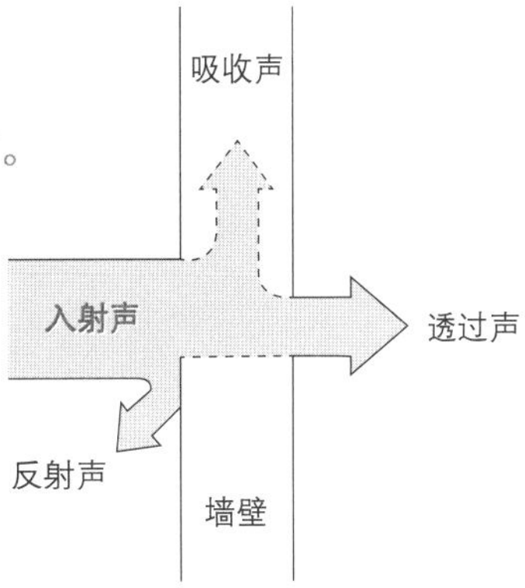

3 吸声

3-1 吸声率与吸声能力

① 吸声率

吸声率（α（alpha））：未反射声的能量与入射声能量的比值
⇨ 是表示墙壁等物吸音性能的指标

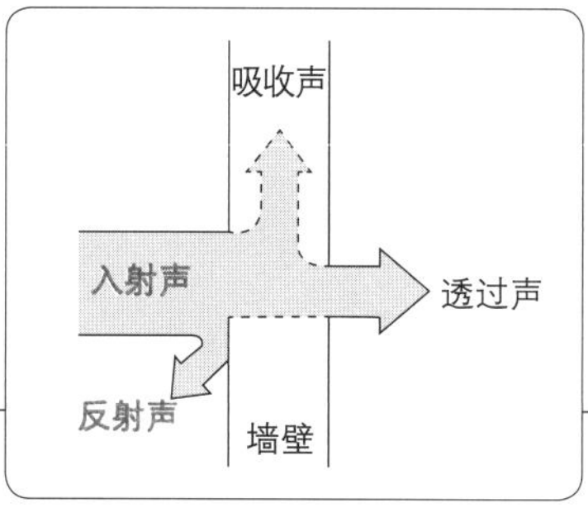

$$\text{吸声率}(\alpha)=\frac{\text{入射声}-\text{反射声}}{\text{入射声}}=\frac{\text{吸收声}+\text{透过声}}{\text{入射声}}$$

※吸声率越大，则吸声性能就越好。
※吸声率的值会因墙壁入射声的频率而产生差异。

② 吸声力

吸声力＝材料吸声率×材料面积

3-2 吸声材料与吸声构造

对于室内混响时间（参照P127～128）的调整和噪声的降低，须使用具有各种“吸声构造”的内装材料和“吸声材料”。

① 多孔质型吸声构造

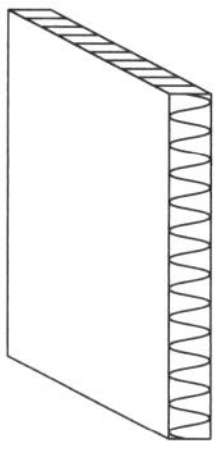

是采用玻璃棉和岩棉等矿物和植物纤维材料制成的成型板。

由于纤维内部的空气振动，
而使得声能量的一部分转变成为热能。 ➡ 吸 声

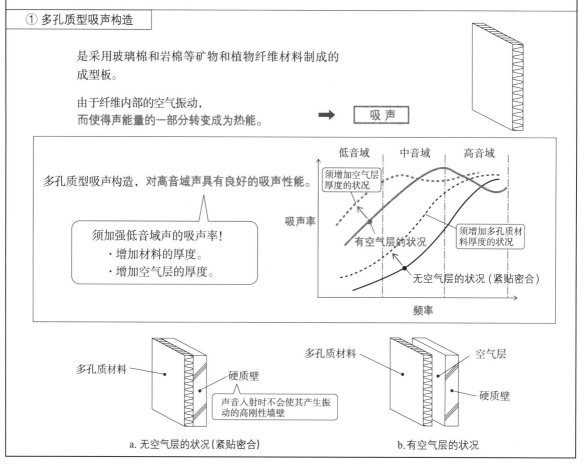

多孔质型吸声构造，**对高音域声具有良好的吸声性能。**

须加强低音域声的吸声率！
・增加材料的厚度。
・增加空气层的厚度。

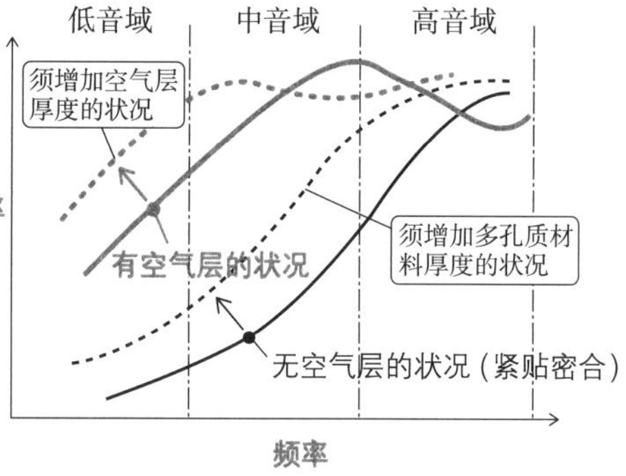

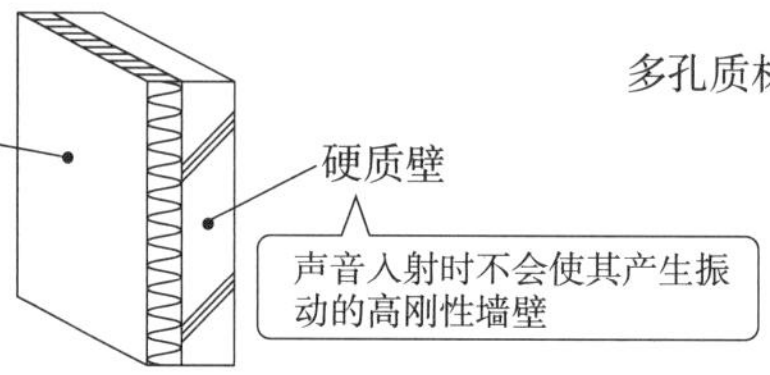

a. 无空气层的状况（紧贴密合）

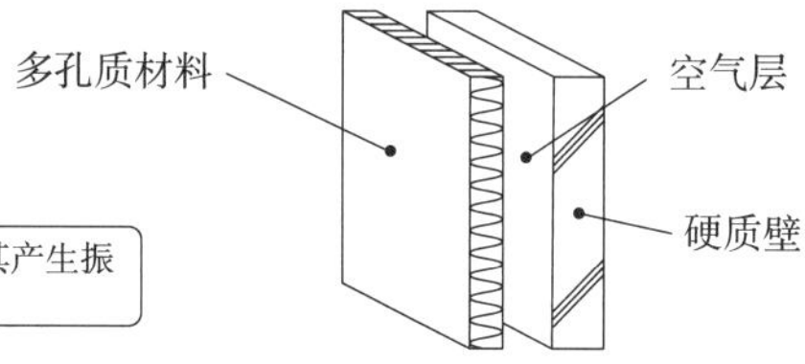

b. 有空气层的状况

② 板振动型吸声构造

采用胶合板和石板等材料。

当板状材料产生激烈振动时，因板内部产生摩擦，**而使得声能量转变成热能。**

➡ 吸 声

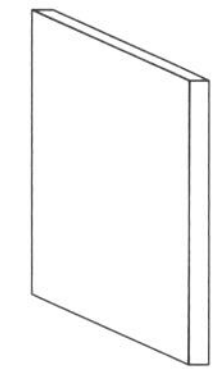

板振动型吸声构造，**低音域声会较高音域声具有较佳的吸声性能。**

※ 板振动型吸声构造的背侧一定要设置空气层。

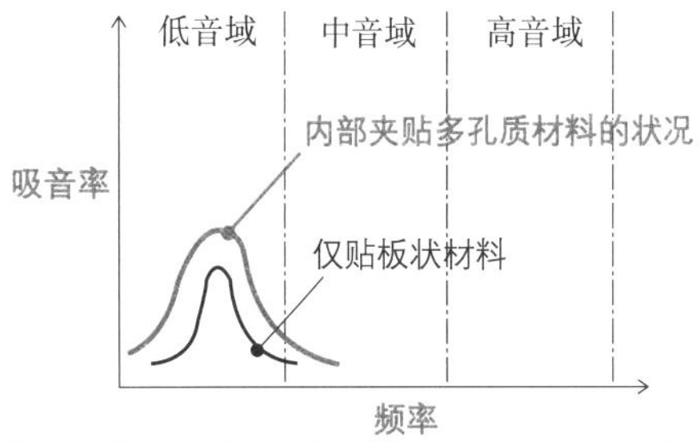

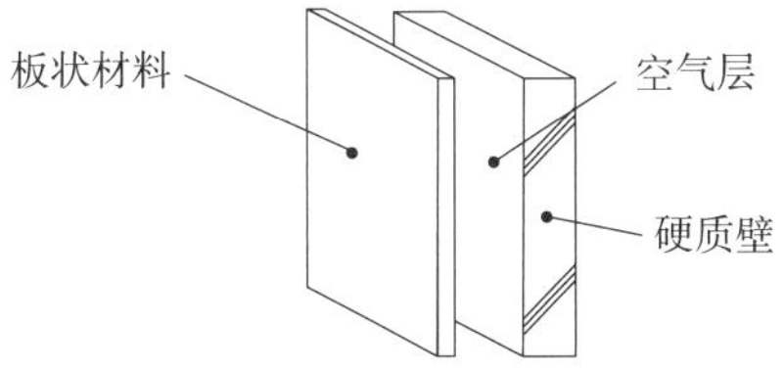

a. 仅贴板状材料的状况

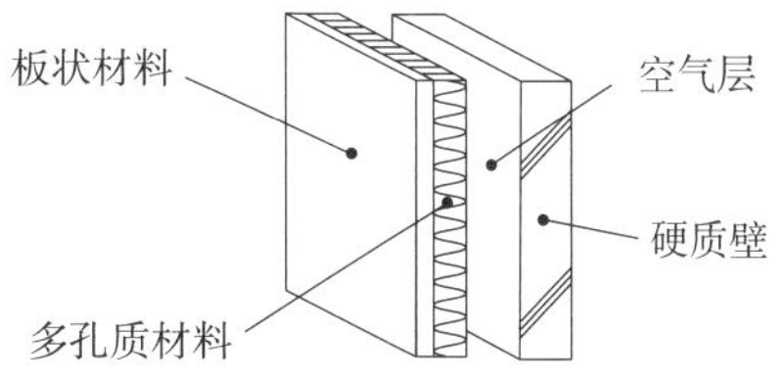

b. 内部夹贴多孔质材料的状况

③ 共鸣器型吸声构造

采用胶合板和石板等具有多数贯通孔的“多孔板”材料制成。

当空气发生激烈振动时会产生摩擦，**而使得声能量转变成热能。**

➡ 吸 声

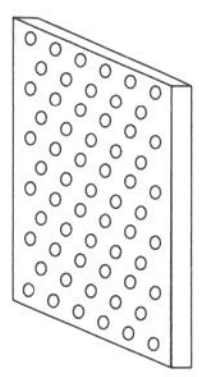

共鸣器型吸声构造，**对于低、中音域具有较佳的吸声性能。**

※ 共鸣器型吸声构造的背侧一定要设置空气层。

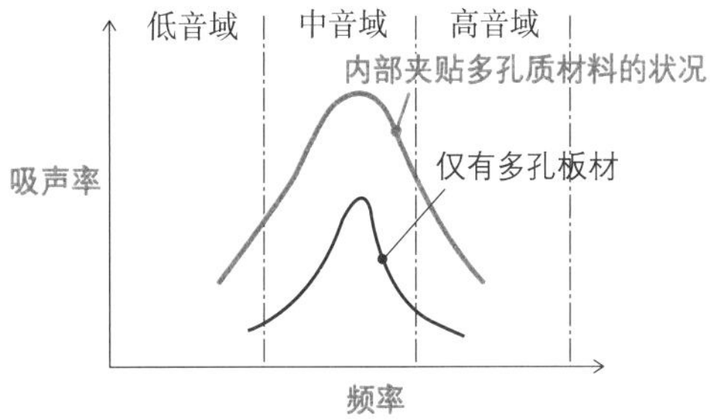

※ 单独使用的情况较少，常会与岩棉等多孔质材料（参照前页）组合使用。

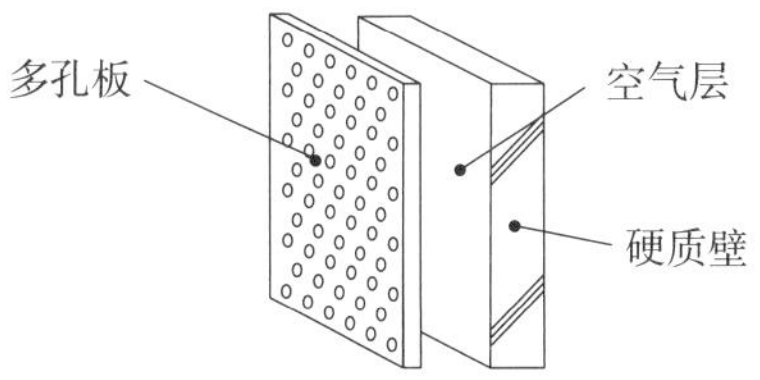

a. 仅贴多孔板的状况

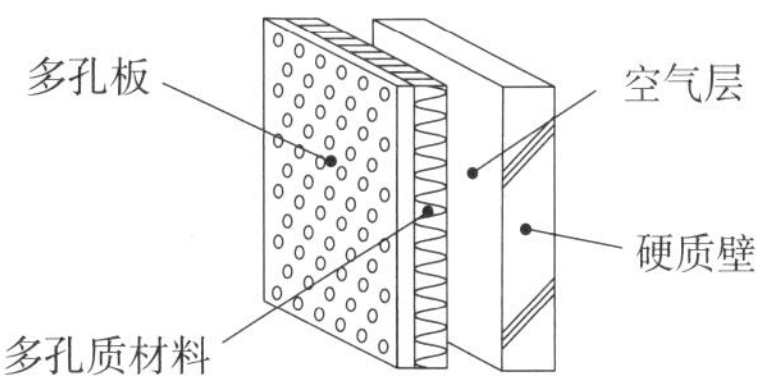

b. 内部夹贴多孔质材料的状况

4 隔声

4-1 透过率与透过损失

表示墙壁隔音性能的指标为“透过率”与“透过损失”。

① 透过率

透过率（τ（tao））：透过声能对于入射声能的比率

$$透过率(\tau)=\frac{透过声}{入射声}$$

⬇

透过率越小，则隔音性能越佳！

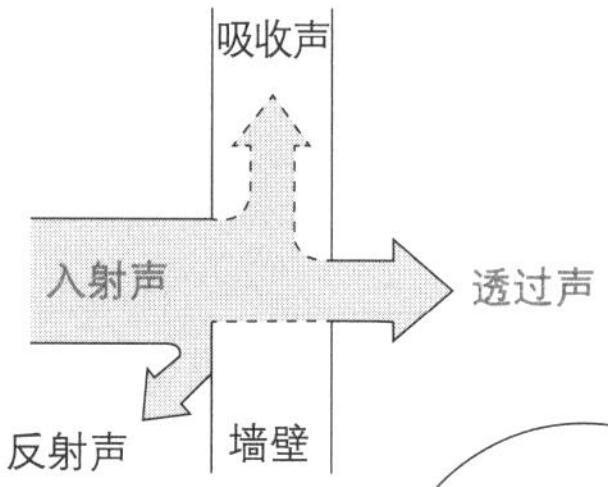

② 透过损失

通常建筑材料的透过率（τ）值都非常小，因此用声级来表示。

透过损失（R）：用透过率的倒数代入声级式来表示。单位是dB。

$$透过损失(R)(dB)=10\cdot\lg\left(\frac{1}{\tau}\right)$$

透过率为0.1的状况
单位面积的透过损失“10dB”。

⬇

透过损失越大，则隔声性能越好。

※ 频率越大的入射声，则透过损失就越大。
（高音）

2倍

$$20\lg②=20\times0.3010=6.02$$

墙壁（单层墙）的透过损失

每m^2墙壁的质量

垂直入射状况下的透过损失（dB）＝20lg（入射声频率（Hz）×材料面密度（kg/m^2））－42.5（dB）

⬇

当频率为墙壁质量的“2倍”时，透过损失就增加“6dB”。

⬇ 因此

- 频率高的（高音）
- 材料质量大的

⇨ 透过损失应增加 ⇨ 隔声性能为良好的

隔音性能需要提高！

增加重量

- 使用质量大（密度高）的材料
- 若采用相同材料，则厚度须增加

⇨ 针对隔声需遵循“质量法则”。

透 过 率：对于入射声，声音穿过墙壁在室内产生传播的状况

⬇

数值越大，则隔声性能越差！

透过损失：对于透过声，声音穿过墙壁前后所产生的声音入射的损失状况

⬇

数值越大，则隔声性能越佳！

4-2 共振效应

声在空气中因振动而传播。
墙壁由于声音产生振动。

墙壁的振动与声的频率一致时，会产生共振。

共振效应：特定频率的墙壁和玻璃产生共振而使得透过声变大的现象

⬇

隔声性能降低。

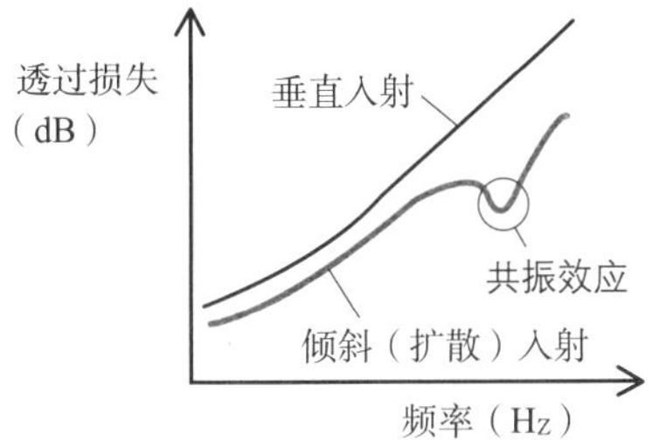

容易产生共振的原因

- **频率高的状况（中高音域）**
- **声音入射角度倾斜的状况**

共振效果示例

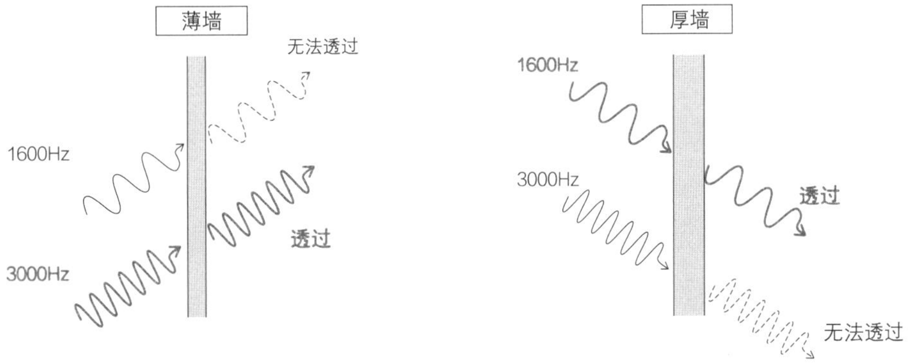

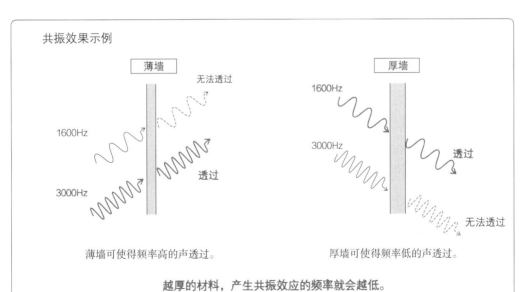

薄墙可使得频率高的声透过。

厚墙可使得频率低的声透过。

越厚的材料，产生共振效应的频率就会越低。

4-3 共鸣效应

为了提高隔声性能，使用双层墙和双层窗是有效的。

↓ 因而

在中低音域的状况，两侧墙板中空部分的空气会产生共鸣，使得透过损失降低。

↓

隔声性能降低。

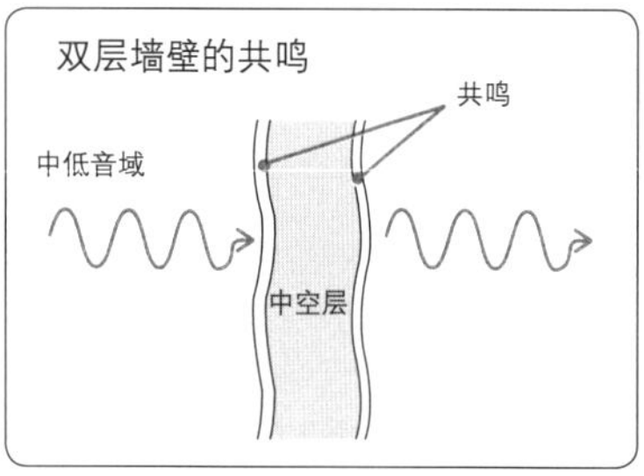

用图表来证明！

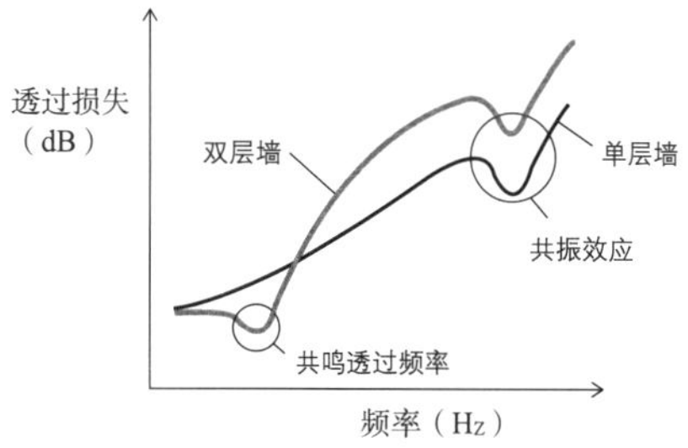

单层墙与双层墙的透过损失比较

基本上，双层墙可增加透过损失、提高隔声效果，但须注意在低音域，双层墙的隔声性能较单层墙为差。

※ 双层玻璃对于中音域（400～600Hz）的隔声性较单层玻璃为差，因此不适合用来隔声。

⇧

使用双层玻璃是以提高隔热等热性能为主要目的！（参照P40）

4-4 声音的综合透过损失

综合透过损失：采用各种材料组成的建筑整体的声音透过损失

※ 门和窗框周围的缝隙为隔音的弱点，所以要在这些缝隙处做隔声处理。

对室内产生的声音进行适当的调整，可实现舒适的声环境，在声音的发生侧和相反侧须选择各种性质不同的材料。

隔声材料：在声音透过侧，须使用透过损失较大的材料（参照P122～124）。

吸声材料：在声音入射侧，须使用吸声率较大的材料（参照P120～121）。

吸声与隔声为完全不同的现象，因此吸声性能好的材料，隔声性能不一定好！

5 墙壁、楼板的隔声等级

5-1 墙壁的隔声等级

发声侧的房间　受声侧的房间

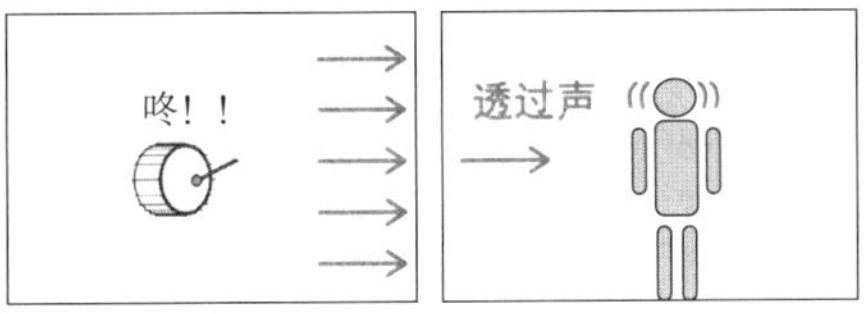

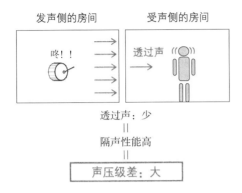

透过声：少
||
隔声性能高
||
声压级差：大

发声侧的房间　受声侧的房间

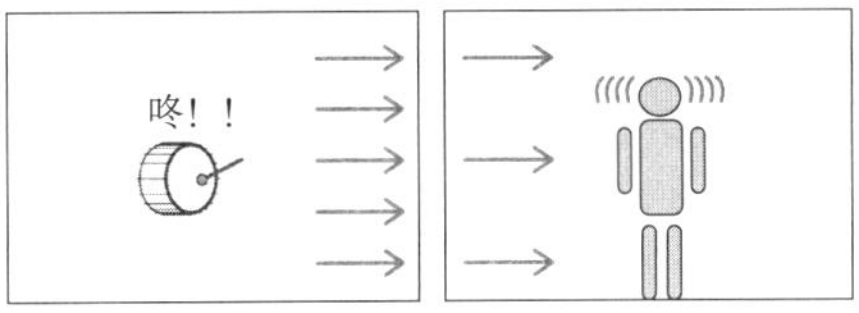

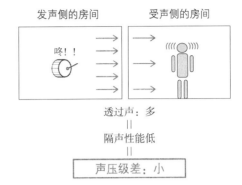

透过声：多
||
隔声性能低
||
声压级差：小

隔声等级（*D*值）　※根据日本工业标准（JIS）

透过测定2房间的室内声压级差，可求出空气声隔断性能的等级（隔声等级）*D*值。

*D*值越大，则隔声性能越佳。

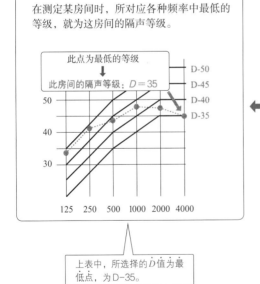

在测定某房间时，所对应各种频率中最低的等级，就为这房间的隔声等级。

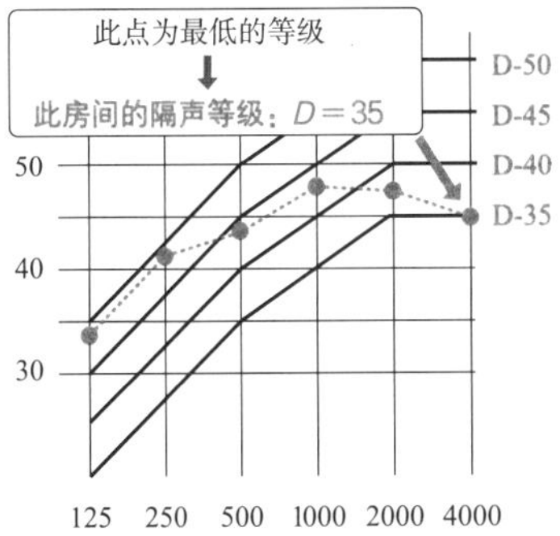

上表中，所选择的*D*值为最低点，为D-35。

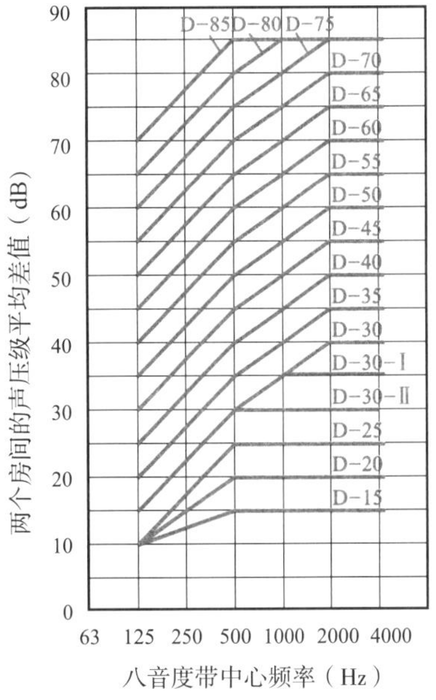

（根据JIS A 1419-1）

5-2 楼板的隔声等级

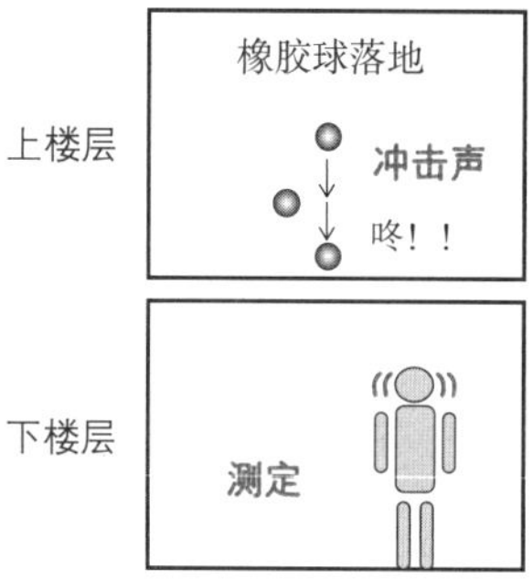

※测定时采用下列机器。
- 标准打击器
- 落锤打击器　等

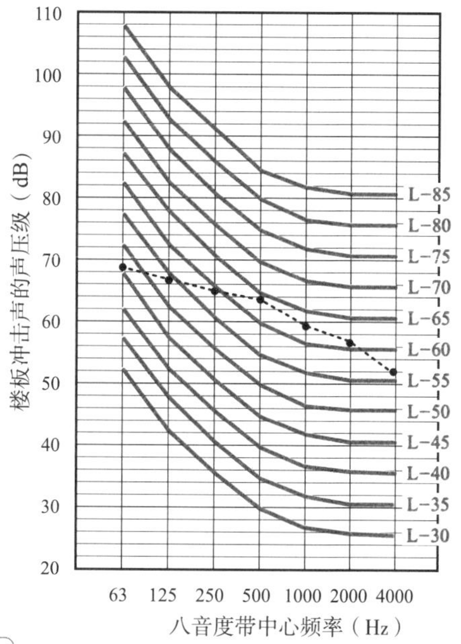

（根据JIS A 1419-2）

隔声等级（L值） ※根据日本工业规格（JIS）

从下楼层来测定楼板冲击声等级，求出楼板冲击声隔断性能等级（隔音等级）L值。

对于L值，数值越小，则隔声性能越佳。

※查阅右表，得到L-65。 可从右表选择L值为最高点的L-65。

① 楼板冲击声对策

冲击声的种类

大人的步行冲击　　小孩跳落的冲击

轻冲击声　　**重冲击声**

轻冲击声的对策

因冲击较小，经表面材料的处理就可应对。

例）使用厚实地毯等的柔软弹性材料。

※ 在铺设地板时，最好在铺地与楼板间设置弹性材料。

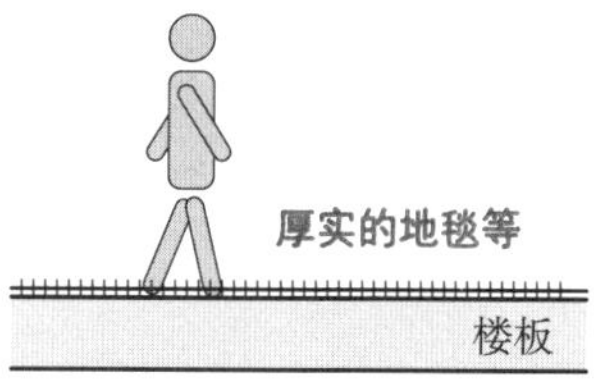

重冲击声的对策

由于冲击较大，很难采用表面的对策。

⬇

增厚楼板等对策是必要的

当楼板厚度达到20cm以上，大多数问题就会消失。

※ 在混凝土双层楼板（浮式楼板）间加入玻璃棉等材料，也具有效果

3 室内声响

在室内弹奏乐器，从声源直接听到的为“直接声”，藉由顶棚和墙壁等反射传达的为“反射声”。

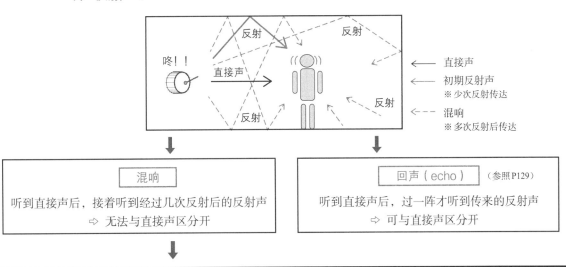

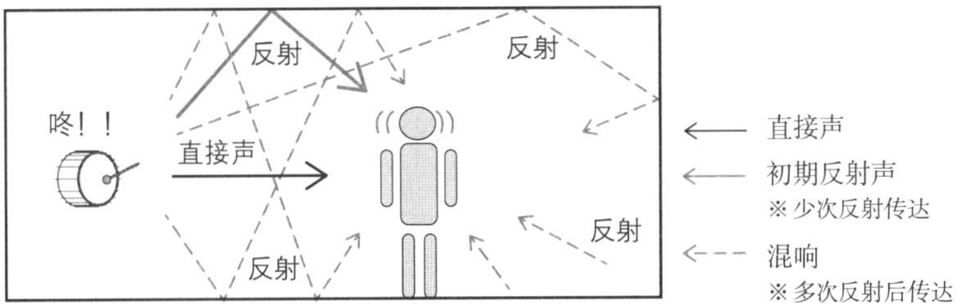

混响

听到直接声后，接着听到经过几次反射后的反射声
⇨ 无法与直接声区分开

回声（echo）（参照P129）

听到直接声后，过一阵才听到传来的反射声
⇨ 可与直接声区分开

1 混响

声源停止后室内还有声响，可以利用这点来提高声响效果。
因此，若要听清楚声响的状况，就需要抑止混响。

① 混响时间的求解方法

混响时间，是从声源扩散一定功率的声音，按“稳定状态”传播时的声音标准来考量。

根据声功率的求解方法

对于稳定状态的声功率（E），衰减百万分之一（10^{-6}）所需要的时间

根据声压级的求解方法

稳定状态的声压级（L），下降60dB所需要的时间

※ 不论采用何种方法求解，所得到的混响时间都是相同的！

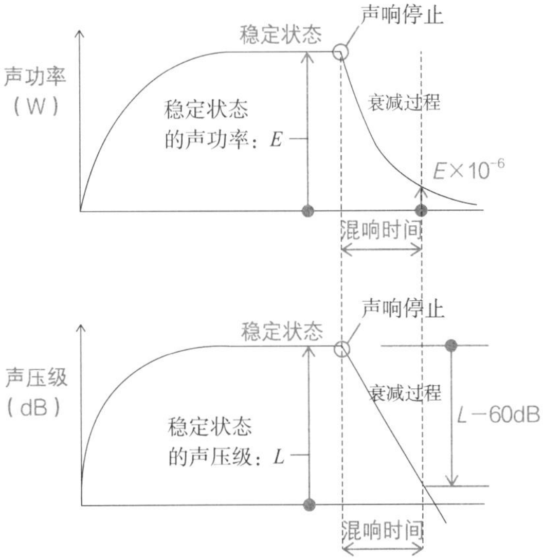

为了配合空间的使用目的，对于混响的控制是必要的！

音乐厅：可利用混响，提高临场感。
学校教室：尽可能抑止混响，以利于听到声音。

② 赛宾公式

预测混响时间所使用的公式，为“赛宾公式”。

$$混响时间=\frac{0.161\times 房间容积}{房间表面积\times 房间平均吸声率}=\frac{0.161\times 房间容积}{房间等价吸声面积}$$

混响时间的计算与室温等因素无关！

因此

混响时间与“**房间容积成正比**”，与“**房间等价吸声面积成反比**”。

反射声在空间中的传播时间会变长！

房间等价吸声面积越大，则混响时间就会越短！

混响时间缩短的主要原因

在墙壁和顶棚处全面使用吸声材料，可缩短混响时间。

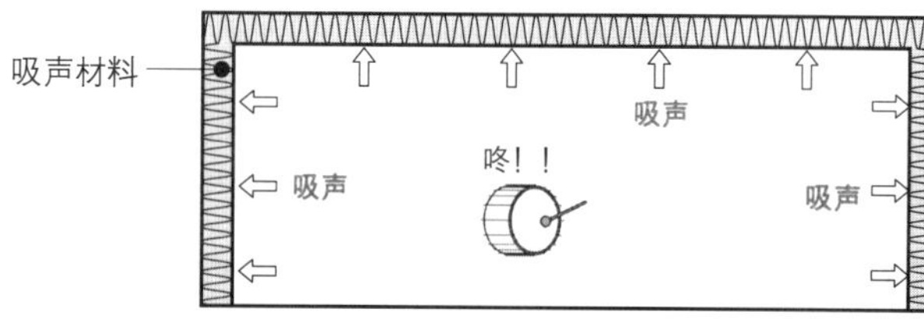

当室内人多时，混响时间会缩短。

※ 因为人（衣服等）可吸声。

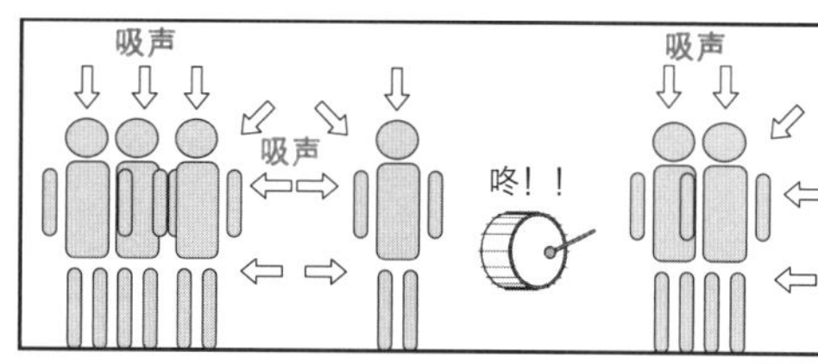

※ 无论如何，须增加房间等价吸声面积！

③ 房间用途与混响时间

由于房间用途的不同，会有利用混响效果的情况（音乐厅等），与抑止混响的情况（学校教室等）。

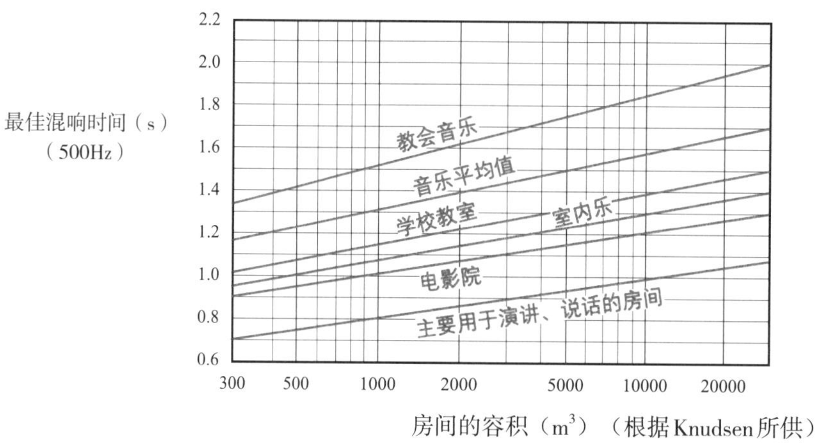

2 回声（echo）

① 回声（echo）

回声（echo）：听到从声源处直接传达的直接声后，又听到从顶棚和墙壁反射的反射声。

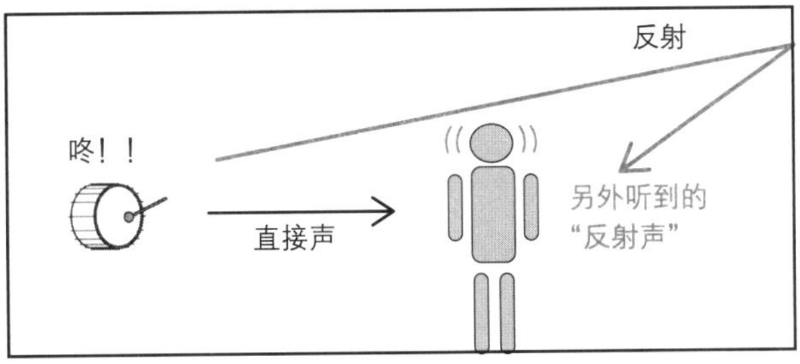

听到直接声传达50ms以内的反射声：声音听起来一致
听到直接声传达50ms以上的延迟反射声：声音听起来有所区别 → 回声（echo）

很难听到说话声。
有损声音的美声。

⇩

有调整反射声传播的距离，及顶棚、墙壁的反射和扩散的必要！

※ 当反射声传达距离较长时，墙壁等使用吸声材料，以及设法阻止声音传达是必要的。

② 振动回声

※ 也称为颤动回声。

振动回声：在顶棚与楼板、两侧墙壁等相互平行硬质壁所构成的状况，当拍手和脚踏等声音在平行面间产生多重反射，使得听起来特殊的音色。

声聚焦的状况

顶棚：易声聚焦的形状，可增加反射率。
楼板：平坦的地板，可增加反射率。

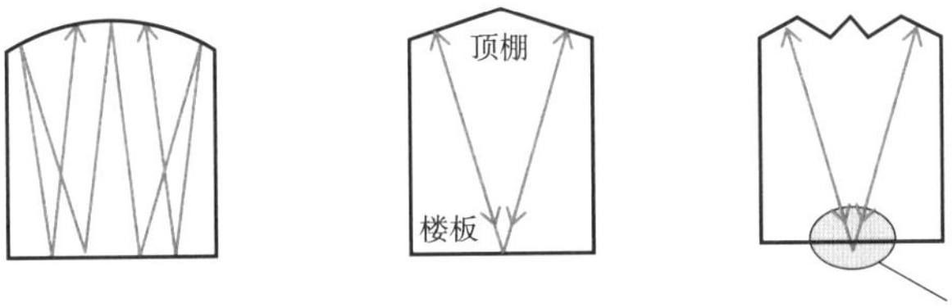

声音受顶棚反射，返回原处。

声音来回反射的状况

墙壁：可增加反射率。

反射率高的墙壁，声音会产生来回反射。

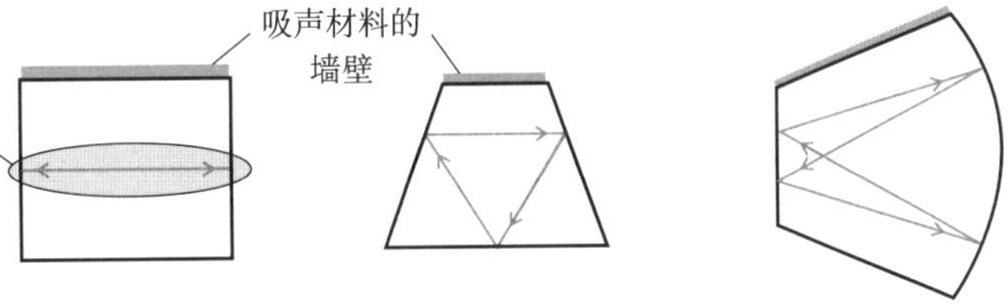

③ 音响规划

◎音响规划示例

礼堂等在实施音响规划时，为了消除音响障碍，适当地控制混响是必要的。

声的“反射”与“吸音”处理是重要的！

扇形平面的状况

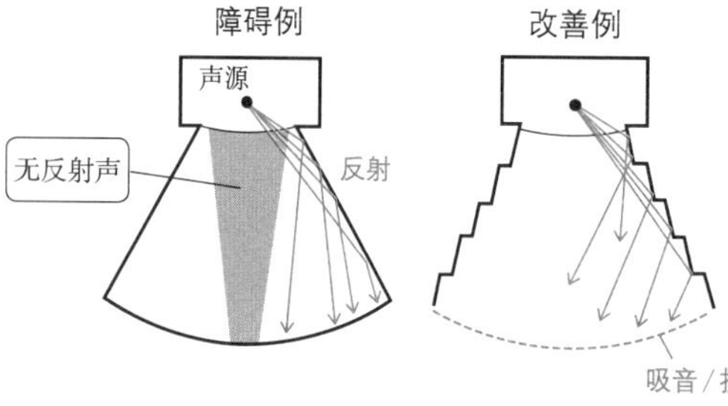

正方形平面的状况

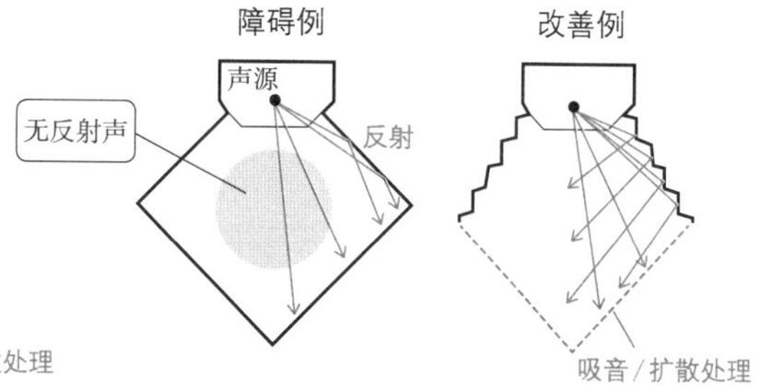

调整侧壁的角度，可防止回声分布不均。

长方形平面的状况

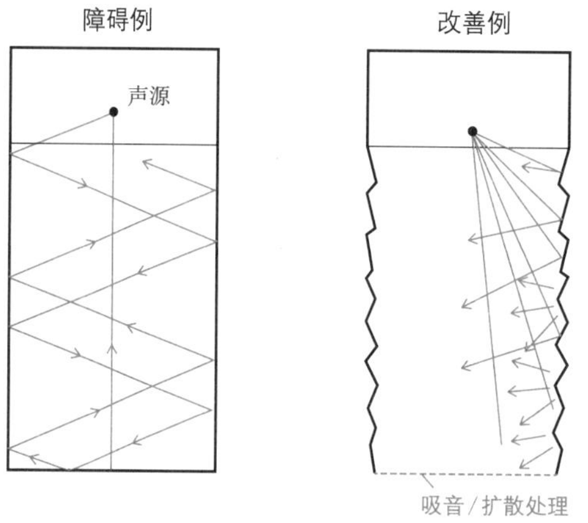

调整侧壁的角度，可防止回声和振动回声。

圆形平面的状况

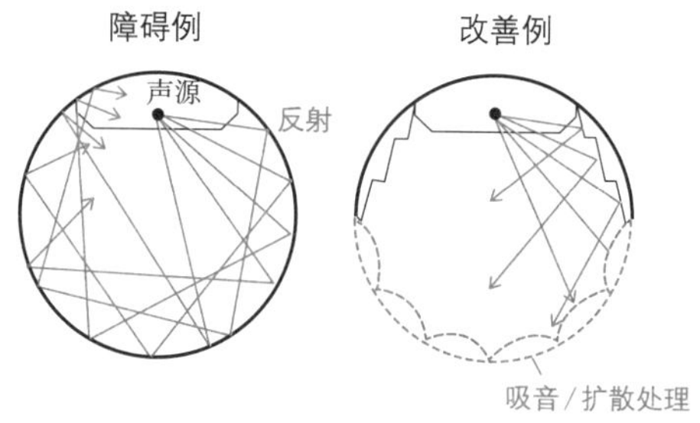

采用凸面组合的方式，可防止声音沿着壁面往返（声廊）及声音分布不均。

◎音响规划的注意要点

在实施音响规划的礼堂等处，除了“回声”与“混响”外，还必须注意“反射声聚焦”。

剖面示例）

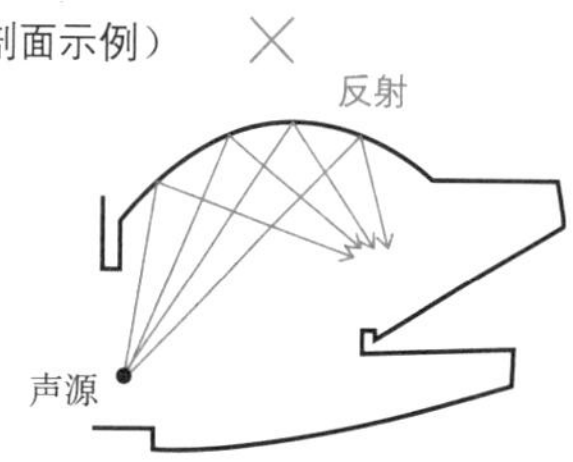

a. 穹顶型的顶棚（障碍例）

反射声会聚焦一处。

⇧

除此以外的地方，声音会变得极小。

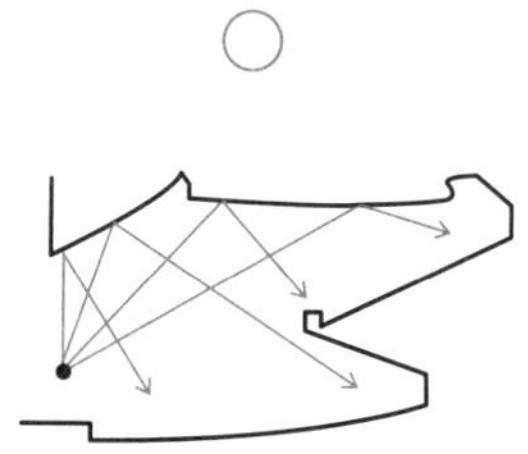

b.避免凸曲面，须根据反射声的角度来调整顶棚（改善例）

反射声会扩散，声音可广泛地传播。

4 噪声与振动

1 噪声

1-1 噪声级的测定

噪声级和声压级（参照P113）可由噪声计来测定。

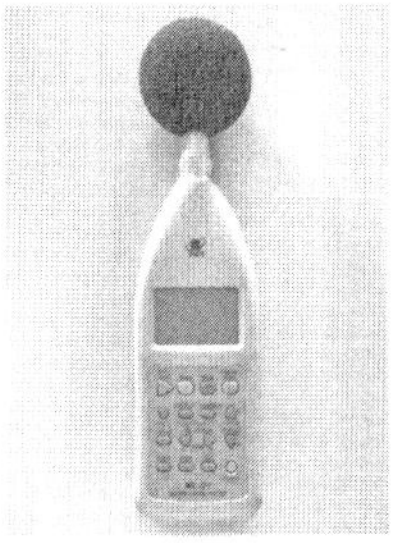

噪声级：对人们能听到的声压级强度所进行的校正测定

人们对于低声的听觉感度较为迟钝！

⬇

利用噪声计测定声压级时，须进行频率校正。

A特性

由于人们的听觉是混合的，因此要将噪声计所接受的低频进行低值校正。

声压级“L”⇨以“L_{PA}”或“L_A”来表示。
单位也写成［dB（A）］。

*A*特性的测定
⬇
核算噪声级。

***C*特性**

从声源处传出的实际声

各频率声须以物理特性按大致等感度的接受声进行修正

声压级“L”⇨以“L_{PC}”或“L_C”来表示。
单位也写成［dB（C）］。

平坦特性

频率特性为平坦（没有修正）

声压级“L”⇨以“L_P”或“L”来表示。
单位也写成（dB）。

C特性、平坦特性的测定
⬇
核算声压级

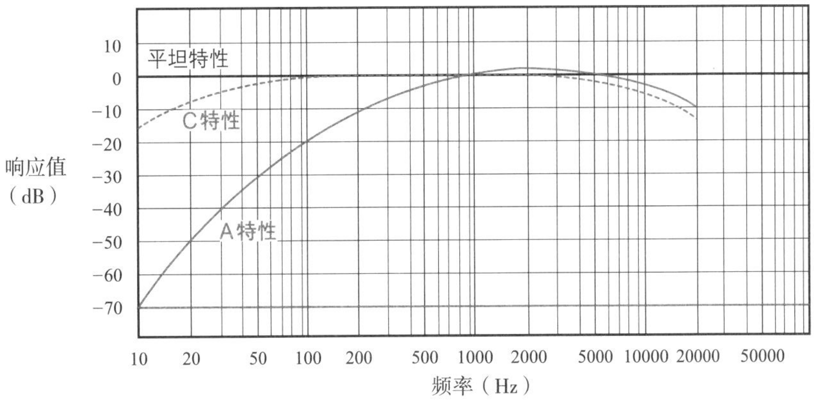

1-2 室内噪声的容许值

室内噪声的容许值，须按噪声级“L_A”与“NC值”来评价。

噪声级根据“A特性”（参照前页）来求解。

NC值：耳朵所感受的声音大小，噪声对说话所产生的妨碍程度。
由L.L.Beranek提出，T.J.Schultz修正。

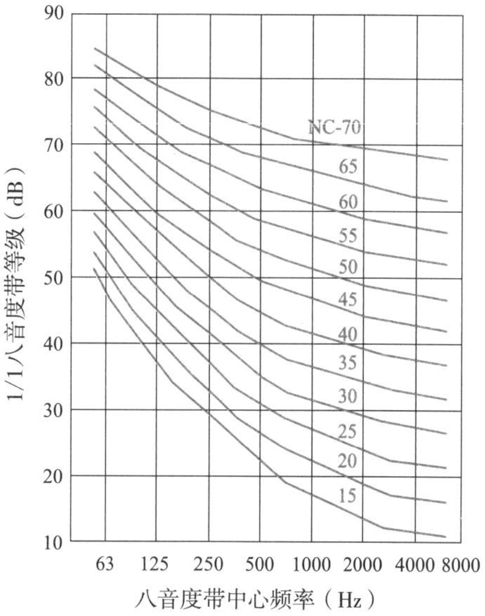

例）图书阅览室的噪声测定

图书阅览室的测定结果（下图）比较
图书阅览室的*NC*值：40

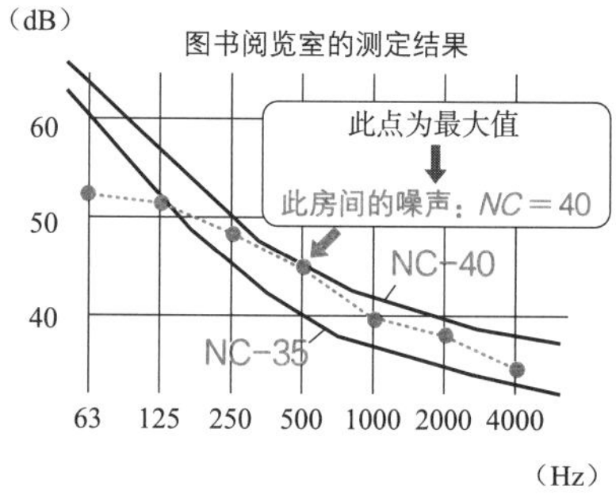

比较下表
图书阅览室的容许值：35～40
因此
无噪声问题

室内噪声的容许值

dB（A）	20	25	30	35	40	45	50	55	60
NC	10～15	15～20	20～25	25～30	30～35	35～40	40～45	45～50	50～55
吵闹度	无声感——非常安静——不特别介意——感受到噪声——无法容忍的噪声								
对说话和打电话的影响	5m外可听到耳语 可听到声音——10m外可以进行会议 打电话无障碍——普通说话（3m以内） 或许可打电话——大声说话（3m） 打电话有困难								
工作室	无声室	录音室	广播电台	电视演播厅	主控制室	一般办公室			
集会·大厅		音乐室	剧场（中）	舞台剧场	电影院·天文馆		会堂休息室		
医院		听力检测室	特别病房	手术室·病房	诊疗室	检查室	候诊室		
旅馆·住宅				书房	卧室·客房	宴会厅	门厅		
一般办公室				行政办公室·大会议室	接待室	小会议室	一般办公室		打字·计算机室
公共建筑				礼堂	美术馆·博物馆	图书阅览	礼堂兼体育馆	室内体育设施（扩）	
学校·教会				音乐教室	讲堂·礼拜堂	研究室·普通教室		走廊	
商业建筑					音乐红茶店 珠宝店·美术品店	书店	一般商店 银行·餐厅	食堂	

1-3 噪声对策

有效的噪声对策

- 使用气密性高的窗户，防止室外噪声。
- 提高室内的吸音力，使噪声级降低。
- 室外设置屏障和树木等。

等

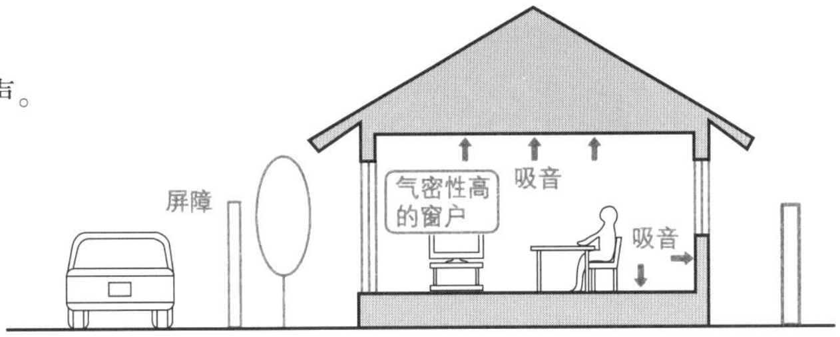

屏障和隔断等障碍物，会因反射而具隔音效果，可用来作为降低噪声的对策。

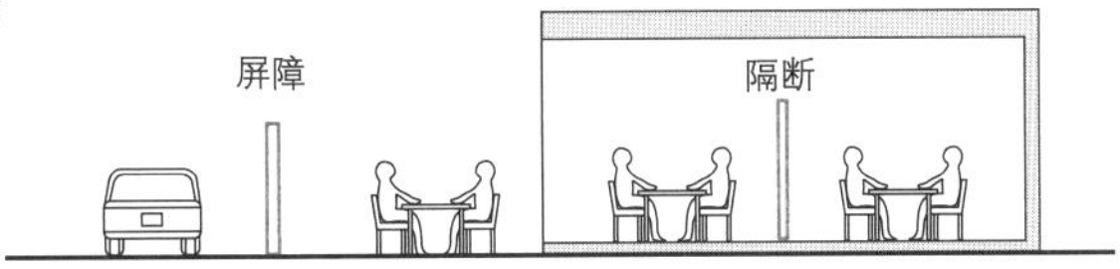

衍射产生声衰减

衍射：在有障碍物的情况，声波会朝着障碍物里侧产生迂回传播的现象。
会因声传播距离增长而产生衰减。
然而，也会因频率而使得衍射产生变化。

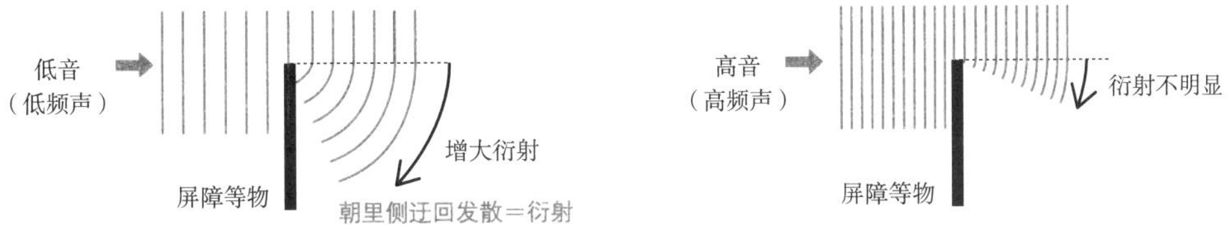

低频声的状况　　高频声的状况

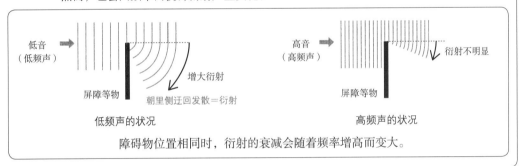

障碍物位置相同时，衍射的衰减会随着频率增高而变大。

与噪声相关的环境标准

2005年5月修正（根据环境部）

区域类型	标准值	
	白天（6:00～22:00）	夜间（22:00～6:00）
集中设置具有疗养设施、社会福利设施等特别需要稳定安静的区域	50dB 以下	40dB 以下
专门提供居住使用的区域	55dB 以下	45dB 以下
主要提供作为居住使用的区域	55dB 以下	45dB 以下
提供相当数量的居住混合商业、工业等使用的区域	60dB 以下	50dB 以下

※ 对于面对道路的区域，需要特别设定。

与飞机噪声相关的环境标准

2007年12月修正（根据环境部）

区域类型	标准值（L_{den}、时间带修正等价噪声级）
① 专门提供作为居住使用的区域	57dB 以下
② 其他区域能确保正常生活的必要区域	62dB 以下

※ 2013年开始实施

2 振动

物体受到强烈振动时，可通过地面等固体物传播影响很远。

↓

因为振动，会对身体产生注意力不集中、头痛和晕眩等影响，还会使建筑物产生晃动。

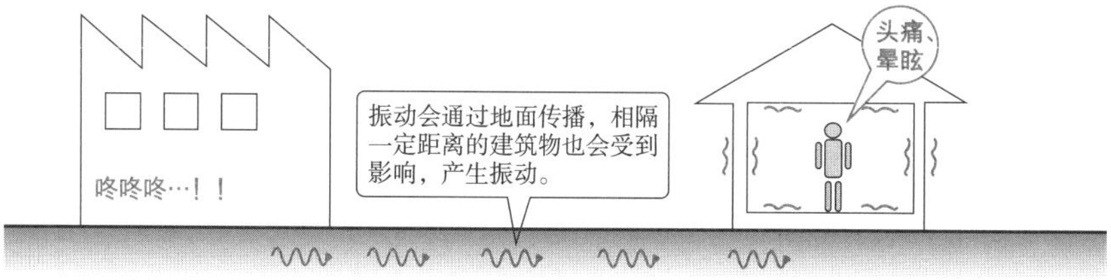

※ 对于振动，从建筑内部采取解决对策是必要的！

2-1 振动产生的噪声

固体声：在墙壁和楼板等固体物中，通过振动而传播的声音

固体声产生的主要原因

◎从建筑外部传播的状况

- 工厂机械
- 土木建设工程
- 公共交通　等

◎从建筑内部传播的状况

- 脚步声
- 设备机械的振动
- 配管内水流动的声音　等

固体声与空气声的必要隔断方法有很多不同。

防止振动的防振材料

◎具代表性的防振材料

- 金属弹簧
- 防振橡胶
- 软木
- 毛毡
- 空气　等

金属弹簧

弹簧本身的振动加上外部的振动，会使得振动更加激烈，有必要与阻尼器共用。

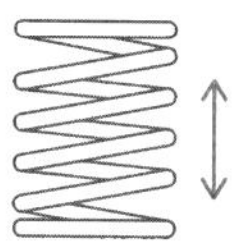

防振橡胶

对低频振动不具效果！

适合防止固体声。
最适于固有频率为5Hz以上的状况。
适用于楼板和顶棚（吊顶）等部位，有各式各样的种类。

例）

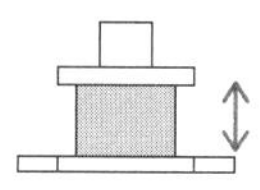

a.楼板适用

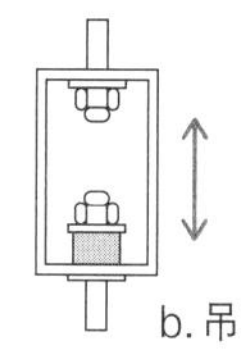

b.吊顶适用

习题	声环境	○或×
①	气温越高，则空气中的声速就越快。 提示！P110“声速与波长”	
②	20岁左右听力正常的人，可听到的频率范围为20～20000Hz。 提示！P111“频率”	
③	声功率就是从声源产生的声能量。 提示！P111“声的单位”	
④	有2台声功率相同的机械，当1台运转时声压级为80dB，则两台同时运转时的声压级约为85dB。 提示！P114“声级合成”	
⑤	有2台声功率相同的机械，同时运转声压级为83dB，1台运转时的声压级约为80dB。 提示！P114“声级合成”	
⑥	在声压级相同时，一般100Hz的纯音比1000Hz的纯音听起来要小。 提示！P115“① 声响(图表)”	
⑦	在点声源向各个方向声均等扩散时，声强与距声源的距离平方成反比。 提示！P117“点声源”	
⑧	声波呈现球面状扩散声源的状况，当距声源的距离为2倍时，声压级就降低约6dB。 提示！P117“点声源”	
⑨	吸声力就是材料的吸声率和其面积的乘积。 提示！P117“吸音力”	
⑩	对于多孔质材料的吸声率，一般低音域较高音域为大。 提示！P120“① 多孔质型吸音构造”	
⑪	在板状材料与硬质壁间的空气层设置吸音构造，一般对高音域的吸音效果会比低音域要好。 提示！P121“② 板振动型吸音构造”	
⑫	墙体的透过损失值越大，隔音性能越优良。 提示！P123“② 透过损失”	
⑬	墙体的透过损失，由于频率而有所差异。 提示！P122“② 透过损失”	
⑭	一般而言，从低音到高音，通过墙壁的透过损失依次减少。 提示！P122“② 透过损失”	
⑮	一般对于厚度相同的墙体，单位面积质量越大的墙体，透过损失也越大。 提示！P123“② 透过损失”	
⑯	吸声好的材料，一般因为透过率较低，隔音效果是可预期的。 提示！P124最下栏	
⑰	根据日本工业规格（JIS），关于楼板冲击音隔断性能的等级L，其数值越小，楼板冲击音的隔断性能就越高。 提示！P126“楼板的隔音等级”	
⑱	混响时间为从声源发声停止时开始，到室内声压级降到80dB时所需要的时间。 提示！P127“根据声压级的求解方法”	
⑲	在进行混响时间计算时，一般来说不考虑室温的影响。 提示！P128“② 赛宾公式”	
⑳	在室内吸音力相同的情况下，一般当室内容积越大时，则混响时间就越长。 提示！P128“② 赛宾公式”	
㉑	当顶棚和墙壁的吸音力变大时，则混响时间就会增长。 提示！P128“混响时间缩短的主要原因”	
㉒	当房间人数增多时，一般混响时间会缩短。 提示！P128“混响时间缩短的主要原因”	
㉓	一般来说，与演讲最佳的混响时间相比，音乐所需的最佳混响时间要长。 提示！P128“③ 房间用途与混响时间”	

㉔	由于从声源处所传的直接声与反射声具有时间差，一个声音可听到两次以上的现象，就称为回声。 提示！P129“回声”	
㉕	对于室内噪声的容许值，音乐厅较住宅卧室为小。 提示！P132“室内噪声的容许值”	
㉖	对于室内噪声的容许值，美术馆较室内运动设施为小。 提示！P132“室内噪声的容许值”	
㉗	通过提高室内的吸音力，可降低室内的噪声级。 提示！P132“噪声对策”	
㉘	气密性高的窗户，可有效地防止外部噪声。 提示！P132“噪声对策”	

解答　①（○）　②（○）　③（○）　④（×）当两声音的声压级相同时，不论声强为多少都增加3dB，因此为83dB。
⑤（○）　⑥（○）　⑦（○）⑧（○）　⑨（○）　⑩（×）多孔质材料对于高音域的吸声率较大。
⑪（×）板状材料对于低音域具有吸声效果。⑫（○）　⑬（○）　⑭（×）当变成为高音时，墙壁的透过损失就会增加　⑮（○）　⑯（×）就算是吸声率高的材料，透过率也不一定低。因此，与隔声效果没有关系。
⑰（○）⑱（×）混响时间就是从声音停止到衰减至60dB时所需的时间。　⑲（○）　⑳（○）　㉑（×）顶棚和墙壁的吸声力越大，则混响时间就会越短。　㉒（○）　㉓（○）　㉔（○）　㉕（○）　㉖（○）　㉗（○）　㉘（○）

第5章　地球环境

1 与地球环境相关的术语

1 全球变暖

白天在日射作用下，地球表面会变暖升温。

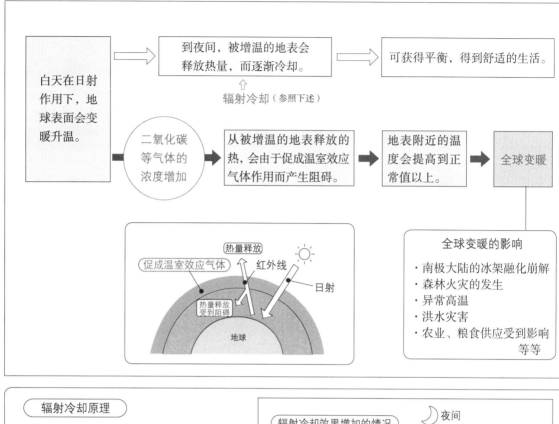

到夜间，被增温的地表会释放热量，而逐渐冷却。 ⇨ 可获得平衡，得到舒适的生活。

⇧ 辐射冷却（参照下述）

二氧化碳等气体的浓度增加 ➡ 从被增温的地表释放的热，会由于促成温室效应气体作用而产生阻碍。 ➡ 地表附近的温度会提高到正常值以上。 ➡ 全球变暖

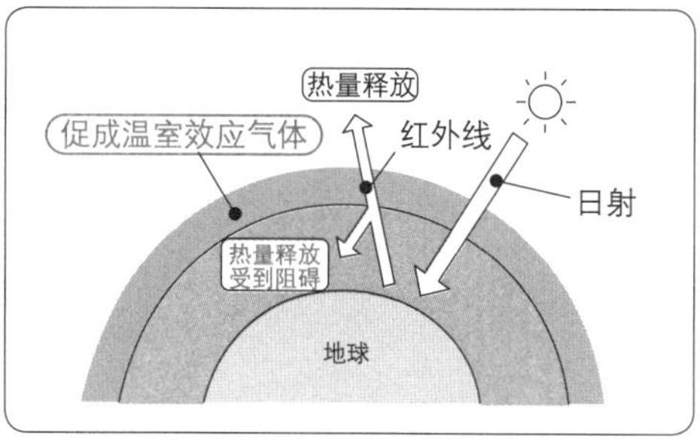

全球变暖的影响

- 南极大陆的冰架融化崩解
- 森林火灾的发生
- 异常高温
- 洪水灾害
- 农业、粮食供应受到影响

等等

辐射冷却原理

在天气良好的日子，难道没有感觉到晚上会变得寒冷吗？

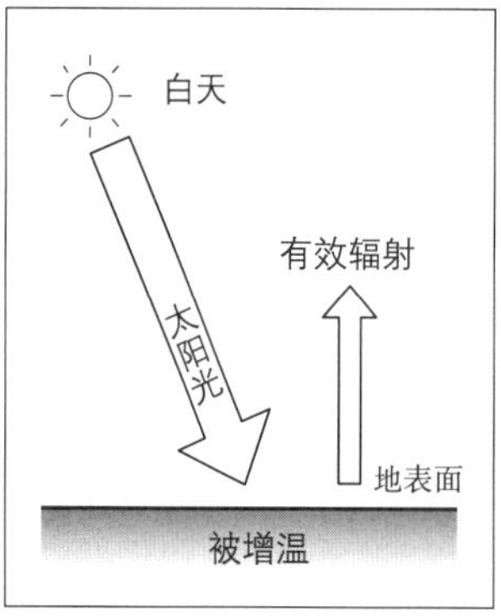

全天日射量与有效辐射量

（夜间辐射量）

（参照P76）

辐射冷却效果增加的情况

⇨ 日射结束，只进行有效辐射。

在夜晚，从被增温的地表释放红外线（热量）。

||

辐射冷却

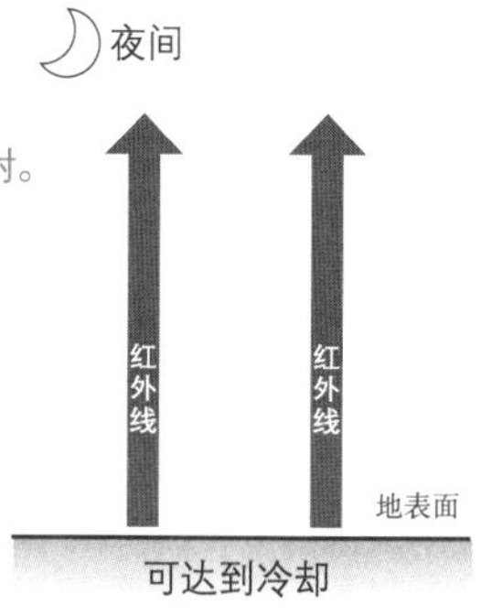

辐射冷却效果不佳的情况

当上空有云层覆盖，云会吸收红外线，并将其再次释放，使得地表和空气再次被增温。

※ 促成温室效应气体的云层具有同样的效果。

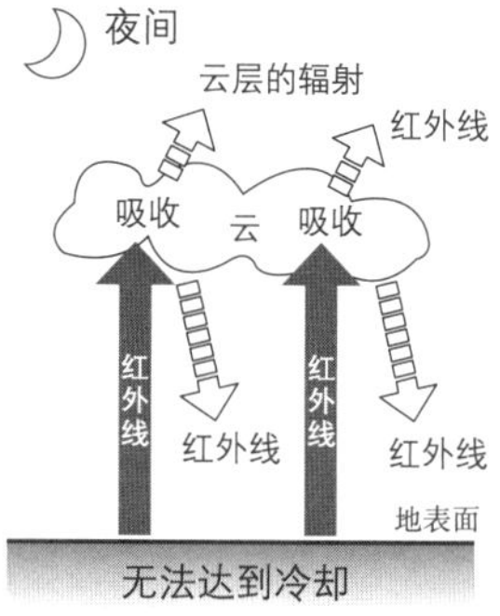

2 热岛效应

热岛效应：

城市化明显的市中心区气温，较郊外的气温为高的现象

在地图上气温高的市区，如“岛”般显现浮出，因此称为“热岛效应”。

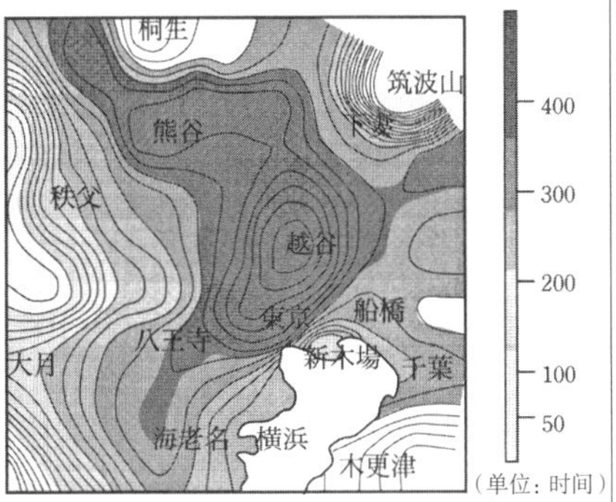

超过30℃累计时间的分布（1999年）

（根据日本环境部的宣传册）

产生热岛效应的原因

- 市区绿化减少，使用容易吸热的沥青和混凝土。
- 制冷供暖、工厂的生产活动和汽车等的排热。 等

对策

- 使路面和建筑物减少吸热。
  使用保水性的材料，在建筑物的屋面和墙面进行绿化等。

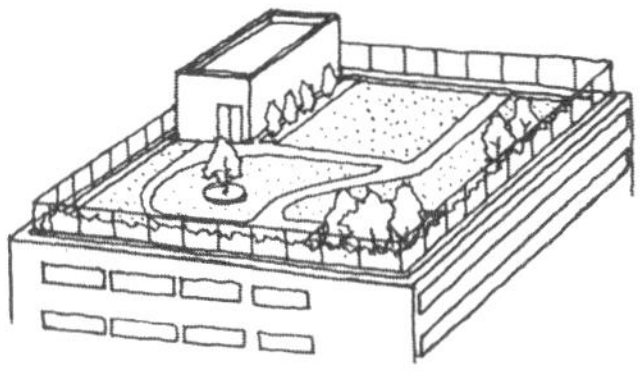

- 采用省电等节约能源的方式。
- 通风良好的建筑物配置布局。 等

3 大气污染

主要大气污染物

- 二氧化硫（SO_2）
- 一氧化碳（CO）
- 悬浮颗粒物（SPM）
- 二氧化碳（CO_2）
- 光化学氧化物（O_X） 等

※ 也包含双碘喹类的大气污染物。

为了健康的生活，期望能减少大气污染物。

3-1 臭氧层

来自太阳的有害紫外线会被臭氧层吸收。

然而

使用冰箱和空调时，会释放出破坏臭氧层的氟利昂。

⇨ 目前逐渐使用氟利昂替代产品，无氟利昂化正在推广。

由于氟利昂会使得臭氧层受到破坏，有害的紫外线就会照射到地表。

紫外线对人体的影响

- 可能会罹患皮肤癌和白内障（眼病）等。
- 生病会使得抵抗力降低。 等等

※ 对于植物和海洋生物也会产生影响。

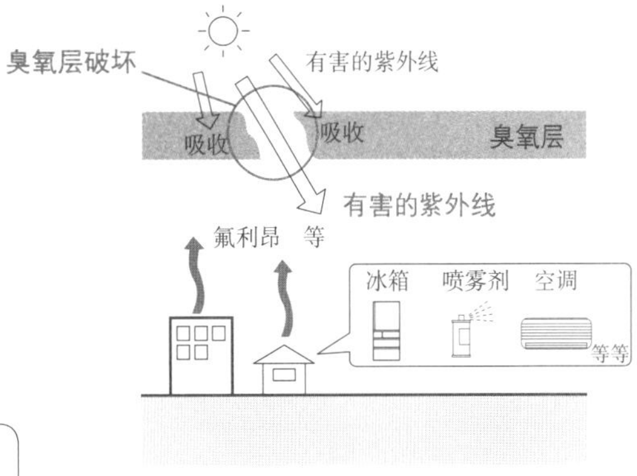

由于国际合作，保护臭氧层的决议已被采用。

日本也制订出“臭氧层保护法”。

4 水质污染

一般水质污染的指标

包括生化需氧量（BOD）与化学需氧量（COD）。

① 生化需氧量（BOD）

对于水中的有机物等，在进行氧化、分解时，**微生物**所需的氧气量（单位：mg/L）

※ BOD的值越大，则水质越差。

河川水质污染的原因

· 生活排水

· 工业废弃物　等

在生活排水中，厨房所产生的影响最严重，例如：油、酱油和淘米水等。

② 化学需氧量（COD）

水中的有机物等，在进行氧化剂（高锰酸钾）的**化学**氧化、分解时所需要的氧气量

K（开尔文）（参照P37）

※ 表示温度的单位　℃－℃＝K

单位汇总

	单位		读法
光环境	光通量	lm	流明
	发光强度	cd	坎德拉
	照度	lx	勒克斯
	光通量发散度	lm/m^2	
	亮度	cd/m^2	

	单位		读法
热环境	换热系数	$W/(m^2 \cdot K)$	
	导热系数	$W/(m \cdot K)$	
	传热系数	$W/(m^2 \cdot K)$	
	日射量	W/m^2	
	着衣量	clo	克洛

	单位		读法
空气环境	换气量	m^3/h	
	换气次数	次 /h	
	浓度（体积）	ppm	皮－皮－诶母
	浮游粉尘质量浓度	mg/m^3	
	空气密度	kg/m^3	

	单位		读法
声环境	声压	Pa	帕斯卡
	声功率（声输出）	W	瓦特
	声强	W/m^2	
	声能密度	$W \cdot s/m^3$	
	声级（噪声级）	dB	分贝
	频率	Hz	赫兹

希腊字母

大写	小写	读法
Α	α	阿尔法（alpha）
Β	β	贝塔（beta）
Γ	γ	伽马（gamma）
Δ	δ	德尔塔（delta）
Ε	ε	伊普西龙（epsilon）
Ζ	ζ	截塔（zeta）
Η	η	艾塔（eta）
Θ	θ	西塔（theta）
Ι	ι	约塔（iota）
Κ	κ	卡帕（kappa）
Λ	λ	兰布达（lambda）
Μ	μ	缪（mu）
Ν	ν	纽（nu）
Ξ	ξ	克西（xi）
Ο	ο	奥密克戎（omicron）
Π	π	派（pi）
Ρ	ρ	肉（rho）
Σ	σ	西格马（sigma）
Τ	τ	套（tau）
Υ	υ	宇普西龙（upsilon）
Φ	φ · ϕ	佛爱（phi）
Χ	χ	西（chi）
Ψ	ψ	普西（psi）
Ω	ω	欧米伽（omega）

◉ 参考文献

倉渕隆『初学者の建築講座 建築環境工学』市ヶ谷出版社、2006
三浦昌生『基礎力が身につく 建築環境工学』森北出版、2006
環境工学教科書研究会編著『環境工学教科書 第二版』彰国社、2000
田中俊六・武田仁・岩田利枝・土屋喬雄・寺尾道仁『最新 建築環境工学 改訂3版』井上書院、2006
加藤信介・土田義郎・大岡龍三『図説テキスト 建築環境工学 第二版』彰国社、2008
日本建築学会編『建築設計資料集成 1 環境』丸善、1978
日本建築学会編『建築環境工学用教材 環境編』日本建築学会、1995
照明学会普及部編『新・照明教室 照明の基礎知識 中級編(改訂版)』照明学会普及部、2005
日本建築学会編『建築の色彩設計法』日本建築学会、2005
日本建築学会編『日本建築学会設計計画パンフレット30 昼光照明の計画』彰国社、1985
宇田川光弘・近藤靖史・秋元孝之・長井達夫『シリーズ建築工学5 建築環境工学 熱環境と空気環境』朝倉書店、2009
宿谷昌則『数値計算で学ぶ 光と熱の建築環境学』丸善、1993
日本建築学会編『日本建築学会設計計画パンフレット24 日照の測定と検討』彰国社、1977
空気調和・衛生工学会編『新版 快適な温熱環境のメカニズム 豊かな生活空間をめざして』空気調和・衛生工学会、2006
鉾井修一・池田哲朗・新田勝通『エース建築環境工学シリーズ エース 建築環境工学 II－熱・湿気・換気－』朝倉書店、2002
日本建築学会編『日本建築学会設計計画パンフレット18 換気設計』彰国社、1957
前川純一・森本正之・阪上公博『建築・環境音響学 第2版』共立出版、2000
日本建築学会編『日本建築学会設計計画パンフレット4 建築の音環境設計 新訂版』彰国社、1983
有田正光編著『大気圏の環境』東京電機大学出版局、2000

◉ 感谢

关于本书的内容，有幸得到熊本县立大学副教授细井昭宪先生的宝贵意见。在此深表谢意。

在没有什么文献材料可参考的条件下，辻原老师提供大部分的文件和资料作为基础而得以完成本书。借此机会也表示感谢。

也得到与出版相关的宝贵意见，对学艺出版社的村井名男先生、村田让先生表达诚挚地感谢。

作者

2009年10月

◉ 主审

辻原万规彦

1970年出生，1999年京都大学大学院工学研究科环境地球工学专业博士后课程毕业。博士（工学）。曾任日本学术振兴会特别研究员。2003年，熊本县立大学环境共生学部副教授。

著作（合著）有《第三版　简明建筑设计资料集成》（丸善，2005）、《住宅设备的历史》（空气调和・卫生工学会，2007）、《商住街　孕育企业的住宅地》（学艺出版社，2009）等。

◉ 作者

今村仁美

1969年出生，修成建设专科学校毕业。二级建筑师。1995年创立并主持IMAGE工作室。

1997～2000年，修成建设专科学校兼职讲师，1999年关西DESIGN造型专业学校兼职讲师，2000～2008年湖东专科信息建筑专门学校兼职讲师。

著作（合著）有《图与模型解读木构造》（辻原仁美著，学艺出版社，2001）、《图解简明建筑法规》（学艺出版社，2007）、《图解简明建筑构造》（学艺出版社，2009）。

田中美都

1973年出生，早稻田大学理工学部建筑学毕业，同大学硕士毕业。一级建筑师。1997～2004年任职于铃木了二建筑规划事务所。2006年，创立并主持田中智之与TASS建筑研究所。

著作（合著）有《图解简明建筑法规》（学艺出版社，2007）、《图解简明建筑构造》（学艺出版社，2009）。